本书是国家自然科学基金青年基金"'政府—供应链'联动作用下中小企业积极安全生产行为形成与引导研究"（项目编号：72004081）的主要研究成果

中小企业 安全生产治理研究

基于政府与市场化视角

张菁菁　周巧梅　著

江苏大学出版社
JIANGSU UNIVERSITY PRESS

镇　江

图书在版编目(CIP)数据

中小企业安全生产治理研究：基于政府与市场化视角/张菁菁，周巧梅著. —— 镇江：江苏大学出版社，2025.1

ISBN 978-7-5684-2125-6

Ⅰ.①中… Ⅱ.①张… ②周…Ⅲ. ①中小企业－安全生产－安全管理－研究 Ⅳ.①X931

中国国家版本馆 CIP 数据核字(2023)第 249439 号

中小企业安全生产治理研究：基于政府与市场化视角

Zhongxiao Qiye Anquan Shengchan Zhili Yanjiu：Jiyu Zhengfu Yu Shichanghua Shijiao

著　　者/张菁菁　周巧梅
责任编辑/柳　艳
出版发行/江苏大学出版社
地　　址/江苏省镇江市京口区学府路 301 号(邮编：212013)
电　　话/0511-84446464(传真)
网　　址/http://press.ujs.edu.cn
排　　版/镇江文苑制版印刷有限责任公司
印　　刷/镇江文苑制版印刷有限责任公司
开　　本/710 mm×1 000 mm　1/16
印　　张/18.75
字　　数/330 千字
版　　次/2025 年 1 月第 1 版
印　　次/2025 年 1 月第 1 次印刷
书　　号/ISBN 978-7-5684-2125-6
定　　价/75.00 元

如有印装质量问题请与本社营销部联系(电话：0511-84440882)

前　言

　　作者自攻读博士学位以来，在梅强教授的指导下，长期参与中小微企业高质量发展系列研究。作者所在的江苏大学中小企业发展研究中心于2008年被评为江苏省首批哲学社会科学研究基地，中小企业创新创业研究团队于2013年被认定为江苏高校首批哲学社会科学优秀创新研究团队。在参与导师及课题组其他成员主持的国家自然科学基金、国家社会科学基金、国家软科学项目等系列研究中，作者深刻认识到安全生产对企业健康可持续发展的重要性，以及其在维护人民生命财产安全、促进社会稳定和推动经济发展方面的深远意义。

　　在研究过程中，作者发现，由于安全生产资源的匮乏，以及政府安全管制的局限性，面广量多的中小企业缺乏将安全生产监管压力转化为动力的条件。因此，在加强对中小企业的安全生产监管的同时，需要通过市场化手段对其安全生产予以支持。此外，企业积极安全生产行为的选择是一个复杂的决策过程，必须考虑内外部因素的交互作用，并通过政府与安全服务、供应链的联动引导加以促进。以上相关研究获得了多项资助，包括国家自然科学基金青年基金"'政府—供应链'联动作用下中小企业积极安全生产行为形成与引导研究"（项目编号：72004081，张菁菁，2020）；国家自然科学基金面上项目"基于复杂关系网络的工业园区企业安全生产不良行为分析与协同治理研究"（项目编号：72074099，刘素霞，2020），"供应链核心企业参与中小制造企业安全生产治理：动力、演化与引导策略研究"（项目编号：71874072，梅强，2018），"基于小微企业行为分析的安全生产服务运行机制与引导策略研究"（项目编号：71373104，梅强，2013）。

　　本研究团队对政府监管机构、供应链核心企业、安全生产服务机构以及中小企业进行了广泛的调研和深入的理论分析，结合规范分析、数理模型和模拟仿真，成功实现了预期目标。本书内容正是在这些研究成果的基础上提炼而成。

针对中小企业在"安全动力＋能力"方面的不足、安全生产水平低下以及安全生产状况不尽如人意的现状，尤其是基层安全生产监管能力薄弱、管制效果有限的情况，本书从动力激发和能力弥补两个方面探讨如何激发中小企业的积极安全生产行为。因此，本书分为上、下两卷，分别从"政府＋安全服务"和"政府＋核心企业"两个治理视角，探索如何通过引入外部力量强化安全管制，改善中小企业的安全治理模式，进而提升中小企业的安全行为。上卷从"政府＋安全服务"的治理视角出发，借鉴复杂系统理论、演化经济学理论和资源依赖理论，运用行动者网络方法，探讨引入安全服务的中小企业安全生产治理模式的构建过程及其运行困境。针对这些困境，基于现实中已有的引入安全服务的中小企业安全治理形式，提炼出差异性安全监管合作方式和安全服务购买的差异性政府干预方式。通过构建计算实验模型和系列实验，分析在差异性模式配置下安全生产治理的效果状态，寻求真正有助于中小企业安全生产治理的监管合作方式及安全服务购买的最优解。下卷从"政府＋核心企业"的治理视角，围绕核心企业参与中小制造供应商安全生产治理行为的划分与行为特征、核心企业治理行为形成机理、前置因素对核心企业积极治理行为的驱动路径及其效果、核心企业治理行为演化规律展开研究。最终，针对供应链安全生产治理的特殊性，提出明确符合其特点的驱动策略，以促进核心企业在中小制造企业安全生产治理行为中的积极参与和有效治理的培育，进而提升供应链的整体安全生产水平。

本书凝聚了作者的心血，同时得益于众多机构、专家和学者的鼎力支持。特此感谢国家自然科学基金委员会对本研究的资助！感谢江苏省中小企业发展研究基地、江苏省应急管理厅、镇江市及其他市级安监部门，以及参与访谈和调查的服务机构、小微企业和园区管理部门的通力合作。特别感谢导师梅强教授及本课题组核心成员刘素霞教授在本书写作过程中给予的指导和关怀！在本书的撰写过程中，作者广泛吸收了相关研究成果和专家学者的观点，所参考和引用的文献资料均已附于书后的参考文献。然而，由于参考文献数量庞大，难免存在遗漏。在此，衷心感谢所有同仁的启发性观点，以及广大专家和学者的支持！

本书的主要作者为江苏大学管理学院硕士生导师张菁菁副教授和知识产权学院周巧梅讲师，此外，梅强教授、刘素霞教授、仲晶晶副教授、杨宗康副教授等参与本书部分章节的编撰，张帆等研究生协助校对。江苏大学管理学院中小企业安全生产研究课题组的部分博士和硕士研究生参与了本书相关内容的调研与研讨活动。全书由张菁菁副教授负责统稿和定稿，周巧梅协助修改。

本书旨在改善中小企业安全治理模式并提升中小企业安全生产行为，希望能为各级安全生产监管部门制定安全生产治理、安全生产服务，以及供应链管理引导政策提供理论与实践依据，为安全生产、安全生产服务及供应链管理科学领域的专家、学者进行相关研究工作提供借鉴与参考。然而，安全生产市场化服务和供应链管理涉及管理科学、经济科学、系统科学、安全科学等多个学科，是一个多学科交叉的复杂问题。由于作者的研究水平有限，本书中难免存在某些有待商榷的思想和观点，恳请读者批评指正！

张菁菁　周巧梅

2024 年 9 月 30 日

目录

总 论

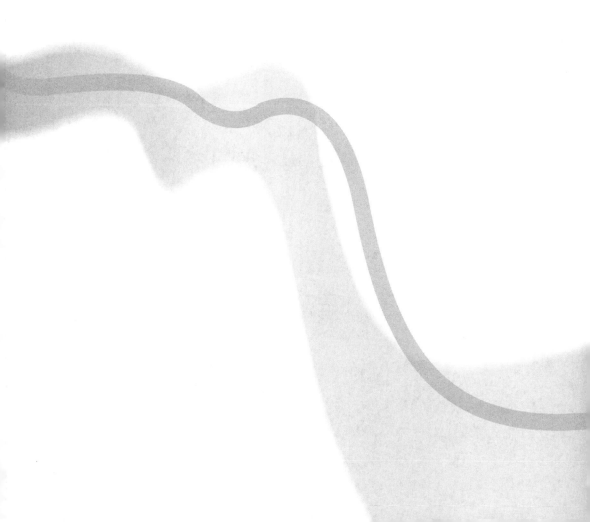

第 1 章　绪　论

1.1　研究背景与问题的提出

1.1.1　研究背景

中小企业是国民经济的基本细胞，是维护社会稳定、促进社会经济发展的中坚力量。截至 2022 年末，全国中小企业数量已超过 5200 万户，比 2018 年末增长 51％。据不完全统计，全国中小企业占全国企业总数的 95％以上，全国 3/4 的城镇就业人口在中小企业工作。这些中国企业的"毛细血管"群体，分布在国民经济的各个行业，贡献了全国 65％的专利技术、75％以上的技术创新、80％的新产品、60％以上的 GDP 和 50％以上的国家财政税收。中小企业广泛分布于细分领域，专注于产业链配套，以产业链供应链为纽带促进大中小企业融通、产学研协同，助力形成环环相扣的完整产业生态，成为保持产业链供应链稳定和竞争力的关键。中小企业作为产业供应链中重要的一环，其职业健康和安全生产水平对供应链中其他节点企业的稳定发展产生重要影响。

然而，许多研究表明，中小型企业的事故率、工伤数量超过大型企业（Micheli 和 Cagno，2010；Legg 等，2015；Holizki 等，2015；Guo 等，2018；Rodrigues 等，2020；Schwatka 等，2020），中小制造供应商在改善企业安全生产和员工职业健康方面面临诸多障碍（Masi 和 Cagno，2015；Fan 等，2020）。爆炸、中毒、火灾类事故是制造类企业常见的事故类型，并且一旦发生上述事故，企业将遭受严重损失。例如，我国各地中小企业在 2023 年就发生多起重特大事故，涉及煤矿、交通、化工、建筑、工贸等诸多行业，如辽宁省盘锦浩业化工有限公司"1·15"重大爆炸着火事故，造成 13 人死亡、35 人受伤，直接经济损失约 8799 万元；内蒙古阿拉善新井煤业有限公司露天煤矿"2·22"特别重大坍塌事故，造成 53 人死亡、6 人受伤，直接经济损失 20430.25 万元；河北省沧州市沧县崔尔庄镇东村一废弃冷库"3·27"重大火灾事故，造成 11 人死亡；荆门钟祥威龙造船有限责任公司"4·14"较大爆炸事故，造成 7 人死亡，5 人受伤，直接经济损失约 935 万元；浙江武义伟嘉利工贸有限公司"4·17"重大火灾事故，造成 11 人死亡，过火面积约 9000 平方米，直接经济损失 2806.5 万元；北京丰台长峰医院"4·18"重大火灾事故，导致 29 人死亡、42 人受伤，直接经济损失 3831.82 万元；中化集团聊城鲁西双氧水新材料科技有限公司"5·1"重大爆炸着火事故，造成 10 人死亡，1 人受伤，直接经济损失 5445.31 万元；贵州盘江精煤股份有限公司山脚树煤矿"9·24"重大火灾事故，造成 16 人死亡，3 人受伤，直接经济损失 4233.82 万元；山西吕梁永聚煤业有限公司办公楼"11·16"重大火灾事故，致 26 人遇难，38 人受伤……一桩桩、一起起血淋淋的事故刺痛了人们的神经，人们不禁要问，是安全管制还不够严格吗？为什么不能扭转安全事故频发的现状呢？

从 2019 年江苏响水天嘉宜化工有限公司"3·21"特别重大爆炸事故调查报告中，我们或许可以管中窥豹。天嘉宜化工有限公司在 2017 年因安全生产违法违规，3 次受到响水县原安监局行政处罚，甚至在 2018 年被国家安全监管总局详细列出 13 项安全隐患问题清单，这说明严格安全管制确实在切实执行。可即使受到了严格的管制，该公司依然继续罔顾安全法律法规，刻意瞒报安全隐患，日常安全生产管理混乱，甚至弄虚作假，最终造成了悲剧的发生。

可见，"行政命令—处罚"的简单式与"事故爆发—停产整治—关闭"的亡羊补牢式安全管制虽可起到基础保障作用，但还不能完全解决问题。这两种方式只能暂时性消除企业不良安全行为，更多的企业还是心存侥幸、消极应付，效果无法持久。安全的本质在于主动预防。引导企业正视自身问题，积极主动地采取安全行为才是杜绝事故、实现安全形势根本好转的关键。由此，需要在过去传统的不良安全行为管制思路的基础上，进一步探索如何调动各方力量，激发、引导企业积极安全行为的产生。

首先，我们要了解中小企业安全事故频发的根源是侥幸心理和实力不足。中小企业因规模和实力的局限，普遍存在以下问题：技术、设备落后；

安全设施配备不足；缺乏专项安全资金；管理人员素质较低，对安全生产政策法规不了解；职工数量少，难以安排专人管理安全生产。由于客观上存在安全生产资源实力不足的问题，即使政府安全生产监管力度不断加大，也难以将安全生产压力转化为中小企业安全生产动力。

按理来说，中小企业内部缺乏专门机构和人员进行安全生产管理，更需要安全生产技术、管理、咨询、指导、培训等服务资源的协助。《中华人民共和国安全生产法（2002版）》要求，除高危行业企业外，其他从业人员不超过300人的企业不强制要求设置安全生产机构和专职安全管理人员。按《统计上大中小微型企业划分办法（2017）》，从业人数300人以下的工业企业是中小企业，虽然新修订的《中华人民共和国安全生产法（2014版）》将这一标准下调至100人，但目前中小企业安全生产"无人管""不会管"的问题依然严重。究其原因，与相当数量的中小企业主的主观上安全生产意识淡薄密切相关。这些企业主对政府的安全生产监管和安全事故的发生心存侥幸，认为由于政府的安全监管力量有限，即使违法违规生产也不一定会被监管到；认为安全事故是小概率事件，即使安全生产投入不足也不一定会发生事故。企业主侥幸心理的存在使得中小企业失去了安全生产动力。"侥幸心理＋安全生产资源实力不足"使得中小企业成为职业危害和安全事故隐患的重灾区，伤亡事故，甚至是群死群伤事故频繁发生。

其次，我们应该意识到，引入市场力量参与中小企业安全治理势在必行。我国政府对中小企业的安全生产管理，以前主要采取一些强制性的管制措施，但由于中小企业量大面广且多分布在乡镇，安全生产监管能力薄弱，安全管制政策很难执行到位。由此，政府职能也应由管制型向服务型转变，通过"花钱买服务"的形式，借助市场力量来补充和强化监管力量和服务能力，增加中小企业安全生产压力，杜绝中小企业主的侥幸心理。根据蓝柏格定理，压力变成动力，需要一个转化的条件，那就是压力的承受者有承受压力的能力。这就可以解释，为何以往通过提高安全事故罚金、工亡赔偿标准等经济约束措施来增加企业安全生产的压力，能够规范大中型企业的安全生产行为，而没能促使中小企业将这种安全生产压力转化为安全生产动力，正是中小企业资源实力的限制使其难以承受安全生产压力，反而进一步助长其侥幸心理。

因此，政府部门在加强安全生产管制的同时，必须大力发展安全生产服务，才能从根本上治理中小企业安全生产问题。20世纪90年代，国家开始对在建项目（工程）推行安全评价。2002年，为适应安全生产形势的发展，原国家安全生产监督管理总局（现应急管理部）、原国家煤矿安全监察局（现国家矿山安全监察局）印发《关于加强安全评价机构管理的意见》的通知（安监管技装字〔2002〕45号），确定了安全评价的概念、类型。2006年，广州市率先推动实施了安全生产托管服务模式；之后，广东、浙江、四川、江苏等省陆续推行安全生产托管服务制度，取得了一定成效。中共中央、国务院《关于推进安全生产领域改革发展的意见》中强调，要着力堵塞监督管理漏洞，综合依靠法治、经济、市场等手段，依靠有效的机制体制、完善的系统治理等。2016年12月，国务院安全生产委员会发布《关于加快推进安全生产社会化服务体系建设的指导意见》之后，2018年6月，工信部、应急管理部、财政部和科技部四部委联合发布《加快安全产业发展培育安全服务新业态》文件，提出以企业为主体，强化政府引导，着力推动安全服务的发展。

再次，市场力量参与中小企业安全治理的运行模式仍待探索。我国中小企业安全服务发展仍处于初期阶段，而在引入安全服务参与中小企业安全治理的过程中也涌现出一系列问题，如地方安监不知如何与安全服务机构合作，不知如何把控安全服务的服务质量，乃至难以确保安全服务机构出具的中小企业安全状态报告是否真实有效；中小企业因对安全生产的动力不足，对购买安全服务提升安全能力的意愿整体偏低，缺乏对高质量服务的追求；安全生产服务机构多依附于政府部门而存在，市场活力不足，且因信息偏差和安全生产服务购买和交易不规范，易出现低质服务乃至违规服务等。这些问题的存在，使得引入安全服务的中小企业安全治理形同虚设，不仅不利于安全服务自身的发展，更不利于中小企业安全生产水平提升，与政策设计初衷相违背。

这就意味着，要引导中小企业产生积极安全行为，必须从动力激发和能力弥补两个方面进行思考。政府安全管制的单一手段是不够的。在此现实需求下，国务院出台了《关于推进安全生产领域改革发展的意见》，提出要在法治监管基础上，综合市场的灵活手段，依靠有效的制度、机制、体制，综合提高企业的安全水平。这表明在政府安全管制基础上，中小企业安全行为管理还可借助市场等多样化手段。

因此，我们需要从系统的角度，深入剖析引入安全服务的中小企业安全治理的运行机理，通过探寻有利的治理模式，真正发挥安全服务的作用，实现中小企业安全水平的本质提高。

最后，我们还需激发引导核心企业积极承担在供应链安全生产方面的链责任。为解决中小企业安全事故频发的这一"沉疴宿疾"，实现以安全为本的经济发展要求，政府除了撬动市场力量，还下定决心调动各方资源开展"铁面、铁规、铁腕、铁心"的全面安全管制活动。2016 年《中共中央　国务院关于推进安全生产领域改革发展的意见》指出，当前重大安全事故频发势头尚未得到有效遏制，一些事故发生呈现由高危行业领域向其他行业领域蔓延趋势，为进一步加强安全生产工作，应当构建严密的层级治理和行业治理、政府治理、社会治理相结合的安全生产社会共治体系，综合运用法律、经济、市场等手段，提升全社会安全生产治理能力。原国家安全生产监督管理总局（现应急管理部）一直致力于引入安全生产治理的新技术和新模式，开始注重引导大型企业（尤其是国有企业）承担在供应链安全生产方面的链责任，带动更多中小企业提升安全管理水平，减少安全生产事故及职业伤害事件。2015 年 9 月，中美供应链职业安全与健康研讨会在上海举行，原国家安监总局与美国劳工部就供应链职业健康与安全管理创新展开了政府间的对话。2016 年 9 月，第八届中国国际安全生产论坛期间同期举办了企业供应链安全与健康管理研讨会，组织专家深入探讨如何改善供应链的安全管理问题。2017 年 8 月，首届供应链管理创新大会在上海举办，首次提出了绿色供应链管理理念的核心内容：降本增效、节能环保、安全健康，为供应链安全生产治理实现跨界融合、合作共赢进行了有益探索。可见，作为政府安全监管的有益补充，引导核心企业参与供应链安全生产治理正逐步引起政府和社会各界的关注与重视。

不仅政府要求核心企业发挥"领头羊"作用，一些核心企业自身也积极参与到供应链安全生产治理中，例如大众汽车、宜家、科思创等跨国公司，以及中国本土的华为公司。但是，大部分企业面临不愿参与或不知如何参与供应链安全生产治理的难题，即参与中小制造供应商安全生产治理的动力不足。在传统的供应链管理中，利益最大化是所有企业的追求目标，所以核心企业参与供应链中小制造供应商的安全生产治理虽能提升整个供应链的安全生产水平，但增加了核心企业的运行成本。因此，一方面，主动延伸企业社会责任开展供应链安全生产治理的企业不多，表现在对供应链上下游企业安全生产水平的关注严重不足，对参与供应链安全生产治理的益处认知不足，再者核心企业的供应商链条长且复杂，核心企业参与供应链安全生产治理往往无从下手。另一方面，核心企业对供应商在价格、质量、货物或服务交付等方面的严格要求，间接导致链上企业尤其是中小制造供应商引入更高、更密集的工作负荷，继而对中小企业员工健康和安全产生不利的结果。因此，加强对核心企业参与供应链中小制造供应商安全生产治理的引导，激发核心企业的治理动机已成为亟待研究的课题。

鉴于此，本项目将展开系列研究，以期能为突破中小企业安全生产管制局限瓶颈，摆脱生产事故多发困境提供新视角、新思路，为政府政策的实施提供理论指导。

1.1.2 研究问题

我国中小制造供应商数量多、分布广、安全生产能力参差不齐，大多具有安全管理专业人才配备不足、安全设施设备和安全生产认知落后等特征。同时，鉴于中小制造供应商在吸纳就业、促进经济活力及保持供应链供应端稳定的重要作用，需要提高对中小企业安全生产治理的效率和效果。目前，政府主导，生产经营单位、行业组织、第三方服务机构、社会公众共同参与的安全生产多元治理格局基本形成。但是，中小企业安全生产社会治理仍存在一定的问题和不足，例如对政府的依赖性过强、行业组织参与度不高、各主体间的协同治理关系较为松散。因此，为促使多元治理主体的联系更为紧密，治理目标更为明确，治理手段更为直接，治理能力更强，进而针对中小制造供应商起到更好的治理效果，需要以"政府＋安全服务"和"政府＋核心企业"不同治理视角对中小企业安全管制方式进行探索，促进中小企业安全生产治理水平的不断提升。具体有以下几点考虑：

一是我国中小企业安全服务仍处在起步阶段。在尝试引入安全服务参与中小企业的安全治理过程中，出现了诸如服务质量如何控制、中小企业购买安全服务的意愿如何激发、安全服务机构活力与质量如何激发和提高等一系列问题。需要通过理论探索，利用市场手段，通过多主体协调，提升服务机构的安全生产服务质量，激发中小企业购买安全服务的意愿和进行内部安全生产治理的内驱力，为实践操作提供理论指导。

二是核心企业与中小制造供应商同处一条供应链，具有上下游供应关系，相较其他组织，与中小制造供应商的利益相关度更高，并且对中小制造供应商的安全生产状况的了解更为细致和专业，核心企业在供应链中相较中小制造供应商处于优势地位，拥有较强的话语权和安全生产管理能力；中小制造供应商对核心企业具有订单依赖，并且核心企业对其实施安全生产治理措施更为具体、直接和科学，易于被中小制造供应商主动接受并在企业安全生产方面做出改进。但是，在理论界，缺少对核心企业参与供应链中小制造供应商安全生产治理深入的研究，尤其是针对我国情境的深度研究；在实践界，国外著名企业进行了一些有益尝试，但国内相关实践极少。发挥供应链上核心企业的积极作用，驱动其向积极的治理行为跃迁，需要从动机与行为的视角思考相关的科学问题，包括目前核心企业参与供应链中小制造供应商安全生产治理行为有哪些类型？不同治理行为的积极程度与治理效果如何？供应链核心企业参与中小制造供应商安全生产治理行为形成的驱动因素有哪些？外部主体压力（政府、社会公众、媒体、行业协会及其他同行等）和内部驱动力如何影响供应链核心企业的治理行为？在这些复杂影响下如何制定科学的符合中国情境的驱动策略，以促进核心企业积极有效参与中小制造供应商安全生产治理？

基于以上问题，本研究以"中小企业安全生产运行机制"作为研究主题，首先，从"政府＋安全服务"治理视角，用行动者网络理论质性分析了引入安全服务的中小企业安全生产治理模式的建构过程和困境，再针对这类困境，通过计算实验探索差异性监管合作方式下中小企业安全生产治理效果和安全服务购买的差异性政府干预效果，寻求真正有助于中小企业安全生产治理的监管合作方式，以及安全服务购买的最优解。

其次，从"政府＋核心企业"治理视角，围绕核心企业参与中小制造供应商安全生产治理行为的划分与行为特征、核心企业治理行为形成机理、前置因素对核心企业积极治理行为的驱动路径和驱动效果、核心企业治理行为演化规律展开研究，最终针对供应链安全生产治理行为区别于一般安全生产治理行为的特殊性，提出明确符合供应链安全生产治理行为特点的驱动策略，从而促进核心企业参与中小制造企业安全生产治理行为的积极跃迁和有效治理行为的培育与实践，达到提高供应链整体安全生产水平的目的。

1.2 研究目的与意义

1.2.1 研究目的

本研究旨在对政府如何通过市场手段和供应链手段促进多主体参与中小企业安全生产治理这一前沿议题开展系统化、深层次的研究，包括探究引入安全服务的中小企业安全生产治理模式，差异性情境下引入安全服务的中小企业安全生产治理效果，核心企业参与中小制造供应商安全生产治理行为的驱动机理和演化规律。本研究进一步探讨了中国经济转型升级的新常态下，驱动核心企业积极有效参与中小制造供应商安全生产治理的对策建议，最终为促进整个产业链企业安全健康发展和推动安全生产治理体系升级，提供理论依据和实践决策参考。本研究将具体完成以下七大目标：

（1）通过系统性分析，引入安全服务的中小企业安全生产治理模式。基于行动者网络理论质性分析中小企业、服务机构、政府安监部门之间的行动利益和征召过程，分析引入安全服务的中小企业安全生产治理模式的构建过程和运行困境。

（2）实验探索差异性情境下引入安全服务的中小企业安全生产治理效果。立足于实验结果，探寻有利的中小企业安全生产治理模式。基于复杂适应系统理论、演化经济学理论，运用计算实验方法，科学刻画中小企业、服务机构、政府安监部门等主体的属性特征、主体间的行为交往规则、学习机制，利用 NetLogo 软件工具搭建仿真平台对系统进行仿真模拟，观察差异性的模式设置对治理效果的影响，进而探索有利的治理模式。

（3）研究核心企业参与中小制造供应商安全生产治理行为的属性特征和类型划分，探讨核心企业参与中小制造供应商安全生产治理的行为特征、积极程度和治理效果的差别。

（4）剖析核心企业参与中小制造供应商安全生产治理行为的形成机理。

挖掘治理行为的驱动因素，包括直接因素和间接因素，分析各因素对治理行为的影响过程和影响。

（5）验证内外动因对核心企业积极治理行为的驱动路径和驱动效果。分析核心企业参与中小制造供应商安全生产治理行为及其驱动因素，建立理论模型，确定驱动因素的维度和测量方式，设置自变量、中介变量和因变量，运用大样本数据进行实证检验。

（6）开展核心企业参与中小制造供应商安全生产治理行为演化的计算实验。基于实证研究结果和具体研究设计，提炼核心企业参与中小制造供应商安全生产治理行为的规律和机理，结合政府与媒体等主体特征与行为，分析核心企业治理行为的系统演化规律。

（7）设计核心企业积极有效参与中小制造供应商安全生产治理的驱动策略。基于全书研究，探讨如何驱动核心企业积极参与中小制造供应商安全生产治理，促进核心企业采取有效的治理行为，最终提升核心企业及中小制造供应商的经济绩效和安全生产绩效。

1.2.2　研究意义

（1）理论意义

第一，引入安全服务的中小企业安全生产治理模式是中小企业安全治理模式革新的一项重要举措。该模式的有效运转，有助于提升中小企业安全治理效率，提高中小企业安全生产水平。本书以引入安全服务的中小企业安全治理模式为研究对象，考虑系统环境的动态性、参与主体的异质性与交互性，深入剖析具体运行模式下的治理效果和规律，研究成果将深化安全服务的相关理论与方法在安全生产领域的应用，为企业安全生产治理研究提供新的研究视角与范式，为引入安全服务协助中小企业安全治理策略设计提供理论参考。

第二，尽管实践中相关部门已逐步关注到从供应链核心企业视角解决中小制造供应商安全生产状况严峻的问题，但在理论层面上，关于核心企业参与中小制造供应商安全生产治理行为的驱动机理及其演化规律的系统研究仍亟待完善。本书借助网络资料爬虫、案例访谈、大样本调查和计算模拟，结合核心企业参与中小制造供应商安全生产治理行为的特征和类型划分，辨析核心企业治理行为驱动因素并进行验证，观察治理行为的系统演化趋势，最终提出驱动核心企业积极有效参与中小制造供应商安全生产治理的对策建议，系列研究丰富了安全生产治理领域的理论研究成果。

第三，本研究聚焦核心企业参与中小制造供应商的安全生产治理。在当今新经济模式下，中小制造企业是经济转型和发展的重要组成部分，也是安全生产治理领域重要的研究对象。本研究通过结合中小制造供应商自身特性和核心企业治理行为的独特优势，整合政府和社会多主体的交互作用，最终探索出核心企业参与中小制造供应商安全生产治理行为的驱动策略。因此，本研究为保障中小制造企业的职业健康安全水平提供了新的研究思路和研究方案。

第四，本研究依次采用扎根理论方法构建理论模型和结构方程模型进行实证检验，最后运用计算实验方法进行情景模拟，混合多种研究方法开展分析，丰富了核心企业参与中小制造供应商安全生产治理的研究范式，为针对性地提出驱动核心企业积极有效参与中小制造供应商安全生产治理的对策建议提供了数据支撑、实证基础和情境参考。

（2）实践意义

第一，本研究设计的引入安全服务的中小企业安全治理模式优化方案，能够为政府制定引导策略，促进安全服务在安全监管上的助力，激发中小企业提升安全生产服务和能力的需求，进而为提高中小企业安全生产治理成效提供理论依据；为服务机构制定发展战略、拓展安全服务发展提供有效的策略支持；为科学提升中小企业安全生产水平提供有力的理论指导。

第二，核心企业参与供应链安全生产治理是对政府安全生产监管的重要补充。虽然已有的可持续供应链治理研究提供了一些思路和措施来推动企业采取可持续行为，但这些措施缺乏针对性，无法解决企业在供应链中采取安全生产治理行为动机不足的问题。本书关于核心企业参与中小制造供应商安全生产治理行为驱动机理和演化规律的研究，可以为制定针对性的驱动策略，促进核心企业对中小制造供应商采取积极有效的安全生产治理行为，提供具体的政策思路和实践路径。

第三，本研究对政府管制为主、社会共同参与的安全生产治理格局的形成具有重要的现实意义。中小制造企业安全生产治理是一个系统工程，我国中小制造企业又普遍具有数量多、规模小、资金不足、安全条件差、安全管理水平不高的特征，因此，提高中小制造企业安全生产水平、规范中小制造企业安全生产行为，不仅需要政府加强行政执法，还需要发动全社会的力量。核心企业作为中小制造企业在同一供应链上最重要的利益相关者，发挥其在供应链上的主导作用参与中小制造企业安全生产治理，具有较高的可操作性，也能产生较好的治理效果。

第四，本研究结果有利于为我国中小制造企业安全生产治理提供新的解决方案，结合政府监管、媒体监督和社会参与，驱动核心企业积极有效参与中小制造供应商的安全生产治理，从而提高中小制造企业安全生产治理效果，确保中小制造供应商安全健康发展，同时提升核心企业自身的经济效益和安全效益。

1.3　研究方法、内容与技术路线

1.3.1　研究方法

本书涉及管理学、经济学和社会学等多学科交叉的研究内容，依次使用理论研究、经验研究、案例分析、实证分析和仿真分析等多维度研究方法，力争得出科学的研究结果。使用的主要方法有：

（1）文献研究法：文献研究法是通过查阅、整理和归纳相关理论和文献，通过对理论和文献的分析形成对研究问题的客观认知和解决思路的方法。本书采用文献研究法梳理和回顾国内外中小企业安全生产、安全生产服务、企业环境、企业能力和复杂适应系统相关经典理论与理论模型，系统化综述可为本书提供参考意义的相关文献，以此奠定本研究的理论和文献基础。

（2）文本分析法：文本分析法主要遵循解释主义研究范式，对各种文本（文字、照片、音视频）进行分析，旨在解析文本中蕴含的符号意义及不同文本之间的逻辑联系等。本书首先通过网络爬虫技术深度获取核心企业参与供应链中小制造供应商安全生产治理相关的实践资料，包括可持续发展报告、供应商行为准则、官网宣传资料、新闻报道、网民评论、专栏文章和学术文章等，然后围绕以上材料，科学提炼和分析其中与主题相关的概念和聚类构成等信息，系统了解核心企业参与中小制造供应商安全生产治理行为实践的现状，依据"认知—动机—策略—结果"的分析框架研究核心企业治理行为的分类、不同治理行为的特征、产生的治理结果的差别、治理行为的积极程度差异等，为下文核心问题的研究提供现实基础。

（3）扎根理论：扎根理论是采用归纳的方式，对搜集到的资料进行系统化分析，进而发现、发展理论，扎根理论研究的问题通常是有关现象的行动和过程，主要发现相关范畴及其间的关系。扎根理论研究法的分析部分通常是由三种主要的编码方式所组成：开放性编码、主轴编码和选择性编码。开放性编码是仔细检验每条原始语句并为现象取名字或加以分类的分析过程；主轴编码是根据范畴间的关系进行重新组合分类形成主范畴的过程；选择性编码是选择核心范畴，把它有系统地和其他范畴予以联系，验证其间的关系，形成理论模型的过程。本书在资料收集的基础上，按照扎根理论研究范式，整理、编码数据资料，逐步提炼核心企业参与中小制造供应商安全生产治理行为形成的驱动因子，并挖掘、构建核心企业参与中小制造供应商安全生产治理行为驱动机理及演化规律研究影响因子间的交互关系，最终诠释核心企业参与中小制造供应商安全生产治理行为形成的驱动因素和作用机理模型。

（4）结构方程模型：结构方程模型是一种强大的多元统计建模方法，经常被用来验证理论模型和研究假设。本书使用结构方程模型对核心企业参与中小制造供应商安全生产治理行为的驱动因素进行路径分析，验证提出的研究假设。首先建立治理压力、治理动力、治理能力对核心企业积极参与中小制造供应商安全生产治理行为影响路径的结构方程模型，继而对模型进行验证性和探索性因子分析，最后验证内外部影响因素对核心企业积极治理行为的驱动影响。

（5）计算实验：计算实验是以综合集成方法论为指导，融合人工智能技术、多主体建模思想、复杂系统理论和演化理论等，通过计算机在线管理系统的基本情景，分析各种管理现象、行为与演化规律的一种科学研究方法。因此，计算实验是通过对现实中管理问题的抽象与分析，构建出相应的管理系统，并通过计算机来实现该管理系统的情景，在此基础上，通过改变实验参数，来观察与分析系统现象、行为与演化规律。计算实验是一种情景建模方法，其情景构建思路来自复杂适应系统的理论与思想，将管理系统中的要素视为具有学习性、智能性的自适应主体，通过自下而上的建模思路，刻画出现实情况下管理系统的主要特征，因此，计算实验模型中强调的是主体行为、主体间交互规则及社会环境等符合现实的因素，关注主体的智能性、学习性和自适应性。通过计算实验的分析，可以在一定程度上解释真实的社会现象，预测未来的可能场景。

本书上卷采用多 Agent 建模方法，依据计算实验的研究范式，确定由"政府—服务机构—中小企业"组成的仿真人工原型系统；基于研究基本假设与规则，建立可计算模型，包括刻画主体建模对象属性、主体演化规则设计、交互机制；借助 NetLogo 软件构造计算实验平台实现系统模型的仿真模拟；根据不同情景下计算实验模型的仿真训练，揭示系统的动态演化规律。

本书下卷基于核心企业参与中小制造供应商安全生产治理行为的驱动因素及其作用机制的探索与验证，运用计算实验方法，首先将核心企业参与中小制造供应商安全生产治理这一现实问题进行简化和抽象，分别刻画出管理系统中各要素的主要特征、描述核心企业、中小制造供应商、政府、媒体之间的基本规则，而后运用计算机对抽象出的管理系统进行模拟，在此基础上，通过改变实验参数，来观察与分析系统现象、行为与演化规律，探究核心企业如何有效参与中小制造供应商的安全生产治理，以提升中小制造供应商的安全生产水平及供应链整体效益。

1.3.2　研究内容

根据研究目的，本书分总论和上下卷，各章的研究内容安排如下：

总论部分

第 1 章　绪论

本章首先论述研究的实践背景和理论背景，针对管理实践存在的不足和理论研究缺口提出本书的研究问题。然后，从理论和实践两个方面明确研究议题的目的与意义。最后，明确研究内容与适用的研究方法，选择合适的研究思路和技术路线，确保研究过程的科学严谨。

第 2 章　概念界定、理论基础与国内外研究综述

本章首先进行本书关键概念的含义界定。然后，整理和回顾研究所涉及的理论基础，对企业行为影响因素相关经典理论进行归纳，并分析这些理论在本研究中的具体应用。接着系统化综述供应链社会责任治理与供应

链安全生产治理实践相关研究，以及综述供应链可持续发展、供应链社会责任与绿色供应链决策的影响因素的相关文献。最后，对相关文献梳理进行简要述评，总结现有研究的进展与不足，继而提出本书的研究方向。

上卷"政府＋安全服务"治理视角

第 3 章　引入安全服务的中小企业安全生产治理模式系统性分析

本章首先论述引入安全服务的中小企业安全治理现有模式，梳理出目前较常见的四种运行模式，剖析发现模式的差异性主要表现在安全监管权的让渡方式、安全服务购买的政府干预上。然后从系统的角度对引入安全服务的中小企业安全生产治理模式进行了理论性的认识，采用行动者网络理论质性分析了引入安全服务的中小企业安全生产治理模式的建构过程和困境，为后文的研究奠定了理论基础。

第 4 章　差异性监管合作方式下中小企业安全生产治理效果实验研究

引入安全服务的中小企业安全治理模式的差异性主要表现在安全监管权的让渡方式、安全服务购买的政府干预上。本章首先对安全监管权的让渡方式进行实验模拟，以构建的计算实验平台为基础，设计实验方案。通过模拟政府出资寻求安全服务合作监管、政府引导企业购买安全服务合作监管的两种不同监管合作方式，实验观察和分析不同情境方式下的安全服务违规占比，以此表征中小企业安全生产的治理效果，并进一步寻求真正有助于中小企业安全生产治理的监管合作方式。

第 5 章　安全服务购买的差异性政府干预效果实验研究

本章进一步对安全服务购买的政府干预差异性方式进行实验模拟，以构建的计算实验平台为基础，设计实验方案，通过模拟政府对安全服务质量的干预方式，包括政府不干预与干预、惩罚与奖励等措施不同情境下的模拟，实验观察不同措施下，愿意通过购买安全服务提升安全能力的中小企业数量占比，以及安全服务质量变化，剖析最有利于中小企业安全水平提升和最优治理效果的安全服务购买方式。

下卷"政府＋核心企业"治理视角

第 6 章　核心企业参与中小制造供应商安全生产治理行为及其特征的文本分析

本章首先运用数据挖掘爬取相关网页资料，继而对资料进行整理和文本分析，深入研究核心企业参与中小制造供应商安全生产治理行为实践的现状，即核心企业参与中小制造供应商安全生产治理行为的分类、不同治理行为的特征、产生的治理结果的差别、治理行为积极程度的差异等，为下文研究提供现实基础。

第 7 章　核心企业参与中小制造供应商安全生产治理行为形成机理的质性研究

在第 2 章回顾相关经典理论与综述国内外相关文献的研究基础上，在第 6 章核心企业参与中小制造供应商安全生产治理行为的特征及划分的现状讨论之后，本章基于探索性的扎根理论质性研究方法，对相关领域的核心企业深度访谈资料进行编码分析，提炼范畴并挖掘主范畴间的典型关系，明晰核心企业治理行为形成的驱动因素，构建核心企业参与中小制造供应商安全生产治理行为的驱动因素体系框架模型和作用机理模型。

第 8 章　核心企业参与中小制造供应商安全生产治理行为驱动路径的理论模型构建

在上一章核心企业参与中小制造供应商安全生产治理行为形成的驱动因素及作用机理模型构建的基础上，参考相关理论和文献提出驱动因素与核心企业积极参与中小制造供应商安全生产治理行为之间的关系假设，建立实证研究的概念模型，然后参考已有文献中的相关成熟量表，进行核心企业参与中小制造供应商安全生产治理行为、治理压力、治理动力和治理能力的量表设计，确定初始量表之后进行小规模试测，接着根据试测结果对初始量表进行修改形成正式量表，为下一步的实证检验奠定基础。

第 9 章　核心企业参与中小制造供应商安全生产治理行为驱动路径的实证分析

本章为核心企业参与中小制造供应商安全生产治理行为驱动因素的实证研究，首先开始正式调研，根据正式调研数据进行量表的信度和效度分析，确定量表的可靠性与有效性；然后进行核心企业参与中小制造供应商安全生产治理行为及其驱动因素描述性统计分析；接着验证治理压力、治理动力和治理能力与核心企业积极治理行为间作用关系的研究假设；最后，总结假设检验结果并形成最终模型，明确核心企业参与中小制造供应商安全生产治理行为的驱动路径。

第 10 章　核心企业参与中小制造供应商安全生产治理行为演化规律的仿真分析

本章主要进行多主体参与下核心企业参与中小制造供应商安全生产治理行为选择的仿真研究，然后分析仿真结果，本章有助于为后文提出具体的对策建议以为驱动核心企业积极有效参与中小制造供应商安全生产治理奠定基础。首先，在前文核心企业参与中小制造供应商安全生产治理行为及其驱动因素、驱动路径研究的基础上，构建仿真模型，包括建立仿真主体（包括核心企业、中小制造供应商、政府和媒体 Agent）的属性及行为规制，描述主体间行为交互和系统建立过程。然后，利用 Python 平台构建核心企业参与中小制造供应商安全生产治理行为选择仿真系统，设计不同的情景，观察不同情景参数变化情况下，核心企业参与中小制造供应商安全生产治理行为选择策略的动态演化过程，以及不同情境下核心企业收益的变化、中小制造供应商安全生产投入的变化和中小制造供应商收益的变化。

第 11 章　核心企业参与中小制造供应商安全生产治理行为驱动策略

为确保能够充分体现前文研究结果，紧扣研究核心主题，本章将根据前文研究中的关键结论，针对核心变量，包括治理压力、治理动力、治理能力、安全评价行为和安全协作行为，从政府层面、媒体层面和核心企业层面制定驱动策略，指导核心企业采取有效的治理行为并促进核心企业参与中小制造供应商安全生产治理行为实现积极跃迁，最终提高中小制造供应商安全生产水平和提升供应链核心企业与中小制造供应商的经济效益。

第 12 章　研究结论与展望

本章主要总结全书的主要研究内容和研究结论，以及提出本研究存在的局限和未来可能的研究方向。

1.3.3　技术路线

本书以复杂适应系统理论、演化经济学理论、资源依赖理论、企业环境相关理论、企业能力相关理论等为理论基础，综合运用文献调研、文本分析、扎根理论、结构方程模型及计算实验的方法，分总论、上卷和下卷。

总论部分主要是论述该研究的研究背景、问题、意义、目的，并对主要概念进行界定，对文献研究进行综述。

上卷从"政府＋安全服务"治理视角，在对引入安全服务的中小企业安全治理模式的现有形式进行系统性理论认识和分析的基础上，剖析出目前治理模式主要在监管合作方式和安全服务购买方式上存在差异。由此构建中小企业、服务机构和政府安监部门三者交互作用，引入安全服务的中小企业安全治理仿真实验模型，分别实验在差异性监管合作、安全服务购买的差异性政府干预下中小企业安全治理的效果，以此反推出有利于中小企业安全水平提升的引入安全服务的中小企业安全治理模式。

　　下卷从"政府＋核心企业"治理视角，以驱动核心企业积极有效参与中小制造供应商安全生产治理，提升中小制造企业安全生产水平和供应链整体效益为核心议题，沿着"治理行为及特征—治理行为形成机理—治理行为影响路径—治理行为演化规律—治理行为驱动策略"的研究思路，以核心议题为指引，首先基于文本分析方法，运用 Python 编程爬取百度网页相关资料，之后基于"认知—动机—策略—结果"的分析模型对文本资料进行分析，深入提炼核心企业参与中小制造供应商安全生产治理行为现状及其特征；其次，通过深度访谈供应链核心企业，并搜集相关的二手资料以补充和验证访谈资料，逐步提取分析核心企业参与中小制造供应商安全生产治理行为形成的驱动因素及因素与治理行为形成之间的作用关系，以此进一步构建相关理论框架。然后，提出核心企业参与中小制造供应商安全生产治理行为与其驱动因素之间的关系假设，建立实证研究的概念模型并设计量表。在此基础上，开展正式调研，分别对正式调研数据进行信效度分析、描述性统计分析、假设验证与模型修正，确定核心企业参与中小制造供应商安全生产治理行为的驱动路径。接着，开展核心企业参与中小制造供应商安全生产治理行为演化的计算实验，观察不同情景参数下核心企业治理行为的演化过程和演化规律。最后，结合前文研究结果，提出驱动核心企业积极有效参与中小制造供应商安全生产治理的对策建议。

1.4　创新点

　　（1）本书从多视角探索中小企业安全市场治理的运行机制。上卷从市场化角度探索引入安全服务的中小企业治理模式的构建过程和运行困境，借鉴复杂系统理论、演化经济学理论及资源依赖理论，运用多种方法进行研究。基于现实中已有的引入安全服务的中小企业安全治理形式，提炼出差异性安全监管合作方式、安全服务购买的差异性政府干预方式。通过构建计算实验模型和系列实验，分析差异性模式配置下，安全生产治理的效果状态，进而反推出有利于中小企业安全生产水平提升的治理模式。

（2）下卷从供应链角度研究中小制造企业安全生产治理的新范式，并运用多种科学方法进行研究。已有的安全生产治理相关研究，集中在政府安全生产管制、社会舆论监督和安全生产服务机构等对企业的影响，未见从供应链的视角，通过供应链核心企业参与中小企业安全生产治理的相关研究。而引入核心企业这一主体参与到供应链安全生产治理中具有重要的理论和实践价值，本书基于现实情境和借鉴相关理论，运用文本分析、扎根理论、结构方程模型和计算实验等科学的研究方法，对核心企业参与中小制造供应商安全生产治理行为的驱动机理和演化规律开展研究并得出系列结论，拓宽了中小制造企业安全生产治理的研究视角和研究范畴。

（3）提出核心企业参与中小制造供应商安全生产治理行为的类型划分和行为特征，为新颖的研究课题奠定现实基础。本研究课题较为新颖，目前已有一些核心企业参与中小制造供应商安全生产治理的良好实践，但更多的核心企业并未积极采取相关治理行为。为开展后续研究，需明晰核心企业参与中小制造供应商安全生产治理的现实状况。因此，本书运用数据挖掘和文本分析方法对网页资料进行挖掘和剖析，提炼现阶段核心企业参与中小制造供应商安全生产治理行为的特征因素，并按积极程度对治理行为进行划分，充分把握了核心企业治理行为的实践现状。

（4）提出核心企业参与中小制造供应商安全生产治理行为的内外驱动因素，弥补了以往对内在动力因素研究的不足，更加全面揭示了核心企业治理行为的驱动因素和驱动路径。现有文献中没有对于核心企业参与中小制造供应商安全生产行为的驱动因素及驱动路径的系统全面的解释，已有关于可持续供应链治理行为驱动因素的研究聚焦于外部压力与内部能力因素。同时，实践中出现部分核心企业参与中小制造供应商安全生产治理的有益探索。实践先于理论，为更好指导实践，需要挖掘本土实践背后的理论机理。因此，基于对现状的把握，通过访谈典型企业，运用扎根理论方法分析在来自政府和社会等外界的压力与支持下，核心企业对参与中小制造供应商安全生产治理的战略反应及压力传导过程，逐步探究驱动核心企业治理行为的内在动力、能力因素和外在压力因素，并运用结构方程模型方法验证内外驱动因素对治理行为的直接或间接影响路径，弥补了以往对内在动力因素研究的不足，更加全面揭示了核心企业治理行为的驱动因素和驱动路径。

（5）探索核心企业参与中小制造供应商安全生产治理行为在计算实验仿真系统中的演化规律，提出系统整体运行效果的保障条件，有助于制订具有针对性的核心企业治理行为积极跃迁的驱动策略。制订核心企业积极有效参与中小制造供应商安全生产治理的驱动策略过程中，既要考虑动态的宏观环境（经济和社会环境），又要考虑多主体（政府部门、媒体等）的积极作用。核心企业在与中小制造供应商交互中往往具有复杂性、动态性等特征，较难用传统的方法制定科学的引导策略。已有关于安全生产治理策略的研究大多数是基于理论分析或实践经验总结的基础上提出的，其科学性和可操作性难以保障。本书在对核心企业参与中小制造供应商安全生产治理行为驱动路径分析的基础上，运用计算实验方法分析不同情境、不同影响因素构成下核心企业治理行为的演化规律及系统运行情况，通过分析实验结果，提出核心企业如何采取积极的治理行为，并保障供应链内核心企业和中小制造供应商在经济与安全方面取得双赢。后文在此研究基础上制定具体可行的驱动策略，在有效促进核心企业参与中小制造供应商安全生产治理行为的培育与实施方面，具有较强的理论依据和科学性。

第 2 章　概念界定、理论基础与国内外研究综述

2.1　概念界定

2.1.1　治理、合作治理与参与治理、安全生产治理

（1）治理

根据联合国全球治理委员会的权威定义，治理是指各种公共或私人机构管理某类共同事务的方式的总和，是协调冲突并采取联合行动的持续性过程。从此定义可以看出，治理过程是基于协调而不是控制；治理既涉及公共部门，也涉及私人部门；治理不是一种正式的制度，而是一种持续的互动。国内学者俞可平（2001）较早地从合作的视角对治理进行了阐释，提出治理的实质是基于市场原则、公共利益和认同的合作，包括政治国家与公民社会的合作、政府与非政府的合作、公共部门与私人机构的合作。并且，俞可平（2001）认为有效的治理（即善治）可以弥补国家和市场在调控和协调资源过程中的某些不足。赵一归（2022）综合国内外学者对"治理"一词的理解和阐释，认为中国语境下的治理是一个系统概念，包括治理的主体、治理的目标、采用的治理方式等要素，其中治理主体是多元的，政府在多元治理中发挥主导作用，与企业、行业协会、服务机构、社会公众等共同治理；治理目标是共同的、一致的；治理方式也是综合的，除行政手段外，还需运用法治、市场、教育和科技等手段。概而言之，治理概念本身蕴含着相关各方的合作性和整体性，所以具有治理主体多元化、治理目标趋同、治理过程双向互动及治理方式综合运用等特征。

（2）合作治理与参与治理

顺应公共治理的发展要求，合作治理逐渐成为 21 世纪政府治理的新模式和新趋势（谭英俊，2015）。合作治理是指为建立、监督、促进和监测跨

部门组织的合作而采取的制度安排，以解决仅靠一个组织或公共部门无法解决的公共政策问题。它的特点是由两个或两个以上的公共机构、营利性和非营利组织的共同努力、互利和自愿参与（Scott 和 Thomas，2017）。合作治理显示出政府治理理念的变革，即政府不再是唯一的治理主体。在合作治理过程中，政府建立引导型政府职能模式，逐步引导社会中的多元主体参与社会治理，政府应当承担"元治理"的角色，明确政府是规则的制定者、公共平台的构建者和社会对话的组织者的身份（郑家昊，2014）。

张毓龙（2021）在《我国职业安全健康合作治理体系研究》一文中指出，职业安全健康合作治理的核心含义是让更多的利益相关者共同治理工作场所的安全健康事务，从单一的政府治理转向由政府担当"元治理"角色的多主体合作，推动职业安全健康治理从传统的"命令—控制"式和运动式治理向主体合作治理新秩序迈进。他继而提出广义合作治理包括参与治理，认为参与治理强调"参与"属性、凸显民主价值。参与治理主张政府广泛吸纳合法主体积极参与社会公共事务的管理，在现实中，参与治理是政府中心性和主导性因素控制其他治理要素的过程，是由政府主导、各种社会力量参与的治理过程。参与治理主体的行为倾向于围绕政府中心，更多地体现了"主体—客体"结构的思维范式，多元主体开展各种活动并不排除政府的强制性权利。而狭义的合作治理强调政府主体与其他治理主体的平等性，弱化了政府主体的中心地位。鉴于中国政治文化传统和对政府的依赖惯性及国内社会主体成长的局限性，本书认为目前社会事务的合作治理模式必然需要更多的参与治理成分，即既要超越政府单一主体治理，又要明确政府对公共事务治理的主导作用及对多元主体参与社会治理的引导作用。

（3）安全生产治理

2016 年，《中共中央　国务院关于推进安全生产领域改革发展的意见》中首次提出实现安全生产治理体系和治理能力现代化的明确目标。2017 年，习近平总书记在党的十九大报告中指出，打造共建共治共享的社会治理格局，加强社会治理制度建设，完善社会治理体制，提高社会治理社会化、法治化、智能化、专业化水平。构建安全生产治理新格局是观念的转变，是传统单一监管手段向多元化管理手段的转变，是贯彻创新安全生产治理

"党委领导、政府负责、民主协商、社会协同、公众参与、法治保障、科技支撑"的重要体现。共治是构建安全生产社会治理新格局的关键环节，2021年新修订的《中华人民共和国安全生产法》明确安全生产工作要坚持党的领导，建立企业负责、员工参与、政府监管、行业自律和社会监督的机制，表示安全生产治理过程是多元主体的共治过程。2022年，党的二十大提出完善社会治理体系，健全共建共治共享的社会治理制度，提高社会治理效能，畅通和规范群众诉求表达、利益协调、权益保障通道，建设人人有责、人人尽责、人人享有的社会治理共同体。

综上所述，本书将安全生产治理的内涵定义为由政府主导，企业、第三方服务机构、行业组织、社会公众等多元主体共同参与，推动安全生产治理效果不断优化，有效防范化解安全生产事故风险和职业伤害挑战的过程。在此过程中，政府还需要搭建社会参与平台和提供完善的参与机制，积极实现与公民和社会的互动，不断增强安全生产合作治理主体的参与动力和参与能力。

2.1.2 安全生产服务机构、安全生产服务、引入安全服务的中小企业安全生产治理

（1）安全生产服务机构

安全生产服务机构指的是既独立于政府监督管理部门，又独立于生产经营单位的第三方机构。它是按照《中华人民共和国安全生产法》第十五条依法设立的为安全生产提供技术、管理服务的具有中立性的专业机构。该类机构必须符合法律法规等规定的设立条件，其人员也要有一定的资质条件，以保证能提供专业化的服务。专业安全生产服务机构可以申请专业技术服务资质证书，并在许可的范围内开展活动。安全生产服务机构必须遵守法律、行政法规的有关规定和执业准则，遵守公开、公正、诚信和自愿的原则，按照政府指导价或者行业自律价，与委托方签订委托协议，明确双方的权利和义务，并按照生产经营单位的委托，提供有关的安全评价、检测、检验、认证、咨询、培训、管理等服务。

（2）安全生产服务

依据《中华人民共和国安全生产法》，安全生产服务指的是安全生产服务机构依照法律、行政法规和执业准则，接受生产经营单位的委托为其提

供安全生产方面的综合服务，包括安全生产咨询、安全生产培训、安全生产检测、安全生产监督等，安全生产服务的目的是为企业的安全生产保驾护航，以此提升企业安全生产水平，推动企业可持续发展。

（3）引入安全服务的中小企业安全生产治理

中小企业实行"企业委托服务"方式，委托安全服务中介机构为其提供服务，委托服务的内容由中小企业根据自身情况和安全生产需要提出，主要包括：建立健全企业安全生产管理制度和操作规程，进行安全风险因素辨识管控、安全隐患排查治理，开展全员安全教育培训，指导应急管理等企业安全生产管理工作。对于中小企业来说，实行安全生产管理委托服务，企业安全生产责任主体仍是中小企业，但监督主体是各级政府监管机构，企业安全生产治理实施主体是服务机构。这实际上旨在通过行动者网络理论分析中小企业安全生产治理困境，基于相关主体参与动因、目标、功能和障碍分析的基础上，设计出一种中小企业的安全生产协同治理模式。

这种治理模式的实施可能涉及一系列的步骤和策略，包括确定安全目标、识别和评估安全风险、制定并实施安全策略，以及定期审查和改进这些策略以确保其有效性。此外，还需要考虑到在实施这些策略时可能面临的一系列挑战，如资源限制、员工培训和参与程度，以及法规遵守情况等。当然，具体的实践举措还需根据特定的行业、公司规模及其他诸多因素而定。

2.1.3　供应链管理与供应链治理、可持续供应链治理和供应链安全生产治理

（1）供应链管理与供应链治理

马士华（2010）指出供应链是围绕核心企业，通过对信息流、物流、资金流的控制，从采购原材料到制成中间产品和最终产品，最后通过销售网络把产品交付给消费者的功能网链结构。2001 年，我国发布实施的《物流术语》国家标准（GB/T 18354－2001）中，将供应链定义为生产与流通过程中将产品或服务提供给最终用户所涉及的由上游与下游企业所共同形成的网链结构。供应链管理指对企业内的传统职能部门内部、职能部门之间，以及供应链内的企业之间的策略（例如采购、研发、生产、物流、营销、信息系统、金融和客户服务等）进行系统的战略协调，以提高单个企业和整个供应链的长期绩效（Min 等，2019）。供应链治理是以供应链企业

之间的合作关系为基础，面对一系列破坏交易关系的行为，如机会主义或适应性问题，通过供应链内外部治理主体之间的互动，以及包含经济性、竞争性和社会性的治理结构、机制和手段，来平衡供应链成员之间交易关系的控制规则和治理体系（华连连等，2021）。供应链管理与供应链治理一字之差，但两者的含义并不相同，李维安（2016）认为供应链管理是指从微观视角对供应链进行计划、组织、领导和控制，以确保供应链的有序运行，实现供应链中企业的经营目标、最大化供应链的运营绩效；而供应链治理不仅注重供应链内企业之间的资源配置和关系协调，也关注外部环境因素对供应链运作的监督和制约。从二者关系来看，供应链治理在宏观层面为供应链管理提供指引，规定了供应链管理发展的目标和方向；供应链管理是供应链治理的支撑，明确了供应链治理的发展路径和手段。

（2）可持续供应链治理

除了传统的供应链治理，核心企业越来越多地要求其供应商按照环境和社会标准制定的指导方针（如 ISO14001、SA8000 和 ESG 标准）执行，指导方针相互关联，彼此之间的界限往往也难以确定。以目前运用最广泛的 ESG［ESG 是环境（Environment）、社会（Social）和公司治理（Governance）的缩写，它是一种关注企业环境、社会和公司治理绩效而非财务绩效的投资理念和企业评价标准］为例，其中，社会方面的评价指标包括员工福利与健康、产品质量安全、反强迫劳动和供应链责任这些本书关注的供应链安全生产指标。随着时代的发展，在利益相关者的日益关注下，核心企业除了关注合作企业的成本、质量、产能、交货期等经济指标，也逐步注重非财务指标，例如环境和社会方面的指标（Yawar 和 Seuring，2017），由此衍生出可持续供应链治理和供应链社会责任治理。可持续供应链治理着眼于可持续治理价值观的整合和实现，目标是共同创造、保护和发展长期的经济、环境和社会价值，提高企业和整个供应链的长期三维绩效（Rajeev 等，2017）。可持续供应链治理的思想主要是引导供应链中合作主体之间的物质和信息流动，并在此过程中考虑可持续发展目标及利益相关者的生态和经济需求，从协同和共享的角度推动可持续供应链治理的有效实施（Sanfiel-Fumero 等，2017）。供应链社会责任治理是指从供应链网络层面管控和解决企业社会责任问题，促进企业履行社会责任，进而推动供应链整体有效管理，发展供应链伙伴关系及监控供应链整体社会责任绩效，最终实现全局治理（Yadlapalli 等，2018；Feng，2017）。

面对供应链的经济、环境和社会三方面内容，企业有时以独立的方式启动管理项目，有时以全局的方式组织管理。目前，实践界和理论界对经济和环境两方面关注较多，反之，对社会方面关注不足，更遑论对供应链安全生产治理的研究和实践。再者，社会方面细分条目较多，包括安全生产（和职业健康）、人权、慈善和反腐败等，因此需要把安全生产这一专业性较强、外部性较高的重要议题单独进行研究和设计。

（3）供应链安全生产治理

供应链安全生产治理是以现行政府安全生产法律法规为基本规范，与其他主体合作，实现公共利益和安全效益最大化的过程。基于供应链视角的供应链安全生产治理本质上仍是政府主导、多元主体共同参与，但是由于核心企业在供应链企业中话语权最高、能力最强、责任最大，所以其能在供应链安全生产治理中发挥不可替代、不可忽视的重要作用。核心企业参与供应链安全生产治理的重点在于生产制造环节，也就是参与上游供应商的安全生产能力建设，那么，上游供应商中面广量大且安全生产实力薄弱的中小制造供应商便是核心企业参与供应链安全治理的关键落脚点，核心企业作为供应链上中小制造供应商最重要的利益相关者，有能力、有需求、有优势去提升中小制造供应商的安全生产水平。

参考李婧婧等（2021）关于可持续供应链治理的定义，本书把供应链安全生产治理定义为供应链核心企业管理内部部门、中小制造供应商及其他利益相关主体间的合作关系，关注中小制造供应商安全生产状况，并采取相应措施提升供应商安全生产管理水平、预防安全生产事故，以及减少职业伤害事件的决策管理过程。从外延看，核心企业参与供应链安全生产治理的行为举措包括对供应商安全生产提出要求、实施审核评估、进行激励与协助等。

2.1.4　基于供应链安全生产治理的主体关系

（1）供应链主要网络与支持网络

在当代全球经济中，企业逐渐外包部分商业活动和过程，因此企业功能的完成依赖于其供应链水平，即企业与供应商和服务提供商所处的特定网络。供应链网络或关系分为两种：主要网络和支持网络，主要网络是由企业及其产品或原料供应商构成，支持网络是由企业及其服务承包商或分包商（包括维护、施工、餐饮或清洁服务）组成。核心企业的主要网络由企业与其一级、二级或多级供应商组成，在该网络中，主要特点是货物或原材料的流动，以及企业在主要网络中生产、分销和销售产品。核心企业的支持网络主要是人员及其服务的流动。企业需要雇佣专业公司及员工，更好、更快地完成例如清洁、餐饮、建筑等工作。这些工作主要在核心企业场所内进行，核心企业雇佣承包商，承包商可以雇佣分包商，从而形成承包链，这些承包链上的企业共同组成了核心企业的支持网络。需要特别注意的是，本书研究的是主要网络的供应链安全生产治理。

（2）核心企业与中小制造供应商间的治理关系

供应链通常由核心企业（focal company 或 core company）组织管理（Pohlmann，2020），相比于中小制造企业，供应链核心企业拥有更为先进的安全生产理念、技术和管理手段。由于中小型企业的事故率、工伤数量超过大型企业，为了防范供应链安全事故和职业病伤害风险，维持供应链的安全健康与稳定，核心企业有主动参与供应链中中小制造供应商安全生产治理的实际需求。

同时，由于中小制造供应商的订单依赖特性，核心企业的安全标准要求、安全生产约束更能够引起中小制造供应商的充分重视，进而使他们采取积极的安全生产行为。

（3）供应链内外主体间的治理关系

核心企业作为供应链的中心（马士华，2010），往往更易受到供应链外部利益相关者（例如政府、客户、媒体和社会公众等）的重点关注。一旦供应链内中小制造供应商发生重大的安全生产事故或职业伤害事件，其背后的核心企业将会被贴上选择不当或管束不力的标签，影响核心企业在利益相关者心目中的形象。面对来自外部利益相关者的关注和要求，核心企业有被动参与供应链中小制造供应商安全生产治理的压力。然而，当核心企业决定参与供应链中小制造供应商安全生产治理时，外部利益相关者又充当了支持系统，激励、扶持核心企业提升供应链内中小制造供应商的安全生产水平，政府作为主要利益相关者则通过制定激励政策、引入法规的方式，其他利益相关者通过声誉施压、服务扶持的方式共同协助核心企业参与供应链安全生产治理以规范供应链网络的安全生产实践。

2.2　理论基础

本书的研究主题是从市场化和供应链视角探究中小企业安全生产的行为驱动机理和系统演化规律，因此需要进行资料数据与理论间的对话，本书拟梳理相关的演化经济学理论、压力理论、资源依赖理论、行为理论和复杂系统理论，为整个研究提供观察角度、思考方法、解释依据及创新的起点。理论基础的介绍主要分为以下几个部分：理论的历史发展过程、理论内容的简要概述、理论的未来发展趋势及理论对本书研究内容的适用性。

2.2.1　企业环境相关理论

（1）资源依赖理论

研究一个组织行为的关键在于分析组织的外部环境及组织如何与外部环境中其他主体相联系。资源依赖理论是企业组织理论发展过程中的重要理论之一，主要被用于企业与环境关系的研究当中。Pfeffer 和 Salancik（2003）提出组织在开放的社会系统和不确定环境下，无法自给自足，组织为了实现持续生存与发展这一基本目标，需要与之相适应的资源作为支持，当自身无法提供某些资源时，企业必须与外界环境进行资源交换并进行互动，即接受外部资源供给，同时为外部提供资源。因此，组织并不是孤立存在的，而是存在于各种相互关联的网络之中，组织通过与外部环境进行资源交换以获得生存和发展，会对外部环境中的资源提供者产生一定程度的依赖（Davis 和 Cobb，2010）。因此企业很大程度上受到外部环境的制约和影响，需要不断改变自身行为或运营模式来维持企业对于外部资源获取的长期性和企业持续的成功（Vahlne 和 Johanson，2013）。

而这些企业依的资源环境要素往往对企业的发展提出适应性的要求，企业为了获得资源需要为这些适用性要求而努力（Child 和 Marinova，2014）。企业与外界环境中的组织之间的依赖程度取决于资源类型、资源的使用程度和可替代资源的存在程度，若组织对环境的依赖过强，一旦环境发生巨大变化，组织就可能面临死亡或者改变自己以适应环境的艰难处境

（Lashitew 和 Werker，2020）。因此，为了更好地适应多变的环境和获取更多的稀缺资源，组织不仅需要对自身内部进行调整和完善，而且需要适应和管理环境主体的需求。另外，企业也可以采取主动的方式（如联盟、并购或内部采购安排）对制约企业生存和发展的不利环境进行有效的管理和控制，使这种不利环境因素带来的负面影响尽可能降低，或将不利影响转化为正向促进作用（Drees 和 Heugens，2013）。

提升企业对外部环境的适应能力与控制能力对维持资源的长期持有或降低企业对外部环境的资源依赖至关重要。资源依赖理论为企业对外部环境资源的利用与管理提供了理论依据，但在用于实证研究时，企业的资源依赖性难以测量，因此该理论存在理论应用上的困扰（黄仕佼，2013）。鉴于资源依赖性，企业需要与外部环境中的各类组织进行互动以获取企业生存与发展的关键性资源，包括原材料、资金和人力资源、社会和政府的支持等，所以企业必须关注环境中掌握关键资源的群体或组织，即利益相关者，从中可知，资源依赖是利益相关者理论的前提（Frynas 和 Yamahaki，2016）。

资源依赖理论深深扎根于开放系统框架，认为各组织（含企业、服务机构、政府等）间的资源不仅具有极大的差异性，而且无法完全自由流动。对于组织发展必不可少但又无法完全拥有的资源，该组织就会去寻找所处环境中拥有该类资源的组织并与其互动，从而产生组织的资源依赖性。因此，要理解与分析组织的行为，需要先了解组织所处的环境，了解组织的资源，了解组织与环境中其他利益相关者的联系。组织为了生存和得到更多的权利，必须与其资源依赖对象交互，努力减少对其他行动者的依赖或者增加其他行动者对自身的依赖。同时，组织也非常看重内部因素，特别是组织拥有的资源。所以，组织的行为与组织所处环境的资源依赖密不可分，组织行为会因资源依赖关系而发生改变。本研究中中小企业缺乏部分安全生产必需的人力、物力与技术资源，对服务机构的安全服务存在不同程度的资源依赖。同时，中小企业的安全生产受政府安监部门的监管，对安监部门存在权力依赖；服务机构对政府安监部门存在政策资源依赖及对中小企业的客户资源依赖等。资源依赖影响中小企业、服务机构、政府安监部门之间的交互作用。

（2）利益相关者理论

"利益相关者"的概念从 1963 年被提出至今，不同学者对利益相关者的界定存在差异。Clarkson（1995）认为利益相关者因投入了人力资本、财务资本和实物资本而承受着企业活动的风险，强调利益相关者与企业行为之间的联系。Helming 等（2016）认为，按照社会责任问题专家 Freeman 的观点，利益相关者被定义为"能够影响或受组织目标实现影响的任何团体或个人"，包括两类人：一类为主要利益相关者，例如客户、员工、股东、政府/监管机构、消费者和供应商等；一类为次要利益相关者，例如媒体、工会、竞争者和非政府组织等。

利益相关者理论指平衡不同利益相关者的利益，并对利益相关者与企业之间的关系进行管理。目前，大量学者用利益相关者理论来解释企业决策和实践，尤其是企业社会责任实践。20 世纪 90 年代，利益相关者理论被广泛应用于企业社会责任领域，成为主流范式（肖红军，2020）。利益相关者工具模型表明，企业社会责任的实现主要是通过利益相关者的管理，将利益相关者期望和关注的社会问题转化为企业经营管理的内容（Jones 等，2018）。与工具性模型将企业社会责任看作企业价值创造和赢得生存条件不同，战略性模型强调企业社会责任的商业价值（Saeidi 等，2015）。利益相关者理论认为，企业管理者应该为所有利益相关者服务，关注利益相关者的需求，以人为本，良好的利益相关者关系被认为是企业成功的关键（Matos 和 Silvestre，2013）。

利益相关者理论是对股东至上理论的质疑和升华，是对企业利益相关者责任的一种体现。因此，企业在经营过程中不能只以自身利益为重，还应考虑与利益相关者的共赢。另外，利益相关者理论为研究企业社会责任提供了新的思路，即明确了企业履行社会责任的对象和社会责任评价衡量的框架（Freeman 和 Dmytriyev，2017）。来自利益相关者的压力被称为利益相关者压力（stakeholders' pressure），现有文献和利益相关者理论证实，来自不同利益相关者的压力和积极环境战略的执行有直接的正相关关系（Betts 等，2015；Hyatt 和 Berente，2017；Ahinful 等，2022）。

（3）新制度主义理论

20 世纪 70 年代，组织被引入制度理论的研究领域，新制度主义研究拉开序幕，新制度主义的核心思想是组织不是孤立存在，而是嵌在整个社会环境中，社会中的规制和理念对组织的结构和实践会产生重大的影响。从本质上说，组织遵循制度环境的要求，是为了获得组织合法性，得到制度环境的认可以便进一步发展。制度分析的早期代表人物 Selznick（1949）表明，组织在实际运作过程中会受到外在环境因素的影响，认为组织研究应该走出理性模式，超越所谓的效率，重视外部环境的影响。Meyer 和 Rowan（1977）提出制度环境会对组织的结构和行为产生重大影响，组织不仅是日益复杂的技术和关系模型的产物，还是文化规制的产物，组织受到技术环境和制度环境的双重制约，奠定了新制度理论的基础。Dimaggio 和 Powell（1983）分析了组织和行为的三种趋同机制：强制性趋同、模仿趋同和社会规范趋同。制度趋同，也有译为制度化同形，是制度过程和竞争过程共同作用的结果，组织因同形获得合法性认可（利益相关者的认同）而提高组织绩效，该文中定义的三种趋同机制搭建了制度研究的核心框架。

之后 Scott（1995）在此基础上加以拓展，在《制度与组织：思想观念与物质利益》一书中提出了著名的"三支柱制度理论"，即整合了制度的三大类别：规制、规范和认知。规制制度涉及政府或其他监督和约束企业行为的机构对企业施加的激励和制裁，强调明确的、外在的规制设定、监督及奖惩活动。规范制度是社会长期形成的，是客观的、自然而然形成的事实，包括价值观、规范和信仰，表示社会所期望的行为。认知制度取决于嵌入社会中的认知结构，即普遍共享的社会认知。Scott（2008）认为组织架构和行为需要满足制度环境中的规则与要求才能变得合法，从而获得生存和发展。在此基础上，学者们提出了制度压力的概念，Wang（2008）提出企业生存受到制度环境的影响，因此面临着服从制度环境的压力，并将这种能够增加企业行为的合理性与合法性的规范作用称为制度压力。制度压力的外部来源包括供应商、政府监管部门、媒体等利益相关者的具体需求（Delmas，2008）。制度理论一直是分析组织和环境最常用的理论基础（Berchicci 和 King，2007；Shubham，2018）。组织社会学视角的制度理论的基础是组织合法性（Dowling 和 Pfeffer，1975）。

学者们主要应用组织合法性来解释企业的行为，如社会责任行为（Filatotchev 和 Nakajima，2014）。企业社会责任行为实际上是为了缓解外部压力。企业在生产经营过程中，并不是孤立存在，而是与外部环境紧密相连的。一系列的社会契约把企业嵌入社会环境中。例如，社会赋予企业法律地位，使用自然资源，能够雇佣劳动力的权利，企业在生产商品获得收益的同时若对环境造成破坏或危害大众生命安全，当社会公众认为企业行为不端，企业的生存发展就会受到来自社会公众的威胁（Doh 等，2010）。因此，企业的合法性是其生产发展的资本，当其违反社会契约时将受到反噬，所以维护自身合法性对企业而言至关重要。Scherer 等（2013）根据文献区分了企业应对合法性问题的三种策略：适应外部期望、操纵利益相关者的看法、与质疑其合法性的人进行对话。

2011 年 Lee 提出一个理论框架，将制度理论和利益相关者理论结合起来解释企业如何选择社会责任战略，该理论框架提出利益相关者从制度中获取合法性和权力，制度压力则通过利益相关者机制影响企业的社会行为，两者相互依存，共同形成了一种特定的外部影响结构，塑造企业如何构建社会责任战略。沈奇泰松等（2014）认为相较于利益相关者理论，制度理论可以更好地解释企业社会责任行为，因此可以将其作为分析企业驱动因素的主导理论。

无论是利益相关者理论还是制度理论，都可以理解为企业为了应对外部压力，而做出的社会责任行为；企业为了维护其合法性，得到利益相关者的认可，需要践行社会责任行为；企业为了缓解外界制度压力，需要满足压力集团的社会期望。利益相关者理论更适用于解释企业对不同来源的社会责任进行回应，合法性是企业追求的目标，因此本研究以制度理论为基础，研究核心企业如何应对参与供应链中小制造供应商安全生产治理的制度压力和利益相关者压力，即制度压力对核心企业参与中小制造供应商安全生产治理的驱动作用。

2.2.2　企业能力相关理论

20 世纪 80 年代，企业战略研究的重心从关注企业外部环境要素转向对企业内部要素的探讨，这导致了基于能力的企业战略理论的发展。企业能力理论遵循行为经济学的有限理性和演化理论的基本逻辑，研究企业内部能力对企业战略的影响，为打开企业内部"黑箱"做出了实质性贡献。企业能力理论以资源基础理论为发展起点，是在核心能力理论提升到动态能力理论提出后形成的。在企业能力理论发展的脉络中，以下选取了与本研究课题相关的资源基础理论、资源依赖理论和动态能力理论进行阐述，其中资源依赖理论在企业环境相关理论里已经提及，此处不再赘述。

(1) 资源基础理论

资源基础理论以企业成长理论为基础，Penrose（2009）在《企业成长理论》中指出企业的资源和能力是构成企业经济效益的稳固基础，企业为获取利润，不仅需要充分的资源，还需具备有效利用资源的能力，即"企业资源—企业能力—企业成长"的发展模式。上述成长模式表明，企业拥有的资源规模越大，其能够获得的能力就越大，企业的知识在资源产生的过程中也得到了增加，知识的增加促进了企业管理能力的提高，从而促进了企业的成长。资源基础理论也被用来从资源的角度分析企业战略，Wernerfelt（1984）在《企业的资源基础观》中提出资源基础观的分析框架，强调以"资源观点"取代"产品观点"，即将关注点从最终产品转向产品的生产要素，建议企业通过整合和利用宝贵资源实现价值创造。Barney（1986）指出企业战略的选择应主要依据对自身资源和能力的分析，而不是对外部环境的分析。继而，在1991年，Barney提出了资源的定义，即企业控制的一切能够提高企业战略制定和实施效率和效果的资产、能力、组织流程、信息和知识。

Grant（1991）首次将资源基础观提升为资源基础理论，认为以往战略分析注重组织与环境的合作，而忽视了资源与战略的结合，因此提出创新的企业战略分析框架，该分析框架包含五个战略决策步骤：识别企业资源、识别企业能力、评估竞争优势、选择匹配现有资源和能力的战略及识别资源缺口。资源基础理论认为每个企业都拥有特有的资源，这些资源是企业经过长期发展而形成的，能够在战略要素市场上占有独特位置，具备企业专有性。企业的专有资源包括独特的竞争力、技术、文化、客户忠诚度、品牌、市场地位、人力资源等（Barney等，2001）。企业利润的基础是资源和能力，资源和能力也是企业成长的源泉，企业可以通过资源和能力的积累来形成竞争优势，从而获得良好的利润。根据资源基础理论，独特的资源是企业竞争优势的主要来源，当企业面临关键资源短缺时，可以通过供应链的伙伴关系拥有合作伙伴独有的资源，以创造或保持企业的竞争优势

（李维安，2016）。

综上所述，企业能力理论中的资源基础理论认为，企业拥有和控制的可持续竞争资源是企业能力和企业成长的源泉，企业类似于资源的集合体，资源规模决定了企业能够达到的成功高度，资源基础理论已将研究视角从企业外部环境转向企业内部资源，但没有区分企业的资源和能力。

（2）动态能力理论

Helfat 等（2011）强调，当高度动态和不可预测的环境使企业现有的能力迅速过时时，需要实施动态能力，以及时和敏锐地重建有竞争力的资源库和创新的管理系统。动态能力视角已成为管理研究中最常用的理论视角之一（Schilke 等，2018）。Teece 等（1997）首次提出动态能力理论，主要将演化经济学中的企业模型与企业资源观相结合，提出了"动态能力观"的概念，即企业整合、建立和重构内外部能力以适应快速变化的环境的能力，并认为企业管理层的管理能力是持续竞争优势的源泉，并于 2007 年阐释动态能力的理论框架，将动态能力具体分为感知能力、攫取能力和转化能力。Cepeda 和 Vera（2007）根据能力层次理论，提出了常规能力（"零阶能力"）和动态能力的概念。常规能力代表一个企业的运营能力或生存能力，动态能力是指为适应动态环境的变化而改变常规能力的一种高阶能力。Barreto（2010）通过回顾关于动态能力的研究，提出动态能力作为一个聚合多维结构的新概念，即将动态能力定义为企业系统解决问题的特定潜力。Teece（2018）从系统论角度提出动态能力是包括资源和战略的系统的一部分。它们共同决定了单个企业相对于竞争对手能够获得的竞争优势的程度。

冯军政和魏江（2011）表明，国外对动态能力维度划分的研究主要表现为两种趋势：一是从动态能力的行为维度扩展到组织的认知维度，不断丰富和完善动态能力的概念体系；二是将动态能力视为企业完成具体战略和组织过程的能力，从前因后果两个方面深化对动态能力的理论研究。尽管关于动态能力的维度构成目前不存在统一的定论，但从本质来看，动态能力强调企业通过整合、利用和再造资源来创造新的竞争力，从而达到与外部环境相匹配的目标（林海芬和苏敬勤，2012）。Lin 等（2016）对发表在国际学术期刊上的 62 篇动态能力（或能力）的文章进行了模糊聚类分析，结果表明动态能力包含四个不同但相互作用的成分：方向性变化感知能力、组织学习吸收能力、关系和资本获取能力及整合沟通协调能力。

动态能力理论的提出表明，企业处于一个不确定的动态环境中，毫无变化的核心能力并不能给企业带来持久的利益。因此，企业只有不断调整、适应和满足市场环境发展变化的要求，才能拥有可持续的竞争力。关于可持续供应链管理的研究有效地利用了基于资源的观点和三重底线方法来理解供应链的可持续性绩效。如果只有专注于可持续运营的协调公司和供应链的其他成员，不对其利益相关者、环境和社会负责，则很难实现可持续绩效。所以，为了随着时间的推移持续保持可持续性，需要供应链合作伙伴之间的动态能力和基于关系的协作（Kumar 等，2018）。但是，现有动态能力研究在资源基础、形成过程和演化机制方面均侧重关注企业单个主体的行为，对企业与利益相关者交互行为，以及基于交互行为的资源交互的研究较为缺乏（吴瑶等，2017）。

2.2.3 复杂适应系统理论

复杂适应系统作为非线性动力系统的一个子集，已成为社会科学和自然科学交叉学科研究的一个重要热点（Lansing，2003）。复杂适应系统（Complex Adaptive Systems，CAS）主要用于研究复杂系统产生的复杂性和系统涌现的机制。Holland（1996）首次提出复杂适应系统理论，其基本思想是：复杂适应系统是由交互的智能主体组成的，这些主体在规则的指导下与其他主体和环境进行交互，并在这个过程中不断学习和积累经验，通过改变规则和行为来更好地适应系统，最终通过一个长期、持续的循环过程实现系统的进化和发展。由于复杂适应系统是指许多主体在相互作用中适应与学习的系统，Holland（2006）指出数学工具对研究复杂适应系统的帮助有限，需要引入计算机模型的应用。Shao 和 Xu（2011）表明基于计算机的模型能够观察和预测系统的行为，并反映演化过程中的组合复杂性。

从宏观角度看，复杂适应系统强调智能体与其周围环境之间的相互作用，因此，由智能主体所组成的系统能够不断演化；从微观角度看，复杂适应系统所强调的主体之间的相互作用是在环境影响下形成的一种非线性效应，更强调主体的适应性和经验性，并将经验学习转化为行为演化，以利于自身的可持续发展（Levin，2003）。复杂适应系统理论主要包含三个核心概念，即主体（Agents）、交互（Interactions）和环境（Environment）（Cilliers 等，2013；Peter 和 Swilling，2014）。主体是指复杂适应系统中独立的个体或行动单位，根据研究问题的不同，主体可以是人类或组织。通常从属性和行为规则两个方面来描述主体，属性是主体的内部状态，并使得不同主体能够区分开来；行为规则包括主体本身的行为约束规则及根据环境变化的行为调整策略。交互是指主体间相互适应的行为，主要表示主体间的相关关系和资源流动。环境是指主体间交互的介质，一方面，环境为主体之间及主体与环境之间的相互作用提供了条件；另一方面，主体通过持续地相互作用来改造环境。Haghnevis 和 Askin（2012）指出复杂适应系统的特征是涌现性、演化性和适应性。其中，涌现是指系统主体行为或与其他主体交互（或依赖于其他主体）中呈现新行为的能力；演化是整个系统变化和灵活性的过程；适应是系统学习和适应新环境以促进其生存的能力。

Surana 等（2005）认为供应链应该被视为一个复杂适应系统并提出了如何利用复杂适应系统研究中的各种概念、工具和技术来表征和建模供应链网络。Haghnevis 和 Askin（2012）将复杂系统科学的概念引入管理科学和系统工程。另外，一些学者提出从复杂适应系统的角度能够更好地解决全球环境变化、找到人类可持续发展道路，以及可持续发展目标等政策框架的研究挑战（Levin 等，2013；Fischer 等，2015；Reyers 等，2018）。

由此可知，复杂适应系统理论的核心思想为"适应性造就复杂性"，强调系统中的要素是具有自身目的的、积极性的、活动的和具有自适应性的主体。为了研究系统的复杂性，学者们广泛使用计算模拟方法，还开发了多款计算实验的系统仿真工具，如 Swarm、Repast 和 NetLogo。复杂适应系统理论指出主体在与环境或者其他主体持续的交互作用过程中，不断地"学习"并"积累经验"，之后根据所学到的经验调整自身行为方式。因此，系统的整体性变化取决于系统内主体间"主动的适应性"，系统的整体演化发展特征是在该基础上逐渐"涌现"的。

复杂系统有以下特征：一是适应性，指复杂系统内部的各主体依据自身的状态、主体的交互规则，根据外界环境的变化自主地改变自身的策略，从而达到适应的目的。本研究中中小企业、服务机构、核心企业等作为适应性主体，会根据内外部环境变化调整自身策略。二是不确定性，由于系统受外界随机因素的影响，系统内各主体的行为表现和内部结构也会受到干扰，从而产生系统演化层面的不确定性。中小企业安全治理效果受外部社会安全氛围、经济社会发展各种随机因素的影响，干扰各主体的策略选择，系统演化呈现不确定性特征。三是层次性，复杂系统分为智能主体基元层次、智能主体层次、涌现层次。系统的输出状态是各层次子系统相互作用后"涌现"出来的。四是非线性，系统内部各组成要素之间、系统与外部环境之间、各个子系统之间，以及不同层次之间均具有非线性的特征。本研究涉及中小企业、服务机构、政府安监部门、供应链核心企业等主体，异质主体之间的行为、主体和环境之间呈现出非线性关系。

2.2.4　演化经济学理论

演化经济学是现代西方经济学的一门新兴学科，主要借鉴生物进化的思想及自然科学的最新研究成果，以动态的、演化的视角分析经济现象及规律（于斌斌，2013）。Bouding 于 1981 年出版的《演化经济学》和 Nelson、Winter 于 1982 年合作出版的《经济变迁的演化理论》是演化经济学的奠基之作。20 世纪末期，非线性动态系统和博弈论研究的突飞猛进极大地推动了经济演化理论的发展，加上计算机能力的增强和各种程序语言的出现，使得复杂动态系统的计算机模拟变得更为快捷和方便，这使演化经济模型的研究迈上了一个新的台阶。

演化经济学理论认为，在与外在环境变化的斗争过程中，以及在试用新技术和运行新政策的过程中，企业的战略选择是一个适应性的"试错"过程。基于演化经济理论建立起来的分析框架具有以下特点：一是非最优化。演化分析强调由于不确定性和变异的存在，社会经济发展不是以目的论方式展开的过程演化，过程没有必要趋于最优的结果。二是时间不可逆性。演化经济理论认为，社会演进过程中的事件是准唯一的，过去的时间与未来的时间是不对称的，社会经济系统是一个不可逆的历史演化过程。三是协同演化。受生物界"共生演进"观念的影响，演化经济理论重视企业、技术和制度的协同演化过程研究。

演化经济学理论借鉴了达尔文的生物进化论和拉马克遗传基因理论的思想，将研究对象看成动态发展变化并相互连接的经济事务，并应用个体群思维进行阐释，从而探讨系统中各主体的交互作用规律，进而发现整个系统宏观上的演化规律。该理论能够帮助人们清晰地刻画系统内部动态的、复杂的系统结构，探索系统整体不断演化并"涌现"的特性与规律，进而揭示复杂现象的内在机理与发展规律。引入安全服务的中小企业安全生产治理模式运行及供应链上的核心企业参与中小企业安全治理，均涉及政府安监部门、中小企业、服务机构各异质性主体，主体交互过程具有动态性、复杂性的特点，运用演化经济学的思想去分析模式选择和治理效果问题，能够更好地反映现实情境，探寻系统演化的发展规律。

从企业环境相关理论、企业能力相关理论，到复杂适应系统理论、演化经济学理论，可以看出，这些理论均强调环境的重要性及组织对环境的依赖与适应性。因此，本书拟将以上理论中关于环境、组织、资源与能力的观点，作为核心企业参与中小制造供应商安全生产治理的驱动因素，包括企业对外部环境的适应与反应，以及对企业内部的资源整合与能力匹配方面。

2.3　国内外研究综述

从促进我国安全生产治理现代化与创新安全生产社会治理理念的角度看，国内学者近几年比较关注从市场化视角引入服务机构参与中小企业安全生产治理，以"中小企业安全生产问题""安全生产治理""安全生产服务效果"等关键词，在英文期刊网站"Web of Science"和中文期刊网站"中国知网"分别检索英文与中文期刊文章，可以搜集一些相关的研究文献。

但以供应链视角引导核心企业参与中小企业安全生产治理是一个全新的视角和研究主题，直接以"核心企业参与供应链安全生产治理"为关键词，并不能搜索到相关文献。但是关于企业实施供应链治理及供应链管理的文献极为丰富，本书以此为突破口，寻找相关文献。国内外研究综述的研究步骤包含：检索文献—筛选文献—文献分析—文献述评四个步骤。下文仅对检索文献和筛选文献进行介绍。

第一步为检索文献，选取"Web of Science"和"中国知网"等，分别检索英文与中文期刊文章。对于英文期刊检索：一方面，直接以"safety management in supply chain" 或 "safety governance in supply chain" 为关键词检索，文章数量有限且不完全相关（多为关注食品安全、产品安全和安全库存的文章），因此采取扩大检索时间的方式扩大检索范围，原检索时间为 1990 年至 2021 年，更改为检索时间不限，并通过文章摘要判定其关注的是否是供应链的安全生产问题，或者将安全生产问题包含于供应链可持续问题及供应链社会责任问题中合并研究，最终检索出文章 31 篇。另一方面，直接以 "Drivers of safety management/ governance in supply chain" 为关键词搜索，由于文章数量极为有限，所以采取扩大检索议题的方式，将"基于供应链安全生产"包含于可持续供应链议题中，因此以 "Drivers of sustainable supply chain management/ governance" 为关键词进行检索，最终检索出文章 120 篇。对于中文文章，以"供应链安全生产管理/治理"为搜索词进行检索，检索出 2 篇相关文章；以"可持续供应链管理/治理驱动（或因素）"为关键词，检索出相关文献 3 篇。

第二步为筛选文献，将全部中文与英文文献汇总，通过对文献各部分内容的精读和分析，认识和把握研究主题的性质和状况，筛选步骤如下：第一，阅读文章题目和关键词，剔除与本书安全生产治理内涵不一致的文章，如关注食品安全、产品安全和安全库存的文章；第二，阅读摘要，删除聚焦于微观视角的文章，例如关注员工安全期望、管理人员安全承诺或安全响应的文章；第三，阅读全文，删除对本书研究的核心企业参与供应链中小制造供应商安全生产治理没有借鉴意义的文章。筛选之后总计得出 78 篇文献。

2.3.1 中小企业安全生产问题研究

与大企业相比，中小企业存在资源匮乏、对企业风险缺少认识、工作环境更危险，以及安全管理系统存在缺陷等问题（梅强等，2013；Alec 和 Adel，2018），这导致中小企业安全绩效差、事故率高发（Cagno 等，2014；Micheli 和 Cagno，2010；Alec 和 Adel，2018）。中小企业经济资源有限，财务稳定性低，加之安全投入的经济效益在短期内并不明显，所以企业会将更多的精力放在顾客满意度、任务量、资金量等对业务成功更为关键的要素上，从而忽视安全投入，将安全管理活动边缘化（Page，2009；Champoux 和 Brun，2003；Masi 和 Cagno，2015；Guo 等，2018）。Zhang

等（2019）指出一个企业要符合安全生产要求，需要具备以下条件：安全生产设施设备资源、安全人力资源、安全管理、事故报告与应急反应能力等。由于资源受限，中小企业安全培训缺乏，员工安全素质低（Cunningham 等，2018）；同时缺少专业的安全管理人员，一些中小企业的业主或管理者往往负责所有管理活动，包括他们并不擅长的职业安全与健康管理。他们关于职业安全与健康相关立法的知识有限，通常倾向于将职业安全与健康转嫁给员工。此外，员工和企业主对风险及职业安全与健康危害的认知不足，且在有效评估和控制风险方面的能力较弱（Hasle 和 Limborg，2006；Sinclair 等，2013；刘素霞 等，2017）。Seneviratne 和 Phoon（2006）通过对小型金属制造企业实地调查发现，小型企业内部一般没有配备相应的技术和专业的安全生产管理人才，难以达到，甚至难以准确理解政府部门提出的相关安全生产要求。

与大企业相比，中小企业生产技术落后，安全技术水平低，工作条件相对恶劣，工作人员缺少对职业危害和事故隐患的敏感性，工作环境中的危险性更高（Kelloway 和 Cooper，2011）。Bluff（2020）通过对 46 家中小企业的调查发现，大部分的中小企业，尤其是全部的小企业，不能完全按照法律规定的要求向员工提供安全生产信息、培训、指导和监管。中小企业在危害辨识与风险控制资源与能力方面的不足，也是其不能达到安全生产法律法规的合规要求的原因（Bluff，2017）。中小企业安全管理倾向于使用口头沟通代替正式书面交流，对私下联系具有依赖性，安全管理不规范，安全管理系统在提供培训、日常安全管理、安全沟通和人力资源管理实践各方面存在缺陷（Kelloway 和 Cooper，2011）。

2.3.2　安全生产治理的相关研究

工业革命后，人们开始密切关注安全生产问题，企业安全生产治理经历了从市场机制到政府管制的转变。由于信息不对称和市场不完全，风险工资并不能补偿工作中的高风险，同时考虑到安全生产事故的负外部性，政府通过管制来强制企业采取特定的安全生产措施，实行的是"命令—控制"型管理方式（Andrew 等，2013）。安全生产管制效力成为学者激烈争论的对象，一些学者通过跟踪调查或者实证研究方式得出政府管制是减少企业安全生产不良行为、控制风险的主要手段，认为政府管制对降低事故发生率、提升企业安全生产绩效具有积极的作用（Baldock 等，2006；Haviland 等，2010；Huang，2013；Chen，2013；Eslambolchi 等，2019）。Lu 和 Zhao（2009）在分析煤矿监管者和煤矿企业的关系后提出，在今后一段时间内还应该加大对企业安全生产违法行为的处罚力度。Lu 等（2018）基于安全管理的多方演化博弈分析，得出政府部门的监督管理过程本质上是监管利益再分配的过程，促进企业积极增加安全生产投入离不开政府部门的有效监管。Gao 等（2019）研究认为，近几十年中国事故率和死亡人数的大幅度下降，得益于中国政府成功实施的安全监管和安全干预措施，政府安全生产管制在规范企业安全生产不良行为方面的作用是不可替代的。

然而，一些学者持不同意见，他们认为政府安全生产管制存在着失灵（王朋举，2018）的风险，甚至会影响工业发展（Baggs 等，2003；Wright，2004）。Johnstone 等（2011）通过对澳大利亚职业安全健康监管的调查发现，安全生产监管属于边缘性活动，由于资源有限、活动经费缺乏等因素，导致难以有效约束企业安全生产不良行为。Leka 等（2011）在对欧盟成员国安全生产管制相关研究进行梳理后发现，管制难以让企业尽其社会心理风险保护的法定义务，应该设置社会参与框架下的企业自愿安全标准。为了更好地监管企业安全生产违规行为，在立法的时候应该考虑企业的特性，有必要更好地了解企业主和管理者对企业的定位，以及该定位如何影响企业的安全生产活动（Cagno 等，2013；Legg 等，2015；康伟，2018）。通过对企业行为决策的分析，进而寻求更为经济、更少直接干预的方式来约束企业安全生产不良行为（Andrew，2013；吴武生等，2013）。

2.3.3 中小企业安全生产服务相关研究

（1）中小企业安全生产服务的必要性

学者们开始意识到，政府针对大企业设计的一些管制措施难以适用于中小企业，并且由于中小企业面广量大，政府难以全面监管中小企业安全生产，因此，发展中小企业支持项目任重道远（Hasle 和 Limborg，2006；Kvorning 等，2015）。同时，中小企业由于安全生产资源短缺，也更需要从外界寻求安全生产方面的服务（徐建，2012；Sinclair 等，2013；Cunningham 和 Sinclair，2015；Kvorning 等，2015）。一些国家将安全生产顾问项目制度化并给以资助，将其作为扶持中小企业的一项基本服务（Walters，2006；

Hasle 和 Limborg，2006；Antonsson 等，2002）。第三方服务机构被认为是支持中小企业安全生产的重要力量（Hasle 等，2010；Olsen 等，2012；Manu 等，2017），能够发挥在政府监管部门与中小企业之间的桥梁作用（Sinclair 等，2013）。已有研究分别从中小企业收集整理安全生产信息的资金与能力（Walters，2004；Eakin 等，2010；Olsen 和 Hasle，2015）、员工安全素质（Hasle 和 Jensen，2006）、资源与技术限制（Kvorning 等，2015；刘素霞等，2016）、专业化分工（刘素霞等，2016）等方面论证了市场化的安全生产服务是解决中小企业安全生产问题的重要途径。

（2）安全生产服务的效果

学者们普遍认为安全生产服务如职业安全健康审计、注册安全工程师制度、安全咨询顾问等能有效提升企业安全生产水平（Hasle 等，2010；Olsen 和 Hasle，2015；王力和候家丹，2017）。政府通过企业安全生产监管的一些具体事务转移到第三方服务机构，运用市场机制培育服务机构与企业之间的信任关系，进而营造良好的安全生产氛围（Zwetsloot 等，2011）。Hasle 等（2010）在丹麦进行的试点项目结果显示，服务机构工作的开展能够很好地发挥引导企业积极进行安全生产的作用。建立有效的市场化运作机制，可以促进服务机构将员工职业健康管理作为服务产品（Meershoek 和 Horstman，2016）。服务机构帮助建立的安全生产管理制度、提供的高质量员工安全培训，能够帮助改善中小企业的工作环境，进而提升其安全绩效（Legg 等，2015；Ghahramani，2016）。但是，现有的安全生产服务由于供应有限、可操作性低或成本太昂贵等原因难以满足中小企业的需求（Eakin 等，2010；Sinclair 等，2013）。同时，由于缺乏可操作性、不具针对性等原因使得一些服务项目发挥的作用有限，甚至难以为继（Legg 等，2010）。

2.3.4　供应链社会责任治理实践相关研究

供应链可能面临多种类型的风险，包括节点企业的安全生产事故或劳工罢工等。随着全球竞争加剧，协调整个供应链中产品和服务供需的重要性增加，为整个供应链提供安全工作条件的需求变得更加迫切。安全作为一项重要的社会责任内容，常常被融合于供应链社会责任研究中，与其他社会责任议题合并考虑（Mejías 等，2016；Carter 等，2019）。因此，本部分研究综述将先介绍有关供应链社会责任治理的文献。

供应链社会责任将社会责任研究的视域从企业拓展到了供应链层面。有关供应链社会责任治理实践的文献较为丰富，研究包括供应链社会责任的概念、供应链社会责任治理实践的具体行为，以及供应链社会责任治理对其他节点企业的影响等。关于供应链社会责任的概念，Poist（1989）在其对物流系统设计的研究中提到，社会责任问题被考虑在传统的供应链经济利益中，并提出了物流社会责任（Logistics Social Responsibility）的概念。他被认为是最早提出供应链社会责任的学者，但当时并没有给出供应链社会责任的确切概念或定义。陈远高（2015）提出，供应链社会责任具有三个特征：核心企业主导、链间外部性及责任与利益不对称。朱柯冰等人（2018）认为，良好的供应链社会责任实践不仅保障自身的经济效益和能力，还通过实施有效的行为策略，维护社会责任声誉，为终端客户提供优质快捷的服务。这些实践兼顾社会和环境的其他方面，与上下游企业建立长期合作关系，从而维护整个供应链的稳定性和可持续性。良好的供应链社会责任活动有助于供应链的协同治理，社会责任也是供应链追求经济效益的重要动力。

供应链社会责任治理实践起源于西方国家兴起的"企业生产守则运动"。在20世纪80年代和90年代，企业社会责任的概念开始受到企业的极大关注。BEN&JERRY'S冰淇淋公司是社会使命声明的先驱企业，壳牌是世界上第一家发布社会责任报告的大型企业（Carroll和Shabana，2010）。而在中国，最早的供应链社会责任实践起源于20世纪90年代。从某种程度上说，这也是西方国家"企业生产守则运动"的国际传播的结果。在非政府组织和社会舆论的影响下，欧美发达国家开始制定劳工标准和环保标准，限制进口商品入境。这些贸易壁垒迫使发展中国家的出口商改善其社会责任表现。Muller和Kolk（2010）的研究表明，向发达国家出口产品的发展中国家企业社会责任履行情况较好，同时贸易强度越大，企业社会责任履行情况越好。

Kolk和Van（2010）认为，落实供应链社会责任治理，要从供应链中的核心企业入手。让核心企业尤其是跨国企业，不仅承担自己的企业社会责任，更重要的是还承担对本国和东道国合作伙伴的社会责任，肩负起引导、管理和监督上下游供应商的责任。Van和Slawinski（2015）提出核心企业维护和提升整个供应链的社会责任，也是实践界和研究界关注的重点议题。李海燕等（2017）指出核心企业逐渐将消极监管转变为主动建设，将监管成本转移支付给链上企业，投入帮助供应商的社会责任建设中，变消极的外部监督为供应链内部的积极合作，更有利于提升供应链社会责任水平。例如，作为行业领导者，耐克开始放弃过度追求低成本采购，为供应链末端的企业提供空间，帮助它们改善劳工和环境条件，让供应商有能力和意愿来改变现有的生产方式，并逐渐形成社会责任信念（Lund-Thomsen 和 Coe，2015）。Mahmood 等（2021）指出，中小企业缺乏建立长期的企业社会责任的动力，更倾向于利用资源来解决生存和发展的关键问题，一般来说，这些企业为了降低成本而产生负外部效应的概率更高。Bhattacharya 和 Tang（2013）认为客户企业倾向于将成本压力和风险传递到供应链中，但是客户企业的影响力可以被积极地用来改善中小制造供应商的工作环境。肖红军和张哲（2017）也提出核心企业对上下游企业具有绝对的话语权，因此核心企业是实施供应链社会责任治理的主体。

肖红军和李平（2019）总结了供应链社会责任治理机制，包括责任契约机制、责任激励机制、责任赋能机制和责任监督机制，以协调供应链成员自身对经济价值与社会价值追求的冲突、抑制机会主义行为，以及增强供应链成员社会责任积极行为。供应链社会责任是一个复杂而系统的问题，不仅需要核心企业基于供应链思维寻求系统的解决方案，在承诺和积极履行社会责任的同时采取一系列的方法和策略，引领、监督和鼓励供应链企业履行社会责任，而且还需要政府、非政府组织等各方利益相关者的协作和参与，通过一系列政策措施营造一个良好有序的社会责任环境，推动供应链社会责任建设，实现供应链的可持续发展（Li，2020）。

2.3.5　供应链安全生产治理实践相关研究

本书所提的安全生产概念对应于国外的职业健康和安全（Occupational Health and Safety，OHS），现有供应链社会责任治理的研究为供应链职业健康和安全治理提供了坚实的理论基础。核心企业参与供应链职业健康安全治理越来越受到学术界和政府部门的重视，一些研究者从核心企业参与供应链职业健康安全治理的重要性、治理措施及治理效果的影响因素等方面进行研究。一份来自英国健康与安全委员会（HSC）的资料表明，在供应链中确立良好的健康和安全标准，有助于保障和维护企业产品质量、企业价值、能力和声誉，继而提升供应链上所有企业的利益（HSC，2007）。Harpur（2008）认为在商业环境中，零售商能够采取一些措施在其供应链中确保 OHS 的实施，并且建议政府考虑是否应该起诉在供应链中未采取任何措施确保 OHS 的零售商。虽然供应链职业健康安全问题的重要性已经得到业界的认可，但对治理机制的研究还比较缺乏，对核心企业参与中小企业职业健康安全治理的措施（包括提供指导、具体的供应商评价和培训）研究更为零散（Zohar 等，2015；Mullen 等，2017）。Nadvi 和 Raj-Reichert（2015）认为全球品牌商仍面临着较大的压力，外界要求其确保供应商满足劳工标准和行为准则，但是这些标准很少涉及较低级别的供应商。关于较低级别供应商，如二级供应商如何实践劳工标准的研究也较为缺乏（Locke，2013；Egels-Zandén 和 Lindholm，2015）。Bahn 和 Rainnie（2013）提出随着供应链的延长，OHS 治理的力度减弱。Walters 等（2016）研究表明，供应链对改善中小企业 OHS 的杠杆作用更有可能在一个更广泛的机构框架的运作中得到发挥，在这个框架内，公共监管和政府监督仍是一个关键因素。为改善供应链内中小企业的安全生产状况，周巧梅、梅强和刘素霞（2017）剖析中小企业与其供应链内核心企业的委托—代理关系，通过构建与分析中小企业安全生产激励契约模型，表明核心企业援助链上中小企业，使其降低生产及安全成本，也有利于核心企业自身。Pilbeam 等（2016）与 Schmidt 等（2016）的研究也表明，供应链职业健康和安全问题的解决首先需要核心企业制定规范化的安全标准，再对链内企业加强约束与引导，形成良好的社会效应，提高供应链可持续的安全。

因此，可以将核心企业参与供应链职业健康和安全治理定义为核心企业采取一些供应链管理措施，包括培训、奖惩措施和采购策略等，提升上下游企业，特别是上游企业的职业健康和安全管理水平。而在不同的因素影响下，核心企业的供应链职业健康和安全治理模式不同。

2.3.6 可持续供应链治理的驱动因素研究

关于理念认知，核心企业认为参与供应链安全生产治理是"无关利润"和"不求回报"的企业自愿行为，是与企业财务绩效松散联系、间接联系、模糊联系的社会压力回应、社会风险防范和利益相关方管理行为，还是与企业商业战略和企业竞争力直接紧密耦合的战略性行为，回答这个问题，需要对现有供应链安全生产治理行为驱动因素的相关研究进行梳理评述。

目前，聚焦供应链职业健康安全的文献不是很多，多数学者将其整合进供应链可持续性或供应链社会责任治理中进行探讨。职业健康安全是可持续发展和社会责任的社会维度的一个组成部分，所以关于供应链可持续发展、供应链社会责任和绿色供应链的驱动因素文献可以为本书提供许多参考。供应链可持续性是 21 世纪企业生存的通行证，而供应链管理是这个通行证的重要组成部分（Tsuda 和 Takaoka，2006）。可持续供应链治理作为社会可持续发展的重要组成部分，对我国向可持续经济增长转变过程起着至关重要的作用（Hong 等，2018）。因此，回顾有关可持续供应链治理驱动因素的文献，可以为本书后续识别核心企业参与供应链安全生产治理的行为驱动因素提供理论依据。

可持续发展的目标是不断寻求社会、环境和经济表现之间的平衡。社会、环境和经济维度的三重底线是众多商业可持续发展标准的基础，例如全球报告倡议（Global Reporting Initiative，GRI）、国际标准化组织（ISO）14001 标准。GRI 指标作为模板框架被大多数核心企业用于撰写可持续发展报告和制定供应商行为准则。

目前可持续供应链治理的研究主要涉及环境活动（Shibin 等，2017；Boiral 等，2019；Siems 等，2021），但正在转变为关注社会要求，这是因为供应链的社会表现对利益相关者和供应链绩效具有重要影响（Mani 等，2020）。社会可持续性可通过以下指标衡量：公平工资、安全的工作环境、其他健康和安全因素、不存在童工或强迫劳动及雇员满意度。其中，社会可持续性中的企业职业健康和安全问题是社会关注的重点，职业健康安全要素也是企业可持续发展指标不可分割的组成部分。

（1）外部因素

供应链中可持续治理主要来自外部压力的调节与塑造，包括制度压力、利益相关者压力和可能面临的可持续风险，主要涉及的理论是制度理论和利益相关者理论。制度理论研究不同压力及其对企业管理决策的影响，各种制度压力（包括规制压力、规范压力和认知压力）被视为企业可持续供应链治理实践的重要驱动因素（Srivastava 等，2021），因为任何企业在生存实践中都必须与制度因素相适应（Zeng 等，2017）。例如，当产品原料国缺乏政策和法律框架来治理复杂供应链中的可持续性问题时，跨国企业会逃避供应链治理（Boström 和 Micheletti，2016）。此外，非政府组织发布的规范文件也可以激励企业履行其社会责任（Phan 和 Baird，2015）。外部制度环境不仅塑造和加强组织的指导原则，而且确保组织遵守外部规则、规范和价值观。一般来说，受到更多监管的行业或其产品和服务直接影响人类生活的行业，如食品行业、制药行业和汽车行业等，将面临更高的制度压力。但是，也有研究指出，并不是行业本身而是行业内的特定行为需要匹配更高的制度压力，如童工、污染、不持续的生产方式等（Srivastava 等，2021）。反过来，制度压力促进了更密切的买卖双方合作，例如开展绿色供应链实践，以顺利满足强制性法规的要求（Jazairy 等，2020）。

利益相关者有能力动员公众舆论支持或反对组织的可持续性绩效。从资源依赖的角度来看，利益相关者通过影响关键资源的获取来影响组织行为，即他们操纵资源流向组织。可持续性已经超越了组织的界限，所以利益相关者对整个供应链的可持续发展实践施加压力（Cantele 和 Zardini，2020）。由于大型企业更容易受到利益相关者的审查，它们更愿意将部分压力转移给供应链合作伙伴（Parmigiani 等，2011）。来自非政府组织的协助可以帮助核心企业提升供应链可持续管理能力（Stekelorum 等，2020），因为在第三方组织的帮助下企业可以获取无法独立获得的资源（Crespin-Mazet 和 Dontenwill，2012）并建立社会网络，即战略桥梁（strategic bridging）。事实上，组织间的关系会导致新资源的开发，而新资源又会成为竞争优势的来源（Garcia-Perez-De-Lema 等，2017）。企业实施可持续供应链管理的动机也受到客户的影响（Kot，2018），比如受到来自客户的压力，获得客户的支持，包括技术支持（Hoogendoorn 等，2015）、知识改进（Touboulic 和 Walker，2015）和增强其合法性（El Baz 等，2016）。

一些学者提出可持续风险概念，即未能遵守利益相关者可持续性要求可能引发可持续风险，包括消费者抵制、声誉损害、劳资纠纷、经济损失或法律诉讼，进而损害企业及其供应链的财务绩效（Chowdhury 和 Quaddus，2021）。例如，Nike、Adidas、Disney 和 C&A 等品牌企业由于上游供应链中"血汗工厂"工人的披露而面临消费者的抵制和利益相关者的密切审查（Busse 等，2016）。在一些供应链成员中，优秀的可持续性实践可能会因为其他供应链成员糟糕的可持续性实践（继而产生风险）而变得无效，由于存在这种一损俱损的连锁风险效应，核心企业需要对分散的供应链企业的行为负责（Wilhelm 等，2016）。缺乏适当的可持续性治理可能导致供应链合作伙伴之间的可持续性实践不良，给整个供应链带来风险，损害组织供应链的整体声誉，并降低绩效。在供应链中，还有两个概念值得注意：中断和脆弱性。供应链中断风险＝f（中断，脆弱性），这也是核心企业开展供应链可持续活动的一个重要的推动因素（Chowdhury 和Quaddus，2021）。Seuring 和 Müller（2008）分析了 1994 年至 2007 年间发表的 191 篇关于可持续供应链管理（Sustainable Supply Chain Management，以下简称 SSCM）的论文，并总结出以下 SSCM 的触发因素：法律法规要求、顾客要求、保持竞争优势、环境和社会压力团体、声誉维护。但这些触发因素之间存在关联和交叉，分类界限并不清晰，比如如果企业的供应链出现社会或环境问题的报告，客户会抵制它们的产品，这也会导致声誉的损失。Dai 等（2021）指出，目前供应链可持续性治理对于现代化企业实现可持续竞争优势至关重要，并基于对 172 家中国企业数据的实证分析，指出制度压力和可持续能力共同推动了可持续供应链管理实践。而 Roy 等（2020）未发现外部利益相关者压力和可持续供应链管理做法之间的显著关系。因此，需要进一步研究可持续供应链管理实践的动机，甚至需要进一步研究特定制度压力的激励效果。

（2）内部因素

核心企业不愿在可持续性问题上更加积极的一个主要原因是缺乏这方面的信息、资源和专业知识，导致企业实现可持续发展的能力低下（Bhakoo 和 Choi，2013；Zu 和 Kaynak，2012）。企业层面的能力是各种资源的组合，如物质、人力、各种企业资产，包括人力资源的能力（Eisenhardt 和 Martin，2000）。Gavronski（2011）提出，企业与其供应链合作伙伴的合作是一种高阶能力的体现。随着时间的推移，组织面临不同类型的变化和挑战，来自内部和外部利益相关者，如客户、供应商、政府、竞争对手等。在这种情况下，组织必须发展能力及设计策略来应对环境变化（Freeman，2010）。这与动态能力观（Teece，1997）的主张一致，认为企业必须具备利用组织过程整合、建立和重新配置内部和外部资源的能力，设计新的价值创造战略以满足利益相关者的可持续性要求，并减轻风险，确保其长期绩效（Teece，2007）。资源可用性在管理供应链可持续性方面也发挥着特别重要的作用（Gong 等，2019）。在供应链中形成社会需求不仅取决于充足的资源，而且取决于有效利用资源的能力（Mani，2020）。相较于中小企业，大型企业更能够提供财务、人力和技术资源，帮助其供应链合作伙伴提高其可持续性绩效（Vachon 和 Klassen，2008；Wu 等，2010）。大公司可能比小公司拥有更多的市场力量，因此在供应链合作伙伴中更具影响力（Ayuso 等，2013）。此外，Walters 和 James（2009）还将盈利能力和业务效率作为核心企业促进和支持供应商健康和安全管理的驱动力。

中小企业通常是大型企业的供应商，越来越多的中小企业供应商被鼓励承担社会责任，并将这些社会责任要求传递给自己的供应商（Ayuso 等，2013）。但是可持续供应链管理是一项具有挑战性的任务。次级供应商可能缺乏信息和专业知识并且与核心企业的关系较为薄弱（Grimm 等，2014；Wilhelm 等，2016）。这些中小企业因为缺乏资源和方法，通常倾向于传达供应链可持续性标准而不是实施控制机制（Touboulic 和 Walker，2015）。企业虽然通常将可持续性纳入自身运营，但尚不清楚如何通过可持续供应链实践将可持续性延伸至其供应链合作伙伴，以及驱动和影响这一过程。Van 和 Thiell（2014）的研究表明，从环境实践得到的能力有助于社会需求的满足，即企业在环境管理中获得的经验可以应用于其供应链中的社会活动。

除了以上制度压力、利益相关者压力等外部因素，以及资源、能力等内部因素，一些研究聚焦于实施方面存在的困难、管理层承诺、文化差异、经济因素和道德因素，探讨驱动或制约核心企业实施供应链社会责任治理或可持续供应链管理的影响因素。Wolf（2011）提出，实施方面存在的困难制约了核心企业实施可持续供应链管理，包括目标设定不明、职能部门之间的沟通障碍、关于可持续性的数据和信息有限、缺乏额外的人力资源及供应链合作伙伴的整合有限。Walk 和 Jones（2012）对可持续供应链管理的实施困难进行分析后提出制约因素，即企业不知如何将可持续供应链管理纳入采购和其他供应链管理优先事项，以及缺乏具体的机构和流程设置。Al Zaabi 等（2013）则表示最高管理层对启动供应链可持续性努力的承诺能驱动企业实施可持续供应链管理。Grimm 等（2014）表明文化和语言差异、供应链合作伙伴之间沟通不畅或缺乏信任是企业实施可持续供应链管理的障碍因素。曹兴等（2016）提出跨国企业履行供应链社会责任对企业财务绩效的影响效果显著，因此经济动机是企业履行供应链社会责任的主要驱动力。Paulraj 等（2017）以德国 259 家供应链企业为样本进行分析，结果表明，关系和道德动机是可持续供应链管理的关键驱动因素，表现为高水平道德义务的公司往往表现得优于那些主要由非道德考虑驱动的公司。但是，基于道德的可持续供应链管理实践和财务业绩并不是相互排斥的。相反，它们可以是"互补性的"，因为公司可以"通过行善来经营好（do well by doing good）"（Busse，2016）。

2.3.7　研究述评

通过综述以中小企业安全生产治理问题特性、安全生产治理、中小企业安全生产服务、供应链社会责任治理、供应链安全生产治理、核心企业参与供应链安全生产治理行为实践及其内外部影响因素为主题的国内外相关研究，本研究有下列几点发现：

（1）已有研究指出，治理中小企业安全生产问题除了依靠政府安全生产管制，还需要寻求外界资源的支持与帮助，这为探索中小企业安全生产新的治理模式提供了翔实的理论基础。然而，如何发挥第三方服务机构的技术与资源优势，弥补安监和中小企业安全生产资源实力不足的缺陷的探索仍较缺乏，这表明在前人研究的基础上进一步探索引入安全服务的中小企业安全治理具有重要的理论意义和实践价值。

（2）引入安全服务的中小企业安全生产治理研究不能完全遵循一般意义上政府管制的相关研究范式，而要注重其自身的特性。因安全服务、政府安监、中小企业安全行为等活动的不可分割性，与一般意义上的安全治理相比，引入安全服务的中小企业安全生产治理问题属性更为复杂，更需注意主体之间的紧密合作和行为相互影响下的系统涌现。

（3）探寻治理模式的优化策略是具有情景依赖性的科学议题。我国多地都尝试了引入安全服务的中小企业治理方式，但相互之间在模式设置上具有差异性，治理效果存在未知性。因此，需要嵌入我国安全生产治理的情境，开展具有针对性的研究。

（4）引入安全服务的中小企业治理模式运行及其效果演化是具有系统复杂性的科学问题。在政府、服务机构、中小企业的行为决策中，多主体参与及参与主体的有限理性和交互性、外部动态环境的变化都可能导致系统的复杂性，进而涌现出一些难以把握的复杂现象，使得治理模式的探索变得困难。这要求研究者和政策制定者转变思路，考虑采用一些新的研究工具和方法，更多地关注多主体行为及其交互产生的复杂性。

（5）现有研究没有根据行业特征系统分析核心企业参与供应链安全生产治理行为的特征、行为驱动和行为演化。不同行业具有相对独特的供应链及相应的供应链社会责任，因此需要进行分行业研究。本书聚焦于供应链中核心企业参与中小制造供应商安全生产治理。在当今新经济模式的情境下，我国的中小制造企业是经济转型和发展的重要组成部分，它们作为供应链中重要的生产制造环节，其安全水平和员工职业健康对供应链中的其他节点企业的发展有着重要影响。如何保障中小制造企业的职业健康安全水平从而推动供应链和经济高质量发展，如何提高政策支持的正确性和有效性，学术界应予以关注。同时，鼓励促进核心企业参与供应链中小制造供应商安全生产治理具有重要的意义。相较于国外，我国在这个领域具有巨大的理论突破空间。

（6）现有研究基本来自国外学者，国内学者对核心企业参与供应链安全生产治理的研究关注度不高。虽然一些国外研究在核心企业参与供应链安全生产治理领域具有一定的影响力，但是他们的研究并不是基于发展中国家的情境进行的，也没有充分解释核心企业参与供应链安全生产治理的模式类别和特征。综上，现有关于供应链职业健康安全治理的研究对我国本土核心企业的实践指导有一定的局限性，因此，本书拟运用数据挖掘方法广泛搜集核心企业参与供应链中小制造供应商安全生产治理行为的案例资料，并运用文本分析方法深入剖析、整理、归纳数据资料，旨在探索核心企业的不同安全生产治理行为的特征模型，明晰国内核心企业的治理行为实践现状，为后文研究提供现实基础。

（7）从现有的核心企业参与供应链安全生产治理的驱动因素研究文献看：第一，关于各影响因素对核心企业参与供应链安全生产治理行为的作用机理，现有的研究文献大多集中在考察独立解释变量对企业供应链可持续行为的直接影响上，鲜有文献准确描述每个变量的不同影响路径；第二，现有文献提到核心企业供应链可持续治理的一些驱动因素，主要从利益相关者压力等外部因素和企业能力这一内部因素进行阐述。但是各外部因素之间存在关联和交叉，现有文献没有研究利益相关者施加的何种压力，以及压力到行为的传导关系，也较少挖掘其他企业内在因素（例如企业动力）对企业行为的驱动作用；第三，专门研究核心企业的供应链安全生产治理行为这一变量范畴的文献尚不多见。虽然文献中研究发现许多变量范畴（如绿色供应链管理行为、可持续供应链治理行为、供应链社会责任治理行为等）与供应链安全生产治理行为有一定的关联，但这些变量的内涵与供应链安全生产治理行为并不完全一致。

因此，本书认为，这种对于环境的关注可以扩展到对可持续性的社会层面，特别是对职业健康和安全生产的关注，期望通过供应链安全生产治理措施提高双方的经济绩效和社会绩效（包括声誉、供应链责任感和安全生产绩效等）。由于供应链安全生产治理具备独特性，需要对独立于供应链的可持续性治理给予特别关注，本书拟在汲取国内外相关研究成果的基础上，专门针对核心企业参与供应链安全生产治理这一变量范畴进行研究，并试图通过借鉴基于资源的观点、能力视角和交易成本经济学，探索核心企业参与供应链中小制造供应商安全生产治理行为的关键因素及其影响路径，以期为制定有针对性的驱动策略从而促进核心企业积极有效参与中小制造供应商安全生产治理提供理论和实践借鉴。

上 卷

"政府+安全服务"治理视角

第3章 引入安全服务的中小企业安全生产治理模式系统性分析

为提高中小企业的治理效率，政府安监部门需要转变过去"关、停、罚"式的单一性安全管制模式，转而让更多市场力量参与进中小企业安全生产治理中来，其中安全服务（即各类安全资源的供给服务）就是一股重要的市场力量，而在原有的中小企业安全监管基础上引入安全服务的市场力量，即可形成一种新的中小企业安全生产治理模式。这一模式不仅能通过安全服务有效补充各地方的中小企业安全生产的监管力量，提高安监效率，且能成为中小企业提升自身安全能力的重要渠道，即能从中小企业安全生产的"动力＋能力"两个方面双管齐下，促使中小企业安全生产行为转变，从而实现中小企业安全生产的有效治理。

3.1 引入安全服务的中小企业安全生产治理的现有形式

自各地方引入安全服务作为中小企业安全生产治理力量的重要补充后，经过各地区试点的自由衍生，安全服务形成了不同的模式，具体包括：

（1）模式一，以广东地区为代表。政府出资委托安全服务机构协助政府安全监管部门对高危行业或重点行业企业开展全面安全监管工作。政府拟定具体合同约束服务机构行为，但不干预企业与服务机构之间的合作，不干预中小企业的安全服务的购买，如图 3-1 所示。

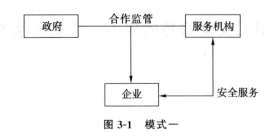

图 3-1　模式一

（2）模式二，以浙江地区为代表。政府花钱聘请专家，定期对企业安全生产状况进行抽查监管。政府制定系列优惠政策（如减税、补贴等）引导企业自由购买"安全管家"服务，为企业签订安全服务协议，将安全生产的相关工作委托给选定的服务机构。在合同期内，服务机构为企业提供安全生产的技术、管理、咨询、指导等系列服务。政府通过巡查、抽检、惩罚、奖励、评级等系列措施保障安全服务的质量，流程如图 3-2 所示。

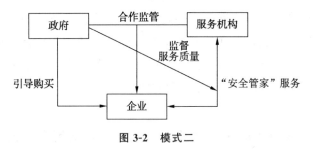

图 3-2　模式二

（3）模式三，以河北地区为代表。政府对企业购买安全服务采取分类处理的原则，即重点督促安全等级低的企业购买安全托管服务，对一般性企业则以鼓励购买为主。虽然安全服务合同签订方为企业与服务机构，但政府详细规定了安全服务的委托方式、内容、考核方式等。政府依据服务机构出具的安全状态报告，监管中小企业的安全生产状态。同时，政府会对服务机构的服务质量进行监督，服务机构在政府干预下努力完善受托企业的各项安全制度，增强企业员工的安全意识，查找安全隐患，指导企业安全行为，如图 3-3 所示。

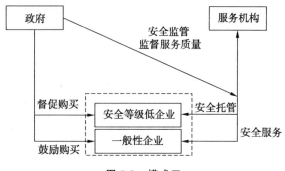

图 3-3　模式三

（4）模式四，以江苏地区为代表。政府依据是否购买安全服务的情况分类对企业采取安全监管措施，其中，对未购买安全托管服务的企业，政府自行进行安全监管；对已购买安全托管服务的企业，政府协同安全服务机构，以安全托管服务的方式进行安全监管，即安全服务机构按安全托管协议日常排查安全隐患、检查企业安全行为状态，并定期向政府报告，政府督促企业整改不良安全行为并排除安全隐患。政府建立服务机构竞争机制，遴选优质服务机构，并规定安全托管的服务内容、服务价格、服务细则。企业从政府遴选出的优质服务机构中选择一家，签订安全服务合同，在合同期内，服务机构为企业提供安全生产的技术、管理、咨询、指导等系列服务，并需按照服务机构的要求规范自身安全行为、整改安全隐患。政府定期检查服务质量，并对服务质量合格的服务机构提供 1：1 的价格补贴，如图 3-4 所示。

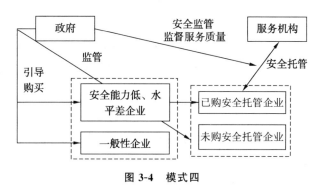

图 3-4　模式四

分析发现，目前引入了安全服务的中小企业安全生产治理差异主要表现在：

（1）政府安全监管权的合作方式存在差异。本书按政府如何合作服务机构让渡部分安全检查权，将合作状态具体分为政府单独出资合作服务机构的监管和引导中小企业购买安全服务进行监管两种。在模式一和模式二中，政府为提升监管能力与监管效率，通过出资委托服务机构的方式让渡了部分监管权，借助安全服务机构的专业知识和技能更准确高效地掌握中小企业安全状态。在模式三和模式四中，政府都采取了引导企业购买安全服务的方式进行监管，尤其对安全能力较弱且购买安全托管服务的企业，政府协同第三方服务机构，以由服务机构定期检查并提交安全托管报告的形式掌握企业安全状态，督促企业进行安全整改。

（2）购买安全服务的方式和政府干预状态存在差异。在模式一中，企业对安全服务的购买是完全自由的，政府既不干涉企业是否购买服务，也不干涉其购买什么样的服务，对安全服务质量也并不干预。而模式二、模式三、模式四中，政府都参与了对安全服务的干预，不仅鼓励中小企业购买安全服务，而且对安全服务质量进行了把控，甚至在模式三、模式四中，政府对于企业购买服务的具体内容、规则，以及对服务机构的遴选等都有详细的规定。

从以上分析可以看出，引入安全服务的中小企业安全生产治理模式的具体表现形式，主要在安全监管合作方式和安全服务购买方式这两个维度上具有差异。这样的差异必然造成在实际运行中的治理效果不尽相同。引入安全服务的中小企业安全生产治理模式的设计初衷在于能真正帮助中小企业解决安全困境，实现高效的治理，因此下文的研究需重点考察差异性模式的治理效果，由此反推出有利的模式。在此之前，本书首先对引入安全服务的中小企业安全生产治理这一新的治理模式，进行系统性的理论认识。

3.2　引入安全服务的中小企业安全生产治理的系统性认知

3.2.1　引入安全服务的中小企业安全生产治理的系统目标

中小企业安全生产治理模式是一个复杂系统。系统是指由一组有序的、相互作用或相互依存的要素组成的统一体及其运行机制。本书将引入安全服务的中小企业安全生产治理系统定义为：由治理方（以政府安监部门为主导，引入安全服务机构的市场力量参与）和被治理方（中小企业）组成的，以提升中小企业安全生产水平、杜绝发生安全事故为途径的，以系统中各方主体各司其职、真正承担各自职责、实现有效联动及系统顺畅、高效运行为目标，在相应的制度、技术和市场环境下，各个主体按照一定的机制相互联系、相互影响、相互制约的有机整体。

分析该系统的复杂性特征，从整体性来看，系统内部由不同的主体、制度等环境要素和不同的运行机制所链接，各个构成部分彼此之间的交往和影响共同构成系统整体；从关联性来看，在被治理方子系统中，众多具有异质性特征的中小企业，其安全生产决策会相关联系、彼此影响。在治理方子系统中，政府安监部门作为安全生产监管的主要职能主体，会组织、引导安全服务机构参与进来，安监部门与安全服务机构彼此之间并非孤立，而是在不断交往中互相影响，以及与环境变化的交错影响中作出决策；从动态性来看，随着时间的推进，子系统之间，以及各子系统内部的不同构成要素之间、要素与环境之间、环境内部都处于不断的变化和演进过程中；从有序性来看，政府安监部门、安全服务机构、中小企业的决策和行为互相联系和作用，且这些关系都是遵循一定的秩序有序发生的；从目的性来看，系统内部诸多构成要素彼此之间进行沟通、交往，共同影响着该系统向着政策设计的目标演变，即中小企业提高安全水平，政府安监部门与安全服务机构协作，做好安全生产监管和相应支持，安全服务机构等市场力量各司其职，协助提高政府安监部门对中小企业安全生产治理的效率。具体目标包括：

（1）提升中小企业对安全生产的重视，督促中小企业按照有关规定顺利开展安全生产工作，最终提高中小企业的安全生产水平；

（2）充分调动安全生产服务机构积极性，发挥安全服务机构的知识与技术优势，一方面协助提高政府安监能力和效率；另一方面通过安全服务机构有序参与市场竞争，为中小企业提供高质量的安全服务，真正提升中小企业的安全生产能力；

（3）通过各种制度安排，保证引入安全服务的中小企业安全生产治理这一新模式的有序高效运行及主体之间有序互动，实现整个系统的良性循环。

3.2.2　引入安全服务的中小企业安全生产治理的系统构成要素

系统构成要素主要包括制度要素、技术要素和参与主体三个部分。

（1）制度要素

制度要素主要包括安全生产相关的法律法规、政府安监的行政法规、安全生产服务的地方行政制度等。与之相关的政策可分为：一是基本性的安全生产相关法律要求，二是地方安监的安全相关行政法规，三是与之相关的行业、服务等政策文件。由此，可将制度要素分为基本、地方、社会三类。

（2）技术要素

在治理方和被治理方两个子系统中，一方面，治理方子系统需要先进的安全生产管理思想和管理技术的有效结合，以能真正发现中小企业安全生产问题，并通过高效的安全监管促进中小企业安全生产水平的本质提高。在这一子系统中，地方政府安监部门作为基层监管方，是系列安全生产政策的执行者和监督者，不仅需贯彻法律法规和上级安监部门的系列要求，建立相应的政策执行体系，同时，还需调动安全服务机构等市场力量，共同参与到政策执行中来，发挥其专业知识、技能优势，更好地执行中小企业安全生产的治理职能。另一方面，被治理方子系统亦需先进的安全生产管理和技术的辅助，以使中小企业具备安全生产管理的系列能力，如危险源辨识、评估、预防能力，安全生产事故应急处理能力，安全生产设备管理能力，安全生产现场和作业管理能力，隐患排查和治理能力，职业病防护能力等，进而提升自身的安全生产水平，真正达到各项法规规定，满足治理要求。与此同时，安全服务机构这一市场力量，作为两个子系统中先进安全生产管理和安全生产技术的重要提供方，也应发挥其专业优势、技术优势、经验优势，不仅要为地方政府安全监管部门提供辅助，也需为中小企业提供相关的安全咨询、安全指导、安全评审等服务。而这一过程中，保障相关专业人员的技术知识和能力，保障所提供服务的质量至关重要。

（3）参与主体

系统的参与主体包括政府、安全服务机构、中小企业。其中，政府部门包括中央安监部门（国家应急管理总局）和地方安监部门。目前中小企业安全生产治理主要采取“属地管理”的原则，主要由地方各级安监部门遵循中央和上级的有关安全生产法律法规、行政政策等各项规定，并结合本地区企业实际采取具体的安全生产治理措施。在实际执行中，各基层政府虽然都或多或少地引入了安全服务的市场力量，但在具体执行中存在差异，因此，本书在考虑系统参与主体时，主要凝练出中央安监部门、地方安监部门、安全服务机构（即通过市场交易的方式为政府部门、中小企业提供各类先进的安全生产管理、安全生产技术等服务，如安全监管的技术支持、安全生产管理咨询、安全生产风险评估、安全生产检测检验等的机构）、中小企业群体。

3.3　引入安全服务的中小企业安全生产治理的系统构建

由上分析，系统的主体构成要素的参与者包括政府安监部门（包括国家应急管理部、地方安监部门）、安全服务机构（通过市场交易的方式为政府部门、中小企业提供各类先进的安全生产管理、安全生产技术等服务，包括安全监管的技术支持、安全生产管理咨询、安全生产风险评估、安全生产检测检验等的机构）、中小企业群体等。采用行动者网络理论（简称ANT理论）这一成熟的质性研究方法，对引入安全服务的中小企业安全生产治理这一异质性多主体参与的动态社会系统进行分析，通过把握整个系统构建的动力机制，从而把握该系统的全局。

ANT理论以“广义对称性”原则为主要特征，概括出网络的主要行动者包括人类和非人类两大类行动者，人类行动者包括个人行动者和组织行动者，非人类行动者包括物质范畴和意识形态两方面。本节以ANT理论为指导和梳理框架，以引入安全服务的中小企业安全生产治理系统构成要素为基础，梳理出ANT理论下该系统运行的异质性行动网络的行动者，具体内容如表3-1所示。

表 3-1　引入安全服务的中小企业安全生产治理系统运行网络行动者

类型	类别	具体行动者
人类 行动者	个人行动者	中小企业主、员工、安全服务人员、安监部门负责人
	组织行动者	安监部门、中小企业、安全服务机构
非人类 行动者	物质范畴	资金、技术、文件等
	意识形态	法律法规、政策文件、相关制度

由此，引入安全服务的中小企业安全生产治理系统的异质性行动者网络的构建和发展正是由核心主体行动者在一定的法律、制度和技术环境背景下联系互动形成的。

3.3.1　问题化过程

问题化过程是建构治理系统运行网络的第一个阶段。核心行动者必须界定所有行动者所要解决的问题，所有行动者必须紧紧围绕这一核心问题进行决策和行动，形成一个稳定的、互相联系的网络，这一核心问题就是行动者网络中的强制通行点。核心行动者必须明确构建的行动者网络的层次和结构，告知其他行动者参与该网络要实现的目标。在该系统网络的问题化阶段，首先要明确网络中的核心行动者。核心行动者必须具备其他所有行动者并不具备的权威性、组织协调和管理能力，在建构网络的过程中发挥如下作用：① 确定该网络内部所有相关的行动者所要实现的共同目标；② 定义所有的相关的行动者在网络中的身份和角色；③ 化解其他行动者之间的利益冲突，有效协调行动者不发生"背叛"行为；④ 为行动者网络设立能让所有行动者认可并为之行动的 OPP；等等。

在引入安全服务的中小企业安全生产治理行动者网络中，只有具备"更高的权威性、协调和管理能力"的政府安监部门才是核心行动者。具体来看，国家应急管理部出台安全生产相关的政策法规，对地方安监部门下达安全生产治理的相关要求，提出引入安全服务的号召，但并不参与和负责各级地方中小企业安全生产治理工作。地方安监部门具体负责属地的安全生产治理工作，是真正的核心行动者，其作用体现在：以实现中小企业本质安全为目标，以本地区中小企业安全生产现实情况为基础，发挥其指导性、权威性作用，制定本地区的中小企业安全生产相关要求，通过积极调动安全服务机构参与其中，在政府职能转变要求下，建立并完善中小企业的安全生产治理体系，努力打造安全监管到位、安全服务到位、中小企业认真安全生产的高质量运行网络。

所有行动者共同需要解决的问题就是如何通过有效的安全生产治理实现中小企业安全生产水平提升，在分析行动者问题和障碍的基础上，所有行动者必须通过强制通行点（OPP）和相互联系作用，共同构成网络。政府安监部门告知其他行动者建立了安全生产治理网络，目标是发挥安全服务机构的知识、技能和经验优势，高效治理中小企业安全生产，实现中小企业安全水平的本质提升，如图 3-5 所示。

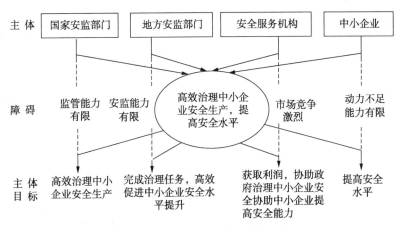

图 3-5 治理网络主要行动者和 OPP

3.3.2 利益赋予过程

网络构造的关键在于识别、定义并激发行动者参与异质性行动者网络的兴趣。利益赋予过程则是识别、定义行动者兴趣点和利益诉求的关键环节。根据 ANT 理论，利益赋予过程是不同的行动者之间用来联系、稳定彼此之间关系的手段和途径的总和，是问题化的后续环节和征召行动者的关键。异质行动者网络的基础在于让准备进入或已经进入该网络的行动者看到加入网络所能获得的利益。在利益赋予过程中，核心行动者通过一系列的策略，进一步强化"转译"过程中的问题化阶段；通过各种沟通方式，鼓励其他行动者加入网络，解决共同面对的问题，并获得相应的利益。核心行动者赋予的利益越符合其他行动者的期望，加入网络的行动者的数量越多。

具体到引入安全服务的中小企业安全生产治理网络，核心行动者政府安监部门通过行政指令，要求并监管中小企业必须达到一定的安全生产水平。在这一过程中，一方面，政府安监部门为了更高效地履行监管职能而将安全服务机构主体引入网络，如安监部门购买安全生产服务机构的相关服务，促使其定期检查辖区内中小企业的安全生产状况并出具相应的报告，安监部门依据检查报告，动态实时掌握中小企业安全生产状态等。另一方面，为了使中小企业具备提升安全生产水平的能力，政府安监部门引导中小企业购买安全服务机构提供的安全生产相关资源等。网络中主要行动者的兴趣点如下：

（1）国家应急管理部希望通过安全生产治理的高效工作，实现中小企业的本质安全，改善安全生产形势；希望积极调动安全生产服务机构提供安全生产技术、知识等服务，一方面提高地方安监部门的安全生产治理能力，另一方面为中小企业安全生产能力提升提供支持，以提升中小企业安全生产治理工作成效。

（2）地方安监部门的利益在于：希望通过安全生产治理，降低本地区企业安全事故发生频率，促进中小企业健康持续发展；希望通过安全生产服务机构等组织的技术、知识、管理支持，提高自身的治理能力，提高治理效率，同时逐步缓解并解决中小企业安全生产资源不足、能力有限的困境，最终完成国家应急管理部规定的任务和要求。

（3）中小企业的利益在于：希望通过市场力量的技术支持和帮助，提升企业在安全生产方面的管理能力和管理实效，达到基层政府发布的安全生产的强制性要求和约束，保证生产经营活动的正常开展并有效参与市场竞争。

（4）安全服务机构的利益在于：希望通过参与中小企业安全生产治理工作，不断扩大自身业务的市场份额，提升自身的形象和名声，获取利润。

利益赋予过程是不同的行动者之间建立能彼此接受的利益协调机制的过程。在安全生产治理网络中，利益赋予的主要方式有：首先，颁布相关的法律法规和行政文件。国家应急管理部制定中小企业安全生产的相关要求和具体任务，出台鼓励地方安全监管引入安全服务、鼓励安全服务发展的相关政策和号召文件，地方安监部门制定本地方企业安全生产的具体治理流程和方案，出台鼓励安全服务机构参与中小企业安全生产治理的惠利性政策文件。这些政策文件既有约束性的法规要求，也有激励性的政策扶持，所有的政策文件必须保证能够满足中小企业、安全服务机构等各方主体的利益需求，能够驱动安全服务机构积极参与中小企业的安全生产治理，能够促使中小企业做出有利于安全生产的行为选择。其次，无论是政府安监部门还是中小企业，对安全服务的需求都需要通过市场化交易的方式来满足，交易方式既要保证市场化的公平性也要保证效率性。

3.3.3　招募过程

招募过程中，核心行动者必须识别、搜集并招募有助于实现行动者网络建构目标、解决共同面对问题的各方参与者，界定能够被接受的各方行动者的任务。在治理网络中，国家应急管理部通过法律法规和鼓励安全服务发展的政策文件，征召各地方安监部门、安全服务机构相关方参与到治理网络的构建中；地方安监部门的任务主要为制定本地区的中小企业安全生产治理的具体环节和要求，完善各项约束和激励政策，严抓安全生产治理质量并有效监管和追责查处，以此征召安全服务机构、中小企业进入治理网络；其中征召安全服务机构进入网络，主要任务包括对安监治理工作的技术支持、信息传递，以及对中小企业安全生产的能力辅助；征召中小企业进入网络，主要任务是强化自我管理和自我激励机制，集中资源有序开展安全生产工作。

在该行动者网络中，地方安监部门作为核心行动者对安全服务机构、中小企业的征召是利益赋予阶段的结果，其征召的情况取决于网络规模、行动者联系强度和行动者异质性三个要素。具体来看，安全服务机构的参与数量越多，该网络的规模越大，整个行动者网络就越稳定，解决网络的核心问题的成功性越大。行动者之间的联系强度越大，联系频率越高，联系的效果越好，越能促进行动主体之间的互相了解和沟通，促进彼此之间的沟通和物质交换。此外，进入网络的行动者差异性越大，该行动者网络也就越稳定。

3.3.4　动员过程

动员阶段是指核心行动者将其他行动者招募进入网络后，为维持网络中所有行动者行为一致性，采取一系列的策略和方法，调动行动者积极性，向着既定的网络目标努力，以有效解决网络中所有群体必须解决的关键问题。只有完成动员过程，网络建构工作才算完成。

在引入安全服务的中小企业安全生产治理的行动者网络中，核心行动者通过明确核心问题，赋予安全服务机构、中小企业等行动者以利益，征召其进入到网络中，设立一系列的策略调动其行动积极性，共同解决网络中的关键问题。就核心行动者政府安监部门的动员策略来讲，主要包括中小企业安全治理政策（监管政策、激励政策）、安全服务发展的鼓励政策、促使安全服务参与治理的扶持政策等。其中国家应急管理部通过对地方安监部门的安全治理成效的考核，调动地方安监部门认真落实政策要求；通过对地方安监部门治理效率提升要求和完善相应的配套机制，提升地方安监部门引入安全服务参与中小企业安全治理的积极性。地方安监部门通过设置辖区内中小企业安全生产治理的具体模式和落地配套措施，一方面引入安全服务机构，充分发挥其技术支持作用和治理协同作用，提高中小企业安全生产的治理效率；另一方面督促中小企业落实安全生产主体责任，解决其能力不足的困境，激发安全生产积极性。

3.4 引入安全服务的中小企业安全治理的系统运行困境

从引入安全服务的中小企业安全生产治理的系统建构过程来看，为推动其高效运行，核心行动者政府安监部门必须通过各种策略招募各主体等进入网络中，并通过各种策略和手段，完善中小企业安全生产治理模式。

政府安监部门首先要解决的问题是将安全服务机构和中小企业等招募进网络中来。首先，对于安全服务机构而言，政府安监部门一方面需依靠其分担部分监管职能，提高安全生产的治理效率；另一方面需要其辅助提高中小企业安全生产的能力。在政府安监部门招募其进入网络的初期，安全服务机构因其独有的信息和知识优势处于两难状态：一方面，被政府征召进入网络，受政府的行政约束和监督；另一方面，安全服务的对象为中小企业，受经济交易的合同制约。因此，当中小企业消极应付政府要求，向其发出合谋"邀请"时，安全服务机构可能因经济利益的诱惑而无力抵抗。而在安全服务进入网络运行后，由于安全服务机构众多，彼此间存在激烈的市场竞争，某些安全服务机构往往选择低价竞争，并降低服务质量，最终沦为了帮助中小企业安全生产形式上通过政府安全检查的"帮凶"，失去了其本来应有的作用。因此，为了使安全服务机构群体能够按照核心行动者界定的角色和身份开展行动，政府安监部门应加强对其质量的监管，提高其违法违规的成本，促使其提供高质量的安全服务资源。同时，核心行动者又要确保安全服务机构能获取正常的经营利润，壮大安全服务的市场力量。因此，政府安监部门必须规范安全服务交易规则，防止"劣币驱逐良币"，保证高质量的安全服务机构能够获得更多的业务和良好形象。

其次，中小企业因安全生产资源有限、能力不足、企业主心存侥幸等，其安全生产水平始终低下，即使在监管压力较大的情况下被迫进行安全生产，也较敷衍懈怠，面对安全服务机构进入安全治理网络，其态度也主要是抵触、不愿配合，或消极应付、走形式。因此如何引导中小企业由消极应付转为积极主动，是政府安监部门要解决的关键问题。一是要通过各种策略使中小企业充分认识配合政府安监部门和安全服务的治理工作给企业带来的利益；二是要使企业认识到与安全服务机构合作，能提高其自身的安全生产能力，使其真正看到安全生产治理能为其带来利益，从而促使中小企业真正重视安全问题，提高安全生产水平。

从以上分析可知，引入安全服务的中小企业安全生产治理模式建构与运行的根本性障碍在于政府安监部门并未设计出一个合理可靠的治理模式。虽然目前各地政府都在尝试引入安全服务，但无论是安全服务机构还是中小企业，在行为上多为利己，而未真正按政府期待的那样履行各自的职责，这就导致即使引入了安全服务，也形同虚设，未能发挥真正作用，因此，政府安监部门需要设计一套切实可行的治理模式，通过利益牵引调动各主体积极协作，实现中小企业安全生产高效治理。

再结合上述所分析的，引入安全服务的中小企业安全生产治理模式主要在安全监管合作方式和安全服务购买方式这两个维度上存在差异。因此下文将重点考察差异性监管合作方式和安全服务购买方式下的治理系统运行效果，从而找到真正有利的中小企业安全生产治理模式。

第 ④ 章　差异性监管合作方式下中小企业安全生产治理效果实验研究

　　引入安全服务的安全生产治理模式依据不同的合作方式进一步划分。首先，根据政府安全监管的执行状态（即与安全服务机构合作监管的具体方式），分为：① 安监部门单独出资委托，即借助安全服务机构的专业知识和工具，共同开展对中小企业安全生产状况的检查；② 安监部门引导企业自行购买由安全服务机构出具的安全生产状态报告，安监部门依据报告掌握中小企业安全状态。其次，当中小企业感受到安全监管压力，并达到一定的临界点后，中小企业将压力转化为提升安全水平的动力，并出于提升安全能力的需要而购买安全服务。现实中又分为两种情况：① 政府未有干预，中小企业自发自由购买安全服务；② 政府对企业购买安全服务有所干预。根据上述分析，本书将分别进行监管合作方式实验和安全服务购买的政府干预实验，通过设置具体情境，得出不同方式下中小企业安全生产的治理效果，以此反推出有助于中小企业安全生产提升的有利治理模式。

　　本章将首先进行差异性监管合作方式实验，包括安监部门独资委托安全服务机构的监管合作方式（以下简称：第一种合作方式）和安监部门引导企业购买安全服务机构出具安全报告的监管合作方式（以下简称：第二种合作方式）实验。上述两种方式皆为安监部门让渡部分监管权予安全服务机构，且安监部门的监管依据皆为安全服务机构出具的中小企业安全生产水平报告。但在第一种合作方式中，安监部门与安全服务机构单独合作（安监挑选服务机构，安监部门购买服务机构的安全资源），中小企业仅被动接受安全监管。在第二种合作方式中，由中小企业选择安全服务机构，并出资购买安全服务机构的安全资源，安监部门拥有的权利，就是通过服务机构出具的中小企业安全生产水平报告了解企业安全生产状态，并监管服务质量。

考虑到这两种方式中安全服务机构出具的中小企业安全生产水平报告质量是反映企业安全生产治理效果的重要凭证（若安全水平报告真实、有效，则证明安监部门能通过与服务机构合作，通过让渡监管权，高效地掌握中小企业安全生产状态），而报告质量和真实性又主要由安全服务机构的行为选择所决定，因此实验结果将重点关注安全服务机构的行为选择。

仿真实验借助 NetLogo 软件运行，系统的初始阶段自动生成 N_1 个中小企业 FirmAgent、N_2 个安全服务机构主体 ResourceAgent 及 1 个安监部门 RegulatorAgent，重点分析在引入安全服务机构后，差异性的合作方式下（如监管合作方式、安全服务购买方式）中小企业安全生产的治理效果。不同情境需进行多次重复实验，固定最大迭代次数 maxticks＝100。

4.1　实验过程

第一种合作方式：每个实验周期内，安监部门 RegulatorAgent 从 N_2 个安全服务机构 ResourceAgent 中选取 $N_{Regulator}$（$0 < N_{Regulator} < N_2$）个作为合作机构，选定的安全服务机构 ResourceAgent 定时对系统内 N_1 个中小企业 FirmAgent 进行安全检查，一方面将检查结果反馈给安监部门 RegulatorAgent，另一方面对安全生产未达政府要求的中小企业 FirmAgent 提供建议，督促其作出整改，并将整改情况向安监部门 RegulatorAgent 汇报反馈。若中小企业 FirmAgent 没有按规定整改并向安全服务机构 ResourceAgent 发出合谋请求时，安全服务机构 ResourceAgent 有可能接受合谋，此时则选择不如实反馈策略。安监部门 RegulatorAgent 定期对报告质量进行检查，一旦发现不如实反馈的安全服务机构 ResourceAgent 就给予行政惩罚。各主体交互如图 4-1 所示。

第二种合作方式：每个实验周期内，中小企业 FirmAgent 从 N_2 个安全服务机构 ResourceAgent 中选取 1 个作为合作机构，选定的安全服务机构 ResourceAgent 为中小企业 FirmAgent 进行安全检查，提出整改意见，及时出具安全检查报告，反馈给安监部门 RegulatorAgent。中小企业 FirmAgent 既可选择认真整改，亦可选择不整改并向安全服务机构 ResourceAgent 寻求合谋。服务机构 ResourceAgent 有可能接受合谋，此时则选择不如实反馈策略。安监部门 RegulatorAgent 定期对报告质量进行检查，一旦发现不如实反馈的安全服务机构 ResourceAgent 则给予行政惩罚。各主体交互如图 4-2 所示。

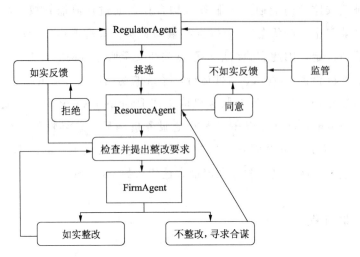

图 4-1　第一种合作方式的主体交互流程

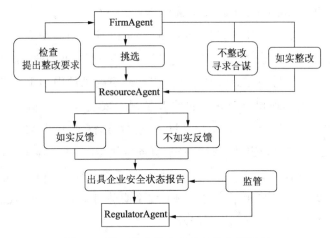

图 4-2　第二种合作方式的主体交互流程

4.2　实验主体行为刻画

（1）安监部门 RegulatorAgent

第一种合作方式：安监部门 RegulatorAgent 面临的行为决策包括：

① 出资选择安全服务机构 ResourceAgent 合作。实验设置每个 ResourceAgent 拥有的安全资源质量 $R_{safety} \in (0.6, 1)$，资源质量越高的 ResourceAgent 可在客观上提供更好的安全监管服务。设置每个 ResourceAgent 提供的安全资源品类相同，提供的服务定价为 $P_{safety} \in (80, 100)$。系统初始设定对 ResourceAgent 的挑选为随机抽选，并将每次学习到的关于服务机构质量和价格的经验值保存在记忆模块中，当学习到一定次数后，RegulatorAgent 从记忆库中优先挑选性价比高的 ResourceAgent 进行合作。② 依据 ResourceAgent 反馈的中小企业 FirmAgent 安全状态报告动态监测中小企业安全生产水平，为了防止 FirmAgent 与 ResourceAgent 合谋，安监部门不定时监管，一旦发现合谋，则对合谋双方给予行政惩罚。

第二种合作方式：依据 ResourceAgent 反馈的中小企业 FirmAgent 安全状态报告动态监测中小企业安全生产水平，只需不定时监管，一旦发现安全生产报告虚假则需对合谋双方给予行政惩罚。

（2）安全服务机构 ResourceAgent

第一种合作方式：假设安全资源质量区间为 $(0, 1)$，考虑到现实中安全服务机构的入市都有一定的门槛，因此设置实验系统中的每个 ResourceAgent 拥有的安全资源质量随机 $R_{safety} \in (0.6, 1)$，提供的安全资源品类相同，服务定价为 $P_{safety} \in (80, 100)$。面临的行为决策：检查中小企业 FirmAgent 的安全生产状态、提出整改要求，并选择是否如实向 RegulatorAgent 报告。ResourceAgent 可能面临不愿整改的 FirmAgent 发出的合谋请求，此时 ResourceAgent 将作出两种策略选择：① k_1^1 不合谋，并向安监部门如实汇报；② k_2^1 合谋，不向安监部门如实汇报。每种行为策略为 ResourceAgent 带来的收益用 $\pi_i^1(k_n)$ 表示，其中 m^1 表示安监部门委托给 ResourceAgent 的业务总数，m_1^1 表示不合谋数，m_2^1 表示合谋数（$m_1^1 + m_2^1 = m^1$）。$L^{1N-collusion} = P_{safety}^1 - C_{Rsafety}^1$ 表示 ResourceAgent 不合谋获得的单笔业务利润，$L^{1collusion} = P_{safety}^1 - C_{Rsafety}^1 + CI_i^1$ 表示合谋获得的单笔业务利润，CI_i^1 为单笔合谋收益，α 为合谋被发现的预期概率，$\alpha = \zeta_R \dfrac{\hat{n}}{n}$，假设安监部门对涉嫌合谋的 $\hat{n}$ 个 ResourceAgent 进行曝光，因此各 ResourceAgent 都能观测到被监管部门发现的比例。ζ_R 为风险偏好系数，ζ_R 越大表示个体

ResourceAgent 越谨慎。现实中，该情境下，服务机构一旦被发现违规就不再有机会与安监部门继续合作，因此在合谋预期惩罚函数 $\sum^{m_2} D^1$ 的基础上，需加入预期获得的收益。

$$\pi_i^1(k_1) = \sum^m L_g^{1N-\text{collusion}} \tag{4-1}$$

$$\pi_i^1(k_2) = \sum^{m_1} L_g^{1N-\text{collusion}} + \sum^{m_2} L^{1\text{collusion}} - \alpha \left[\sum^{m_2} D^1 + \left(\sum^{m_1} L_g^{1N-\text{collusion}} + \sum^{m_2} L^{1\text{collusion}} \right) \right] \tag{4-2}$$

第二种合作方式：基本设置与第一种合作方式相同。被中小企业 FirmAgent 选择的 ResourceAgent 将检查其安全生产状态、提出整改要求，并选择是否如实向 ResourceAgent 报告。ResourceAgent 面临不愿整改的 FirmAgent 发出的合谋请求，此时 ResourceAgent 依然可能作出两种策略选择：① k_1^2 不合谋，出具真实的安全报告；② k_2^2 合谋，不如实报告。每种行为策略为 ResourceAgent 带来的收益用 $\pi_i^2(k_n)$ 表示。其中 m^2 表示获取的业务总数（企业寻求的），m_1^2 表示不合谋数，m_2^2 表示合谋数（$m_1^2 + m_2^2 = m^2$）。$L^{2N-\text{collusion}} = P_{\text{safety}}^2 - C_{\text{Rsafety}}^2$ 表示 ResourceAgent 不合谋获得的单笔业务利润，$L^{2\text{collusion}} = P_{\text{safety}}^2 - C_{\text{Rsafety}}^2 + CI_i^2$ 表示合谋获得的单笔业务利润，CI_i^2 为单笔合谋收益，α 为合谋被发现的预期概率，合谋预期被惩罚函数为 $\sum^{m_2} D^2$。

$$\pi_i^2(k_1^2) = \sum^m L_g^{2N-\text{collusion}} \tag{4-3}$$

$$\pi_i^2(k_i^2) = \sum^{m_1} L_g^{2N-\text{collusion}} + \sum^{m_2} L^{2\text{collusion}} - \alpha \sum^{m_2} D^2 \tag{4-4}$$

无论哪种合作方式下，ResourceAgent 都无法知悉市场情况，不了解中小企业和安监部门的策略选择，其在每个实验周期因市场变化得到不同的 m_1、m_2 数量，使其获取的预期收益也不尽相同。ResourceAgent 作为一个具有适应性行为和学习能力的自然决策主体，将根据历史策略所带来的收益及对未来的预期等要素适当调整自身策略选择。采取 EWA 学习算法对 ResourceAgent 的行为进行刻画，具体更新公式如下：

$$N_{RA}(t) = \rho N_{RA}(t-1) + 1 \tag{4-5}$$

$$A_{RA_i}^{k_n}(t) = \frac{N_{RA}(t-1)\varphi A_{RA_i}^{k_n}(t-1) + [\partial + (1-\partial)I_{RA}(k_n)]\pi_i(k_n)}{N_{RA}(t)} \quad (4\text{-}6)$$

式（4-5）、式（4-6）中 $N_{RA}(t)$ 表示经验权重，$A_{RA_i}^{k_s}(t)$ 表示策略 $k_n(n=1，2)$ 对 ResourceAgent 的吸引力指数。$\pi_i(k_n)$ 表示 ResourceAgent 的预期收益。$I_{RA}(k_n)$ 为示性函数，$I_{RA}(k_n)=1$ 时表示采取该策略，此时则有：

$$A_{RA_i}^{k_n}(t) = \frac{N_{RA}(t-1)\varphi A_{RA_i}^{k_n}(t-1) + \pi_i(k_n)}{N_{RA}(t)} \quad (4\text{-}7)$$

当 $I_{RA}(k_n)=0$ 时表示不采取该策略，则有：

$$A_{RA_i}^{k_n}(t) = \frac{N_{RA}(t-1)\varphi A_{RA_i}^{k_n}(t-1) + \partial\pi_i(k_n)}{N_{RA}(t)} \quad (4\text{-}8)$$

同样采用 logit 反应函数表述选择策略 k_n 的概率，式（4-9）中 λ 用来衡量吸引力指数在决策中的敏感度。当 $n=1$ 时，表示服务机构 i 在 $t+1$ 期具有 $\mathrm{Prob}_i^{k_1}(t+1)$ 概率选择策略组合 k_1。当 $n=1$ 时，表示服务机构 i 在 $t+1$ 期具有 $\mathrm{Prob}_i^{k_2}(t+1)$ 概率选择策略组合 k_2。

$$\mathrm{Prob}_i^{k_n}(t+1) = \frac{\exp(\lambda A_{RA_i}^{k_n}(t))}{\sum_{n=1}^{2}\exp(\lambda A_{RA_i}^{k_n}(t))} \quad (4\text{-}9)$$

（3）中小企业 FirmAgent

第一种合作方式：现实情境中企业需定期接受安全状态评估，为还原现实，更好地展现系统迭代演化，系统中 N_1 个 FirmAgent 随机依次进入市场，以所有 FirmAgent 成功接受监管作为一个实验周期，循环往复。设置所有 FirmAgent 具有一初始安全水平 s_0。理论上，安全生产水平越低的 FirmAgent 认真进行安全生产的成本越高。假设安全水平合规标准为 s^-。当 FirmAgent 的初始安全水平 $s_0 < s^-$ 时，其有两种行为决策，策略 j_1：认真进行安全生产，按照安全服务机构的评估建议积极整改，汇报真实的安全状态报告给政府，此时该 FirmAgent 的安全生产水平 $s_t \geqslant s^-$；策略 j_2：不愿进行安全整改，向服务机构寻求合谋（若合谋失败则返回策略 j_1）。此时，FirmAgent 的安全生产水平仍维持现状，即 $s_t = s_{t-1} < s^-$。由于其实际安全生产水平并未达标，不仅存在爆发安全事故的风险，也存在合谋行为

被发现的风险。接受完服务机构的安全检查后，FirmAgent 的安全水平 s_t 将随实验周期递减，直至下一个检查时止，递减幅度服从正态分布，且 FirmAgent 的每一周期安全水平均在区间 $[0, 1]$ 内。FirmAgent 的不同策略的预期收益不同，设置收益函数 $U_i(j_s),(s=1,2)$。其中 w_1 表示通过安全检查后获得的经济收益，w_2 表示安全收益，考虑到现实中中小企业的安全素质较低，往往会低估自己的安全收益，故假设企业预期自己的安全收益 $w_2 \rightarrow 0$，$C^f(s)=Cexp[c/(1-s)]+C_0(C>0,C_0<0)$，表示 FirmAgent 为提高自己的安全水平付出的安全生产成本。β_1 表示预测事故发生的概率，$\beta_1=\zeta_f^1 \frac{\hat{o}}{o}$，$\hat{o}$ 为每期市场爆发事故数量，ζ_f^1 为事故风险偏好系数。现实中中小企业常抱侥幸心理，低估自身事故爆发率，因此 ζ_f^1 设置偏低。$L(s_t)$ 表示预期发生安全生产事故损失，$L(s)=Lexp(l/s)+L_0,(L>0,l>0,L_0>0)$。FirmAgent 当期安全生产水平 s_t 越高，其安全事故损失越低。η 表示合谋贿赂费。$\beta_2 D_{FirmAgent}$ 表示合谋行为的预期惩罚函数，其中 $D_{FirmAgent}$ 为理论惩罚数，β_2 为合谋被发现的预期概率，$\beta_2=\zeta_f^2 \frac{\hat{m}}{m}$，$\hat{m}$ 为每期合谋事件的曝光数，ζ_f^2 为监管风险偏好系数，ζ_f^2 值越大表明个体 FirmAgent 越谨慎。

$$U_i(j_1)=w_1+w_2-C^f(s^-)-\beta_1 L(s_t) \tag{4-10}$$

$$U_i(j_2)=w_1-\eta-\beta_1 L(s_t)-\beta_2 D_{FirmAgent} \tag{4-11}$$

第二种合作方式：基本设置同第一种合作方式。行为决策包括：① 出资选择安全服务机构 ResourceAgent 合作。系统初始设定对 ResourceAgent 的挑选为随机抽选，并将每次学习到的关于服务机构质量和价格的经验值保存在记忆模块中，当学习到一定次数后，从记忆库中优先挑选性价比高的 ResourceAgent 进行合作。同时，设置具有合谋倾向的 FirmAgent，放弃不愿合谋的 ResourceAgent，另寻同意合谋的 ResourceAgent 进行合作。② 是否认真进行安全生产的行为策略。策略 j_1：认真进行安全生产，按照安全服务机构的评估建议积极整改，汇报真实的安全状态报告给政府，此时该 FirmAgent 的安全生产水平 $s_t \geqslant s^-$；策略 j_2：不愿进行安全整改，向服务机构求合谋（若合谋失败则重新寻求愿意合谋的服务机构）。此时，

FirmAgent 的安全生产水平仍维持现状，即 $s_t = s_{t-1} < s^-$。收益函数 $U_i(j_s)$ $(s=1,2)$ 同第一种合作方式。

现实情况下，无论哪种合作方式，企业都无法了解基层政府、安全服务机构的策略选择。因此作为一个具有适应性行为和学习能力的自然决策主体，将根据历史策略所带来的收益及对未来的预期等要素适当调整自身策略选择。采取 EWA 学习算法对企业的行为进行刻画。EWA 算法假设每个策略都有一个数值化的吸引力指数，选择每个策略的概率，其具体更新公式如下：

$$N_{\text{FirmAgent}}(t) = \rho N_{\text{FirmAgent}}(t-1) + 1 \qquad (4\text{-}12)$$

$$A_{\text{FirmAgent}_i}^{j_s}(t) = \frac{N_{\text{FirmAgent}}(t-1)\varphi A_{\text{FirmAgent}_i}^{j_s}(t-1) + [\partial + (1-\partial)I_{\text{FirmAgent}}(j_s)]U_i(j_s)}{N_{\text{FirmAgent}}(t)}$$

$$(4\text{-}13)$$

式（4-13）中 $N_{\text{FirmAgent}}(t)$ 表示经验权重，ρ 表示过去经验的折现因子，$A_{\text{Fagent}_i}^{j_s}(t)$ 表示策略 $j_s(s=1,2)$ 对 FirmAgent 的吸引力指数，该数值越大就越有可能采取该策略，φ 表示过去吸引力指数的折现因子。$U_i(j_s)$ 表示 FirmAgent 的预期收益，FirmAgent 将根据所处状态更新对应收益。∂ 是未选策略支付或机会成本的折现因子，∂ 越大则表明该个体更重视该策略或对该策略的预期越高；$I_{\text{FirmAgent}}(j_s)$ 为示性函数，$I_{\text{FirmAgent}}(j_s)=1$ 时表示采取该策略时则有：

$$A_{\text{FirmAgent}_i}^{j_s}(t) = \frac{N_{\text{FirmAgent}}(t-1)\varphi A_{\text{FirmAgent}_i}^{j_s}(t-1) + U_i(j_s)}{N_{\text{FirmAgent}}(t)} \qquad (4\text{-}14)$$

当 $I_{\text{FirmAgent}}(j_s)=0$ 时表示不采取该策略，则有：

$$A_{\text{FirmAgent}_i}^{j_s}(t) = \frac{N_{\text{FirmAgent}}(t-1)\varphi A_{\text{FirmAent}_i}^{j_s}(t-1) + \partial U_i(j_s)}{N(t)} \qquad (4\text{-}15)$$

吸引力指数将决定每个策略被选择的概率，指数越高表明该策略被选择的可能性越高。采用 logit 反应函数表示 FirmAgent 选择策略 j_s 的概率，式中 λ 用来衡量吸引力指数在决策中的敏感度。当 $s=1$ 时，表示企业 i 在 $t+1$ 期具有 $\text{Prob}_i^{j_1}(t+1)$ 概率选择不合谋策略 j_1；当 $s=2$ 时，表示企业 i 在 $t+1$ 期具有 $\text{Prob}_i^{j_2}(t+1)$ 概率选择合谋策略 j_2。

$$\text{Prob}_{i^s}^{j_s}(t+1) = \frac{\exp\left(\lambda A_{\text{Fagent}_i}^{j_s}(t)\right)}{\sum\limits_{s=1}^{2} \exp\left(\lambda A_{\text{Fagent}_i}^{j_s}(t)\right)} \qquad (4\text{-}16)$$

为贴近现实，实验中模拟安全水平不达标的 FirmAgent 存在一定的概率发生安全事故。FirmAgent 安全生产水平 s_t（$s_t < s^-$）越低，其爆发事故的可能性越高，为更好地体现事故的偶然性，采用轮盘赌注的方式模拟事故的爆发。具体操作如下：

第一步：根据 FirmAgent 安全生产水平 s_t 确定其安全状态，如表 4-1 所示；

第二步：生成随机数 $R = \text{random}（0，1）$；

第三步：将 R 与 s_t 进行比较。当 $R \leqslant s_t$ 时，不发生事故；当 $s_t \leqslant R < s^-$ 时，事故发生。

表 4-1　FirmAgent 安全状态表

状态	安全	不安全
概率	s_t	$s^- - s_t$
累计概率	s_t	s^-

4.3　两种监管合作方式的效果实验与结果分析

两种监管合作方式的实验参数，如表 4-2 所示。

表 4-2　两种监管合作方式的实验参数

实验参数	取值范围	分布	实验参数	取值范围	分布
s^-	0.9	常量	φ	0.1	常量
W_1	[8000，10000]	随机分布	∂	0.5	常量
K	[0.7，1]	随机分布	λ	0.01	常量
ζ_f^1	[0.3，0.7]	随机分布	ζ_f^2	[0.7，1]	随机分布
$N_{\text{Regulator}}$	5	常量	k	0.9	常量
N_2	500	常量	m^1	2000	常量
N_1	10000	常量	ρ	0.05	常量

设置惩罚力度分别为 $P=0.5$，$P=1$，$P=1.5$，实验观察两种合作方式情境与不同惩罚力度下，政府通过合作安全服务，所掌握的中小企业安全生产状态的真实度，实验结果通过违规服务机构数量占比表征，以此说明治理系统的运行效果。结果如图 4-3、图 4-4 所示。

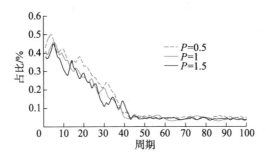

图 4-3 第一种合作方式下不同惩罚力度下的服务机构违规占比

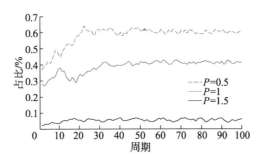

图 4-4 第二种合作方式下不同惩罚力度下的服务机构违规占比

由图 4-3、图 4-4 对比可以得到以下结论：

（1）实验发现在第一种合作方式下，无论在惩罚力度偏低还是惩罚力度较高的情境下，选择违规行为的服务机构数量都明显偏低，仅占 5％左右。剖析发现，这是由于在第一种合作方式下，安全服务机构所获取的业务数完全依赖于安监政府。如果被安监政府选中，安全服务机构可以获取稳定的业务数量，而一旦被发现违规，不仅会被惩罚，还意味着后期不再拥有盈利机会。这是得不偿失的，因此除了风险偏好较高的服务机构"铤而走险"，大部分服务机构都选择如实向安监政府反馈，拒绝违规。

（2）实验发现在第二种合作方式下，当惩罚力度偏低时，选择违规合谋的服务机构占比在 60％左右，明显偏高。随着惩罚力度上升，违规占比逐渐下降。$P=1$ 时，违规占比只降到 40％左右；当 $P=1.5$ 时，违规占比迅速降到 10％以下。剖析发现，这是由于在第二种合作方式下，安全服务机构的业务数量主要取决于中小企业的意愿，但大多数的中小企业并不愿认真执行安全生产要求，而多寻求愿意与已合谋的服务机构进行合作，即倾向于通过合谋来获取虚假的安全报告糊弄政府。并且，即使一个服务机构拒绝合谋，企业仍然能够找到第二家、第三家愿意合谋的服务机构。服务机构能否在市场中获利完全取决于中小企业，因此当惩罚较低时，服务机构为了获取业务和利润也就愿意迎合企业，愿意接受中小企业发出的合谋请求，配合中小企业，违规帮助中小企业出具不实的安全状态报告。而当惩罚力度加到一定的程度时，中小企业和服务机构才会有所畏惧，因为惩罚是加诸中小企业和服务机构双方的。中小企业出于对惩罚的畏惧加之系统内中小企业寻求愿意配合的服务机构较困难，会收敛合谋请求，服务机构同样会收敛违规行为，此时安监政府才更可能获得真实的中小企业安全状态报告。

（3）对比结果发现，虽然第一种方式中，安监政府要花费一定成本搜寻安全服务机构、购买服务，但其后期花费的监管成本则相对较低。在第二种方式中，安监政府虽不需花费成本购买安全服务，但需花费较高的市场监督成本以确保安全服务报告的真实性。一方面表明，在安全监管合作的过程中，安监政府不能完全"甩锅"，对服务机构检查中小企业安全状态完全听之任之，而需付出一定的成本确保服务机构能真实呈现中小企业的安全状态；另一方面，安监政府为保证服务报告真实性也需选择适宜的策略。在目前安全服务发展还不完善的状态下，安监政府选择第一种方式更有利于掌握真实的中小企业安全状态。而当后期安全服务发展完善，各类市场监督措施保障完全的状态下，安监政府可以尝试第二种方式，利用更有效的市场监督机制动态高效地掌握中小企业的安全状态。

第5章 安全服务购买的差异性政府干预效果实验研究

当安全监管不断加强，安全生产要求不断提升，有越来越多的中小企业愿意积极进行安全生产（产生了安全生产的动力）。但中小企业长期处在安全生产落后状态，因此在进行安全生产时需付出更高的安全成本，这在无形中增加了运营成本并降低了企业的行业竞争力，加之规模、人力、经济实力的限制，也为其安全生产带来更多困难。安全能力的限制将反过来制约中小企业的安全生产动力和行为。由此，通过购买安全服务来提升中小企业安全生产能力就至关重要。而如何通过安全服务的购买来提高中小企业安全生产能力就是一个亟须解决的关键问题。事实上，若安全生产服务的购买方式不当，不仅会损害中小企业提高安全能力的热情，而且会成为中小企业的累赘。现实中发现，安全服务购买方式也确实存在差异，这种差异主要集中在政府的干预差异上。如在某些地区，政府对于企业购买安全服务给予充分自由。而在另外一些地区，政府则会进行干预，干预方式包括对安全服务质量进行监管，对优质的安全服务机构进行鼓励等。因此，本书将通过对中小企业购买安全服务的差异性政府干预方式的设置，通过设计不同的情境实验，重点关注中小企业通过购买安全服务提升安全生产能力的实际效果（通过安全服务水平和购买服务企业数量来表征），以此反推出有助于中小企业安全生产水平提升的安全服务购买方式。

5.1 实验模型基本构建

从微观上看，安全服务交易是一个由中小企业购买服务、服务机构提供服务这两类活动构成的交易子系统。从宏观上看，安全服务购买活动又是一个由无数微观子系统持续运转组成的大复杂系统。系统环境的复杂性及交易主体间信息的不完备性、经验驱动的行为偏差与架构效应及要素间的非线性关联，都使该系统演化具有不稳定性与多态均衡。故应用计算实验方法，从动态和有限理性视角构建基于异质主体的可控可复现的中小企业安全服务购买方式模型，以揭示差异性方式下的影响。从现实中抽象模拟中小企业安全服务的交易过程，其中所涉及的相关主体为中小企业（Fagent）、安全服务机构（Sagent）与安监政府（Gagent）。其互动关系表现为：Sagent 提供安全服务，Fagent 做出是否购买安全服务的行为决策，当购买到劣质安全服务时，Fagent 面临安全事故风险。Gagent 针对劣质服务进行干预，不同干预行为对中小企业的安全服务购买行为产生不同影响。具体交互流程如图 5-1 所示。

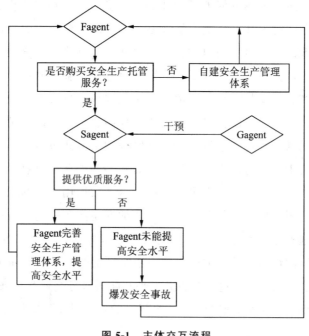

图 5-1　主体交互流程

5.2　实验主体行为刻画

5.2.1　企业购买安全服务行为决策设计

系统构建 m 个企业（Fagent），每个 Fagent 都面临是否购买安全服务的决策。Fagent 既可自主完成安全生产相关工作即采取不购买服务策略 j_1，也可寻找专业的安全生产服务机构购买其提供的安全生产专业服务，即采取购买服务策略 j_2。当采取不购买服务策略 j_1 时，Fagent 为达到安监要求的安全要求需付出一定的安全成本。当采取购买服务策略 j_2 时，Fagent 虽节约了安全成本，但因市场信息不对称，存在购买劣质服务导致安全生产水平并未提升的风险。Fagent 在两种策略下的收益函数为 $U_i(j_j),(j=1,2)$。

$$U_i(j_1) = F(s_t) - C(s_t) \tag{5-1}$$
$$U_i(j_2) = F(s_t) - P(s_t) - \beta D \tag{5-2}$$

其中 $F(s)$ 表示企业安全收益，包括安全减损收益 $L(s)$ 和安全增值收益 $I(s)$。减损收益表示安全水平 s 提高，企业人身财产损失减少。增值收益表示安全水平 s 提高，设备使用寿命延长、产品质量突破、生产效率提高。

$C_{\text{Fagent}}(s)$ 表示安全成本，安全水平 s 越高，所需成本 C 越大。分别采取 $L(s)$，$I(s)$ 进行表示，其中，L，l，I，i，L_0，C，C_0 均为统计常数。若购买的安全服务未能提高企业安全生产水平，则 Fagent 存在发生安全事故的风险。其中当 $\beta=1$ 时，表示发生了安全事故，当 $\beta=0$ 时，表示未发生安全事故。$P(s)$ 表示购买安全生产服务的服务价格，D 表示 Fagent 承受的安全事故损失。

$$L(s) = L \cdot \exp(l/s) + L_0 \qquad (L>0,l>0,L_0>0) \tag{5-3}$$
$$I(s) = I \cdot \exp(-i/s) \qquad (I>0,i>0) \tag{5-4}$$
$$C_{\text{Fagent}}(s) = C \cdot \exp[C/(1-s)] + C_0 \qquad (C>0,C_0<0) \tag{5-5}$$

现实中，企业不了解安全生产托管服务机构的策略选择，因此作为一个具有适应性行为和学习能力的自然决策主体，将根据历史策略所带来的收益及对未来的预期等要素适当调整自身策略。本章将采取 EWA 学习算法对企业行为进行刻画。EWA 算法假设每个策略都有一个数值化的吸引力指数，并通过一定的规则决定选择每个策略的概率，其具体更新公式如下：

$$N_{\text{Fagent}}(t) = \rho N_{\text{Fagent}}(t-1) + 1 \tag{5-6}$$

$$A_{\text{Fagent}_i}^{j_j}(t) = \frac{N_{\text{Fagent}}(t-1)\varphi A_{\text{Fagent}_i}^{j_j}(t-1) + [\partial + (1-\partial)I_{\text{Fagent}}(j_j)]U_i(j_j)}{N_{\text{Fagent}}(t)}$$

$$\tag{5-7}$$

式（5-6）、式（5-7）中，$N_{\text{Fagent}}(t)$ 表示经验权重，ρ 表示过去经验的折现因子，$A_{\text{Fagent}_i}^{j_j}(t)$ 表示策略 $j_j(j=1,\ 2)$ 对 Fagent 的吸引力指数，该数值越大就越有可能采取该策略，φ 表示过去吸引力指数的折现因子。$U_i(j_j)$ 表示 Fagent 的预期收益，Fagent 将根据所处状态更新对应收益。∂ 是未选策略支付或机会成本的折现因子，∂ 越大表明该个体更重视该策略或对该策略的预期越高；$I_{\text{Fagent}}(j_j)$ 为示性函数，$I_{\text{Fagent}}(j_s)=1$ 时表示采取该策略，此时则有：

$$A_{\text{Fagent}_i}^{j_j}(t)=\frac{N_{\text{Fagent}}(t-1)\varphi A_{\text{Fagent}_i}^{j_j}(t-1)+U_i(j_j)}{N_{\text{Fagent}}(t)} \tag{5-8}$$

当 $I_{\text{Fagent}}(j_j)=0$ 时表示不采取该策略，则有：

$$A_{\text{Fagent}_i}^{j_j}(t)=\frac{N_{\text{Fagent}}(t-1)\varphi A_{\text{Fagent}_i}^{j_j}(t-1)+\partial U_i(j_j)}{N_{\text{Fagent}}(t)} \tag{5-9}$$

EWA 算法中，吸引力指数将决定每个策略被选择的概率。吸引力指数越高表明该策略被选择的可能性越高。本章采用 logit 反应函数表述 Fagent 选择策略 j_j 的概率，式（5-10）中 λ 用来衡量吸引力指数在决策中的敏感度。当 $j=1$ 时，表示企业 i 在 $t+1$ 期具有 $\text{Prob}_i^{j_1}(t+1)$ 概率选择不购买服务策略 j_1。当 $j=2$ 时，表示企业 i 在 $t+1$ 期具有 $\text{Prob}_i^{j_2}(t+1)$ 概率选择购买服务策略 j_2。

$$\text{Prob}_i^{j_j}(t+1)=\frac{\exp(\lambda A_{\text{Fagent}_i}^{j_j}(t))}{\sum\limits_{j=1}^{2}\exp(\lambda A_{\text{Fagent}_i}^{j_j}(t))} \tag{5-10}$$

当购买到劣质安全生产服务时，Fagent 的安全生产水平未提升，此时 Fagent 存在一定的安全事故发生概率。Fagent 安全生产水平 $s_t(s_t<1)$ 越低其爆发事故的可能性就越高，为更好地体现事故的偶然性，模型采用轮盘赌注方式模拟事故爆发。具体操作如下：

① 第一步：据 Fagent 安全生产水平 s_t 确定其安全状态，如表 5-1 所示；

② 第二步：生成随机数 $R=\text{random}(0,\ 1)$；

③ 第三步：将 R 与 s_t 进行比较。当 $R\leqslant s_t$ 时，不发生事故；当 $s_t\leqslant R<1$ 时，事故发生。

表 5-1　Fagent 安全状态表

状态	安全	不安全
概率	s_t	$1-s_t$
累计概率	s_t	1

5.2.2　安全服务机构提供安全服务行为决策设计

安全服务机构（Sagent）旨在为企业（Fagent）提供专业的安全服务以提升企业安全能力和安全生产水平。然而 Sagent 为 Fagent 提供服务是市场行为，Sagent 作为自负盈亏的市场主体，其主要目的是获取更大利润。实验初始，系统构建 n 个 Sagent，每个 Sagent 每期取得的总利润由单笔业务利润及业务量决定。理论上，总利润大小与单笔业务成本成反比，与单笔业务利润额及业务量成正比。其中，Sagent 提供的服务质量越高，其业务成本也越高，单笔业务利润额将相应降低。由此，Sagent 具有提供低质服务动机。但总利润大小不仅受单笔业务利润影响，亦受业务数量影响，因市场信息的不对称，Sagent 难以判断如何决策能吸引更多的业务以实现利润最大。故 Sagent 将根据市场变化和往期利润经验，在每一周期中不断调整自己行为决策。同样采取 EWA 学习算法对 Sagent 行为决策进行刻画。其中 Sagent 提供安全生产托管服务的决策为三种：提高安全服务质量；保持安全服务质量不变；降低安全服务质量。这三种决策对应预期收益函数为 $\pi_i(k_j)$，$(j=1，2，3)$，依次分别为：

$$\pi_i(k_1)=T(s^+) \cdot Q(s^+)-\theta \cdot IV \tag{5-11}$$

$$\pi_i(k_2)=T(s) \cdot Q(s)-\theta \cdot IV \tag{5-12}$$

$$\pi_i(k_3)=T(s^-) \cdot Q(s^-)-\theta \cdot IV \tag{5-13}$$

其中 $T(s^+)$，$T(s)$，$T(s^-)$ 分别为提高、不变和降低服务质量所获当期市场业务量。$Q(s^+)$，$Q(s)$，$Q(s^-)$ 分别为提高、不变和降低服务质量所获单笔业务利润。当 $\theta=1$ 时，表示政府干预，当 $\theta=0$ 时，表示政府未干预。IV 为政府干预值。假设 s^- 为政府干预质量上限，当 $s<s^-$ 时，Sagent 受到干预值 IV 的惩罚。当 $s>s^-$ 时，Sagent 受到干预值 IV 的奖励。假设 Sagent 每次提供安全服务使 Fagent 安全水平达到 s，则其每笔业务取得的利润表示为 $Q(s)=P(s)-C_{\text{Sagent}}(s)$，其中 $P(s)$ 表示 Sagent 的服务价格。

$C_{\text{Sagent}}(s)$ 表示 Sagent 付出的业务成本，提供的服务质量越低则所需的业务成本也越低，$C_{\text{Sagent}}(s) = C \cdot \exp[C/(1-s)] + C_0$。采取的学习算法更新公式如下：

$$N_{\text{Sagent}}(t) = \rho N_{\text{Sagent}}(t-1) + 1 \tag{5-14}$$

$$A^{k_j}_{\text{Sagent}_i}(t) = \frac{N_{\text{Sagent}}(t-1)\varphi A^{k_j}_{\text{Sagent}_i}(t-1) + [\partial + (1-\partial)I_{\text{Sagent}}(k_j)]\pi_i(k_j)}{N_{\text{Sagent}}(t)} \tag{5-15}$$

式 (5-14)、式 (5-15) 中，$N_{\text{Sagent}}(t)$ 表示经验权重，$A^{k_j}_{\text{Sagent}_i}(t)$ 表示策略 $k_j(j=1,2,3)$ 对 Sagent 的吸引力指数。$\pi_i(k_j)$ 表示 Sagent 的预期收益。$I_{\text{Sagent}}(k_j)$ 为示性函数，$I_{\text{Sagent}}(k_j) = 1$ 时表示采取该策略，此时则有：

$$A^{k_j}_{\text{Sagent}_i}(t) = \frac{N_{\text{Sagent}}(t-1)\varphi A^{k_j}_{\text{Sagent}_i}(t-1) + \pi_i(k_j)}{N_{\text{Sagent}}(t)} \tag{5-16}$$

当 $I_{\text{Sagent}}(k_j) = 0$ 时表示不采取该策略，则有：

$$A^{k_j}_{\text{Sagent}_i}(t) = \frac{N_{\text{Sagent}}(t-1)\varphi A^{k_j}_{\text{Sagent}_i}(t-1) + \partial\pi_i(k_j)}{N_{\text{Sagent}}(t)} \tag{5-17}$$

同样采用 logit 反应函数表述 Sagent 选择策略 k_j 的概率，式 (5-18) 中 λ 用来衡量吸引力指数在决策中的敏感度。当 $j=1$ 时，表示服务机构 i 在 $t+1$ 期具有 $\text{Prob}^{k_1}_i(t+1)$ 概率选择策略 k_1，即提高安全生产托管服务质量；当 $j=2$ 时，表示服务机构 i 在 $t+1$ 期具有 $\text{Prob}^{k_2}_i(t+1)$ 概率选择策略 k_2，即安全生产托管服务质量不变；当 $j=3$ 时，表示服务机构 i 在 $t+1$ 期具有 $\text{Prob}^{k_3}_i(t+1)$ 概率选择策略 k_3，即降低安全生产托管服务质量。

$$\text{Prob}^{k_j}_i(t+1) = \frac{\exp(\lambda A^{k_j}_{\text{Sagent}_i}(t))}{\sum_{j=1}^{3}\exp(\lambda A^{k_j}_{\text{Sagent}_i}(t))} \tag{5-18}$$

现实中，安全服务机构存在一定的概率退出市场，考虑到现实中其退出的原因很复杂，因此本模型为模拟做出高度简化。在模型中，当 Sagent 满足以下条件之一时，表明 Sagent 被迫退出市场：

① 当 Sagent 连续 T 期实际收益小于 0 时，即 $\pi_i \leqslant 0$ 时，退出市场；

② 模型设置每个 Sagent 拥有固定资产数 $GT(t)$，其总资产 $KT(t)$ 为固

定资产数加上每期利润数，即 $KT(t)=GT(t)+\sum\pi$。在周期 t 中，Sagent 债务（即被惩罚金额 $\sum IV_{\text{punishment}}$）超过现有总资产 $KT(t)$ 的一个给定比例 k，即 $\sum IV_{\text{punishment}}/KT(t)>k$ 时，Sagent 因资不抵债而破产。

伴随着周期内一定数量的 Sagent "死亡"，亦有新的 Sagent 进入市场。在模型中，假设新 Sagent 加盟与否取决于整个行业平均利润。每周期中，随机产生若干个有加盟意愿的服务机构，整个行业平均利润越高，这些服务机构加盟可能性越大。

5.2.3 政府干预行为决策设计

虽然购买安全服务是企业自发行为，政府无权干涉企业是否购买及购买哪家机构的服务。但不同于普通的消费者市场，安全服务效果具有严重的滞后性和信息不对称特征，加之安全事故的复杂性，很难通过普通商业合同分清权责，这既使企业难以识别服务质量，也使其对服务效果追责造成困难。这为服务机构提供劣质的安全服务提供了机会，服务机构一旦提供劣质服务，不仅会使企业遭受不必要损失，也不利于安全服务的公平竞争。因此，在该系统中设置一个监管部门（Gagent），并引入政府干预措施，以实验政府干预的影响。

根据相关文献和现实情境，对政府干预行为高度简化和概括为政府惩罚、政策奖励、质量评级三种。政府惩罚行为具体表现在：Gagent 对系统内 Sagent 的服务质量进行检查，设置惩罚服务质量上限即标准 s_p，当发现 Sagent 提供的安全生产托管服务质量低于标准 s_p 时，对其惩罚。政策奖励行为表现在：Gagent 设置政策奖励服务质量下限 s_r，对系统内服务质量高于 s_r 的 Sagent 将实行政策奖励。质量评级行为表现在：Gagent 定期检查 Sagent 服务质量，并据此对所有 Sagent 进行质量评级。Fagent 能观察到质量评级结果并据此了解 Sagent 服务质量。通过设置相关参数情境，分别实验不同干预行为对中小企业购买安全服务及安全服务水平的影响。

5.3 差异性政府干预的效果实验与结果分析

根据以上假设和情境设定，下文将模拟 Gagent 每期检查系统中 Sagent

的服务质量，并据此分别采取惩罚、奖励两种干预措施，实验差异性的政府干预下，中小企业通过安全服务购买提升安全生产能力的效果（通过安全服务水平和购买服务企业数量来表征）。

5.3.1 实验一：引入政府惩罚的效果实验

首先生成实验样本 Fagent 1000 个、Sagent 20 个、Gagent 1 个。Sagent 具有初始服务水平 s_0，其中 $s_0 \in (0，1)$。Gagent 对 Sagent 的服务质量进行检查，s_p 为 Gagent 惩罚服务质量上限即惩罚标准，当发现 Sagent 的安全生产服务质量低于标准 s_p 时，对其惩罚。β 表示惩罚力度系数，惩罚力度系数越大则惩罚数越高，设置 $Income_{Sagent}$ 为 Sagent 当期收益，则惩罚值 $IV_{punishment}$ 表示为 $IV_{punishment} = \beta \cdot Income_{Sagent}$。

通过设置三组实验，比较中小企业通过安全服务的购买提升安全生产能力的效果。其中第一组实验分别设置有、无政府惩罚两种情境，对比在引入和未引入政府惩罚的情境下，整体服务质量的演化情况及选择购买安全服务的中小企业数量变化。第二组实验进一步验证在引入政府惩罚后，不同惩罚标准的影响。第三组实验验证在引入政府惩罚后，不同惩罚力度的影响。

实验 1.1 有、无政府惩罚情境下，安全服务质量演化及选择购买安全服务的企业数占比

在无（未引入）政府惩罚情境中，去除 Gagent 相关活动。在有（引入）政府惩罚情境中，加入 Gagent 相关活动，同时设置惩罚力度 $\beta = 0.8$，政府惩罚安全生产托管服务质量上限即惩罚标准 $s_p = 0.6$。实验结果如图 5-2、图 5-3 所示。

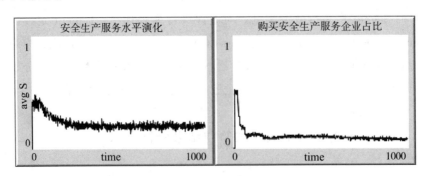

图 5-2　未引入政府惩罚情境

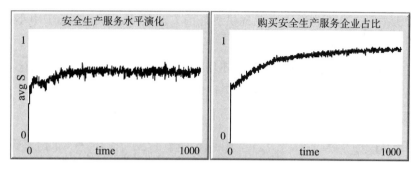

图 5-3　引入政府惩罚情境

结果分析：未引入政府惩罚时，安全生产服务平均质量稳定在 0.2 左右，质量偏低，此时购买安全服务的企业数量占总数 10％ 左右，购买数较少。引入政府惩罚时，安全生产服务平均质量稳定在 0.7 左右，整体质量较高，此时购买安全服务的企业数不断攀升，并最终稳定在 80％ 左右，购买数明显上升。可知，当引入政府惩罚措施后，服务质量明显上升，而服务质量的上升能有效推动企业购买安全服务，并由此实现良性发展。

实验 1.2　惩罚力度一定时，不同惩罚标准下，安全服务质量演化

加入 Gagent 相关活动基础上，设定惩罚力度 $\beta=0.8$ 不变。分别对政府惩罚服务质量上限即惩罚标准取值 $s_p=0.3$，0.6，0.8。实验结果如图 5-4 所示。

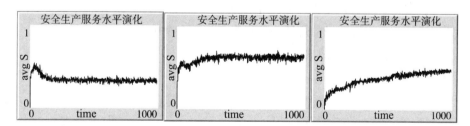

图 5-4　惩罚标准 0.3，0.6，0.8 情境下安全生产服务质量演化

结果表明，当惩罚标准为 0.3 时，安全服务平均质量稳定在 0.4 左右。当惩罚标准为 0.6 时，安全服务平均质量稳定在 0.7 左右。当惩罚标准为 0.8 时，安全服务质量缓慢上升到 0.5 左右。可知，惩罚标准不可制定过低，但也并非越高越好。当 Gagent 惩罚标准 s_p 过高时，大部分 Sagent 难以在短期内大幅提高服务质量，亦即当政府采取惩罚策略时，所制定的惩罚标准应符合多数服务机构现状，这样才能真正有效激励服务机构提高安

全服务质量，从而为中小企业提供更好的安全服务，真正有助于中小企业安全能力和安全水平的提升。

实验1.3　惩罚标准一定时，不同惩罚力度下，安全服务质量演化

加入 Gagent 相关活动基础上，设定政府惩罚标准 $s_p=0.6$ 不变。分别对惩罚力度系数取值 $\beta=0.1$，0.8，1.5。实验结果如图 5-5 所示。

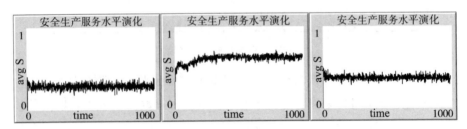

图 5-5　惩罚力度 0.1，0.8，1.5 情境下安全生产服务质量演化

结果表明，当惩罚力度为 0.1 时，安全服务平均质量稳定在 0.3 左右。当惩罚力度为 0.8 时，安全服务平均质量稳定在 0.7 左右。当惩罚力度为 1.5 时，安全服务平均质量稳定在 0.4 左右。可知，惩罚力度过低和过高都不利于促进安全生产服务质量的提高。当惩罚力度过低时，安全服务质量持续偏低，政府监管未能起到积极作用。当惩罚力度过高时，服务机构因压力过大而呈现消极状态，也不利于安全服务质量提高。可见，当采取惩罚策略时，应设置适当的惩罚力度以有效促进安全生产服务质量提高。

5.3.2　实验二：引入政策激励的效果实验

生成实验样本 Fagent 1000 个、Sagent 20 个、Gagent 1 个。Sagent 具有初始服务水平 s_0，其中 $s_0\in(0,1)$。假设 Gagent 对市场中服务质量高于 s_r 的 Sagent 提供政策奖励，s_r 为政府奖励服务质量下限。奖励值 IV_{reward} 表示为 $IV_{reward}=\alpha\cdot(s_t-s_r)\cdot\dfrac{Income}{m}$，其中 α 为奖励力度系数，$Income$ 为所有服务机构的加总收益，$Income/m$ 为平均收益。服务机构提供的安全服务质量 s_t 越高其所获政策奖励值越高。

同样设置三组对比实验，得出政策奖励下，中小企业通过安全服务的购买提升安全能力的效果。第一组实验分别设置有、无政策奖励两种情境，对比两种情境下，安全服务质量的演化情况及选择购买安全服务的中小企业数量变化。第二组实验进一步验证在引入政策奖励后，不同奖励标准的影响。第三组实验验证不同奖励力度的影响。

实验 2.1　有、无政策奖励两种情境下，安全服务质量演化及购买安全服务的企业数量占比

在无（未引入）政策奖励情境中，去除 Gagent 相关活动。在有（引入）政策奖励情境中，加入 Gagent 相关活动，同时设置奖励力度系数 $\alpha=3$，政府奖励服务质量下限即奖励标准 $s_r=0.3$。实验结果如图 5-6、图 5-7 所示。

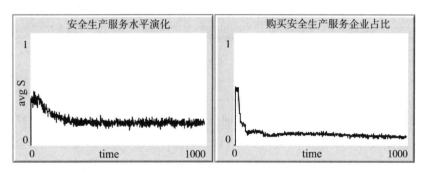

图 5-6　未引入政策奖励情境

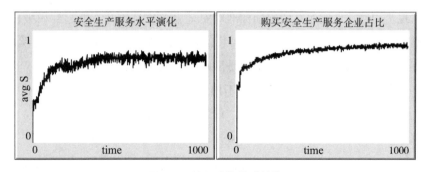

图 5-7　引入政策奖励情境

结果表明，未引入政策奖励时，安全生产服务平均质量稳定在 0.2 左右，质量偏低，此时购买安全服务的企业数占总数的 10% 左右，购买数较少。当引入政策奖励时，安全服务平均质量稳定在 0.8 左右，整体质量较高，此时购买安全服务的企业数量较多，稳定在 90% 左右。可知，引入政策奖励措施后，安全服务质量明显上升，再次证明了安全服务质量提高能有效拉动安全服务的需求增长，有利于安全服务积极发展。

实验 2.2　奖励力度系数一定时，不同奖励标准下，安全服务质量演化

加入 Gagent 相关活动基础上，设定奖励力度系数 $\alpha = 1.5$ 不变。分别对政府政策奖励标准取值 $s_r = 0.3$，0.6，0.8。实验结果如图 5-8 所示。

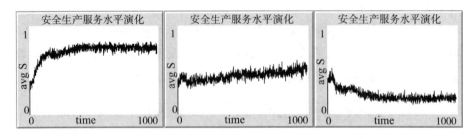

图 5-8　奖励标准分别为 0.3，0.6，0.8 情境下安全服务质量演化

结果表明，当奖励标准为 0.3 时，安全服务平均质量稳定在 0.8 左右。当奖励标准为 0.6 时，安全服务平均质量稳定在 0.6 左右。当奖励标准为 0.8 时，安全服务平均质量 0.2 左右。可知，奖励标准制定过高无法影响安全服务质量。这是由于当奖励标准过高时，大部分服务机构难以达到其要求，此时奖励值 IV_{reward} 未能对服务机构起到正向作用，即奖励政策是无效的。此结果也与现实相符，说明过高的奖励标准对安全服务质量提升不能起到积极作用。当奖励标准设置较低时，受奖励值 IV_{reward} 函数影响，安全服务质量与奖励值成正向相关，由此奖励标准越低越易激励安全服务质量的提高。

实验 2.3　奖励标准一定时，不同奖励系数下，安全服务质量演化

加入 Gagent 相关活动基础上，设定奖励标准 $s_r = 0.6$ 固定不变，分别对奖励力度系数取值 $\alpha = 0.5$，1.5，3。实验结果如图 5-9 所示。

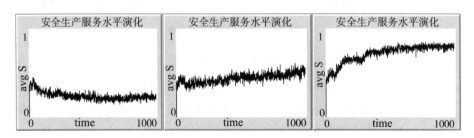

图 5-9　奖励力度系数分别为 0.5，1.5，3 情境下安全服务质量演化

结果表明，当奖励力度为 0.5 时，安全服务平均质量稳定在 0.2 左右。

当奖励力度提高到 1.5 时，安全服务平均质量随之增高，稳定在 0.6 左右。当奖励力度提高到 3 时，安全服务平均质量继续增高，稳定在 0.8 左右。实验结果可知，当奖励力度过小时，安全服务质量未能达到预期效果，此时政策奖励无效。只有当奖励力度达到一定比重时，政策奖励才能发挥作用，且奖励力度越大越能激励安全服务质量提高。这是由于过低的奖励力度导致服务机构获得政策奖励值过低，其带来的利润额无法抵消提高服务质量所花费的高额成本。奖励力度越大，服务机构提高安全服务质量所得的政策奖励值越大，当达到一定比重时，服务机构提高安全服务质量的动力将会显著增强，从而促进安全服务质量的全面提高。此结果也与现实相符。

由上述分析可知，政府干预对安全服务质量具有重要影响。当政府干预安全服务质量后，安全服务质量明显上升，且良好的安全服务质量能够刺激更多的中小企业选择购买安全服务，并由此促使购买安全服务成为中小企业提升自身安全能力的重要渠道。尤其在目前中小企业安全生产能力较差的情境下，政府对安全生产服务质量进行干预不仅符合中国国情和企业发展需求，也符合在市场失灵情况下政府的职能定位。然而政府干预需讲究策略和技巧，演化实验结果表明，实施惩罚策略需设置适当的惩罚质量标准和惩罚力度。其中惩罚质量标准过高和过低，都难以达到刺激服务机构提高服务质量的目的。同样，惩罚力度过小或过大，也会导致政府惩罚无法起到积极作用，不利于安全服务质量的提高。可见，只有制定的惩罚质量标准和惩罚力度符合多数服务机构的专业能力和实力现状，才能真正高效激励服务机构提高安全服务质量。

其次，当政府对质量较高的服务机构采取政策激励策略时，同样需要设置适当的奖励质量标准和奖励力度。如果奖励质量标准制定过高，将导致大部分服务机构难以达到要求，此时政策奖励难以起到正向作用，因此需要将奖励质量标准降低，让服务机构感受到提高安全服务质量能得到政府的奖励回报，从而受到激励更好提升服务质量。同时，奖励力度不可设置过小，若奖励力度过小，其带来的利润额无法抵消提高服务质量所花费的成本额，即达不到激励安全生产服务质量提升的预期效果。因此需使奖励力度达到一定比重，当服务机构提高安全生产服务质量所得到的政策奖励值越大，其提升安全服务质量的动力将显著增强，政策奖励才能发挥作用。

下　卷

"政府+核心企业"治理视角

第 6 章 核心企业参与中小制造供应商安全生产治理行为及其特征的文本分析

根据前面的文献讨论，本章将运用文本分析方法，从现实的网页案例资料中剖析探明目前核心企业参与供应链中小制造供应商安全生产治理行为的现状，包含治理行为的分类、行为特征、治理结果、治理策略等。本章拟概述核心企业参与中小制造供应商安全生产治理行为的实践现状，明晰核心企业积极参与安全生产治理并有效提升中小制造供应商安全生产水平的重要性和可行性。

6.1 网页资料爬取

因为尚没有清晰解释核心企业参与中小制造供应商安全生产治理行为内涵和特征的直接材料，同时间接资料较为分散且繁杂，所以本书运用数据挖掘方法，广泛爬取核心企业参与供应链安全生产治理的相关网页资料。数据挖掘指在没有明确假设的前提下运用计算机技术大量挖掘信息、发现知识，本质上是实验性的。通过这种方式搜集的数据具有容量大、可变性强等特征，便于作进一步的文本分析。文本分析是指将定量分析和定性解读结合，有助于发现问卷、访谈等研究方法发现不了的隐藏在文本背后的现象与原因。文本分析法最初主要应用于情报学和信息科学，现在逐渐发展成为现代社会科学领域的重要研究方法。例如，吴建祖和毕玉胜（2013）以公司年报和领导公开讲话为分析文本进行单案例研究，探索高管团队注意力配置与企业国际化战略选择的关系。肖红军等（2021）基于1978—2019 年中央政府工作报告，探究企业社会责任治理的政府注意力演化。

本书通过 Python 编程，以"核心企业供应链职业健康安全管理""核心企业供应链社会责任治理"等为关键词组从百度网页进行相关信息的爬取，共爬取了 100 个百度网页。

为了保证样本的典型性，本书基于以下标准整理数据：第一，每份网页资料均是供应链安全生产治理相关主题；第二，每份网页资料涉及的企业均为核心企业或其中小制造供应商。所爬取资料均被导入 Nvivo 12 软件中，以便进行资料整理与系统分析。

经整理并删除陈旧、重复、与主题无关的数据，得到 150877 字的原始资料，包括 15 家核心企业案例，约 1500 条语句。除了企业案例资料，还有相关新闻报告、网民评论、专栏文章和学术文章，网页资料类型如表 6-1 所示。

表 6-1　网页资料类型

核心企业类型	基础设施业；通信设备硬件研发生产；综合零售业；乳制品研发生产；高科技材料研发生产；家居零售业；光学与办公设备制造商；综合性电机研发制造；信息技术业；咖啡食品零售业
资料类型	可持续发展报告；供应商行为准则；官网宣传资料；新闻报道；网民评论；专栏文章；学术文章

6.2　核心企业治理行为的特征因素识别

通过爬取文本资料可初步发现，不同核心企业参与供应链中小制造供应商安全生产治理行为的积极程度不同。为充分剖析核心企业治理行为现状，需要识别治理行为的特征并按积极程度将治理行为进行分类。本章参考自主学习理论（Zimmerman，2002），该理论认为，"当学生在元认知、动机、行为三个方面都是一个积极的参与者时，其学习就是自主的"。同时，本章借鉴"认知—动机—策略—结果"理论分析架构（谢清伦等，2019；李燕萍等，2017），开展本章的现状研究。原因在于，核心企业对参与供应链安全生产治理的理念吸收与认同程度不同，从而在决策实行过程中存在差异。在这个意义上，核心企业的治理认知、治理动机与治理策略紧密相关，而治理策略执行的效果又会对治理认知产生一定的反馈效果，形成从"治理认知—治理动机—治理策略—治理结果"的闭环系统。因此，运用该理论分析框架，除了可以较为全面地识别治理行为特征，还可以基于认知、动机、策略和结果特征辨别出治理行为的积极程度，明晰积极治理行为下核心企业的内在构建与外在表现。

待分析的文本中，企业案例资料大多来自企业官网、专栏文章或学术文章，其他资料主要是对供应链社会责任或供应链安全生产问题的探讨。考虑到利用软件对文本自动读取和分词会出现很多缺乏独特性的高频词，比如"企业""行业""管理"等词，所以需要深入阅读研究文本，并对文本资料进行逐句的概括，如表 6-2 所示，这样能最大程度保留文本资料的原意。

表 6-2　一段来自于治理行为积极程度比较高的企业案例的句意概括示例

待分析文本	句意概括 （初始概念概括）
对于我们在供应商工厂开展的每一次评估来说，健康与安全都是其中一个重要部分	重视安全评估
就评估期间发现的任何与《中华人民共和国安全生产行业标准》和《企业安全生产标准化基本规范》相关的不合规情况，我们会通过量身定制的整改措施方案、在线培训材料，以及由环境、健康与安全（EHS）专家提供的能力培养，来帮助相关供应商纠正问题，取得进步	整改措施 在线培训 能力培养
我们与供应商携手，不断寻找或开发新材料及化学品，致力于在评估及寻求安全和可持续替代品方面发挥带头作用，并将影响扩展至自身供应链以外	与供应商携手 寻求安全新材料
要保护供应链内的工作人员，我们就不能只关注最终产品，而是要想得更多，在挑选和管理化学品时，就把产品制造者的完整体验纳入考虑范围	保护供应链员工 产品制造者安全体验
尽管我们要求供应商始终采取严格的安全措施，但更好的方法却是从一开始就选择更加可靠的材料	重视安全措施 选择安全材料

经过资料初筛，可将核心企业对供应链中小制造供应商安全生产的治理行为按积极程度划分为三类，即消极的治理行为、被动的治理行为与积极的治理行为。在通读每一篇文本时，可判断当篇文本的积极程度类型，然后归纳此篇文本的每一条句意，最后针对前文提及的认知、动机、策略与结果四个治理行为特征维度，将文本中符合行为特征维度的高频词（出现次数超过 3 次），总计约 158 个初始概念，按维度进行归纳整理成对应概

念。例如，当归纳出"认识不足、未延伸至供应链、认知迟滞"这些初始概念时，首先根据积极程度将其划分为消极，然后判断以上初始概念属于认知特征，应当归类在"消极行为的认知特征"一栏中，最后进一步抽象以上初始概念为"认知缺失"。各治理行为特征因素的对应概念如表 6-3 所示。

表 6-3 不同治理行为特征因素的对应概念

特征因素	初始概念（句意）	概念
消极行为的认知特征	认识不足、未延伸至供应链、认识迟滞 会增加成本、尚无法顾及、数量众多 公众意识有待加强、制度供给落后、监管机构缺失、媒体披露不够	认知缺失 管理困难 压力不足
消极行为的动机特征	企业的逐利性、追求利润 责任转移、责任转嫁、风险转移	利益至上 安全责任转移
消极行为的策略特征	采购价格趋低、成本压力、价格竞争 零库存、即时交货	低价采购 即时交货
消极行为的结果特征	收益与责任不对称、供应商没有利润空间、加址现象严重、无议价能力 地位不均衡、弱势地位	利益分配不均 地位不等
被动行为的认知特征	政府检查、制度约束、监管力度 社会约束、示范效应 媒体披露、新闻报道、媒体关注 非政府组织呼吁、非政府组织关注 应对不同利益团体、日益增大的压力、行业组织、行业标准、行业守则 反"血汗工厂"运动、消费者抵制	制度监督 公众关注 媒体披露 非政府组织呼吁 外界压力增强 行业组织规定 客户要求
被动行为的动机特征	作出承诺、品牌声誉、有利可图、业绩报告、关注表彰	企业形象 书面荣誉
被动行为的策略特征	未融入发展战略、一旦不满足立即解除合作、无解决方案、无信息披露、无激励方案、未职能分解、管理措施单一 无作为、验厂不认真、管理水平低下	管理措施落后 执行力差
被动行为的结果特征	疲于应付、依然忽视安全、不喜投入、追求短期效益 验厂时弄虚作假、蒙混过关、欺瞒核心企业	供应商敷衍 供应商作假

续表

特征因素	初始概念（句意）	概念
积极行为的认知特征	义利兼顾、认知转变、自身觉醒、增强意识、提升核心竞争力、自律意识、发展需要、资产信誉、责任信念、长远利益投资、战略焦点转移	先进认知
	核心企业培训、政府部门引导、政府主导作用	政府引导
	供应链领导者、主导企业、有能力、制度创新能力、利益相关者沟通能力	治理能力
	领导重视、积极推进、高层承诺和支持、内部沟通、内部认同	高层支持
积极行为的动机特征	纳入战略管理序列、纳入企业战略规划	融入发展战略
	调整策略、重塑治理结构、更新管理程序、创新模式	创新管理策略
	协同发展、共生理念、发展理念	协同共生发展
积极行为的策略特征	战略管理、签订契约、标准化流程制定、按风险程度选择管理方法、多方利益协作机制、制定行为准则、沟通机制、评价机制、激励机制	机制设计
	引入认证、突击检查、标准较高、现场考察、供应商年度评审、安全审计、安全审核	安全评价方式
	不过度追求低价采购、公平公正的采购原则、负责任采购	调整采购策略
	提高供应商能力、加强供应商意识、提升供应商理念、帮助供应商成长、能力建设、传递先进经营理念、提供可借鉴的经验	关注供应商成长
	技能竞赛、协作活动、帮扶活动、利益相关者合作	安全协作活动
	入场培训、现场指导、讨论改进方案、培训和指导、提升报告、改进机会、改进空间、案例培训、研讨会、概念培训	安全培训与指导
	供应商交流会、企业高层互访、工人举报平台、利益相关者沟通	互动反馈
	持续改进融资服务、资金支持、资源支持、技术服务、支持和帮助、提供安全生产资源	资源支持
积极行为的结果特征	链内企业均受益、降本增效、节省供应商成本	降本增效
	降低不达标风险、安全风险降低、避免停产风险	风险降低
	安全健康的工作环境、供应链安全、供应商安全生产、安全提升	安全健康

6.3　核心企业治理行为的划分

在识别出不同治理行为所对应的"认知—动机—策略—结果"四个方面的特征因素之后，需要根据特征因素的积极程度和概念意涵进一步提炼总结出具体的治理行为。此处为了更加精炼地提取每个治理行为的特征因素，需更加抽象地概括特征因素的对应概念，即将特征因素概念提炼为对应范畴，并在此基础上简要阐述特征因素概念与其对应范畴的关系。以下将从认知层面介绍从概念到范畴的提炼过程。

第一，将"认知缺失、管理困难、压力不足"概括为"独善其身"，原因在于核心企业对参与供应链安全生产治理存在认知欠缺，认为安全生产是企业主体和政府监管的责任，认为实施具体的供应链安全生产管理措施难度较大，并且认为外界压力不足。第二，将"制度监督、公众关注、媒体披露、非政府组织呼吁、外界压力增强、行业组织规定、客户要求"概括为"被动责任"，因为此时核心企业感受到参与安全生产治理的外界压力较之前有所增强，开始认为参与供应链中小制造供应商安全生产治理是一项责任或义务；第三，将"先进认知、政府引导、治理能力、高层支持"概括为"义利兼顾"，因为在正确观念的引导下，核心企业把外界期望、自身条件与自身利益结合，将从兼顾道德与利益的角度看待参与供应链中小制造供应商安全生产治理。

具体各特征因素概念提炼出的范畴及概念与范畴间的关系如表6-4所示，其中，认知特征范畴包括独善其身、被动责任和义利兼顾；动机特征范畴包括本企导向、公关导向和战略导向；策略特征范畴包括功利采购、仪式管理和系统管理；结果特征范畴包括权责不对称、道德风险和安全供应链。

表 6-4　特征因素概念与对应范畴的关系

	特征因素概念	特征因素范畴	概念与范畴的关系
认知	认知缺失 管理困难 压力不足	独善其身	对参与供应链安全生产治理存在认知欠缺、认为进行供应链安全生产管理困难度较大，以及外界压力不足，导致企业认为只能独善其身
	制度监督 公众关注 媒体披露 非政府组织呼吁 外界压力增强 行业组织规定 客户要求	被动责任	企业上游供应商环节的发生安全生产问题，导致企业受到政府、媒体、公众、非政府组织、行业组织、客户等利益相关者的压力，企业的信誉、公众形象受到了损失，此时企业认为参与供应链安全生产治理属于一项被动责任
	先进认知 政府引导 治理能力 高层支持	义利兼顾	如果在政府引导下提升了对参与供应链安全生产治理的认知，意识到这不仅仅是自保型的商业策略，而且懂得了如何通过编排资源提高治理能力，则企业能够采取积极进取和前瞻性的态度，并在高层支持下做到义利兼顾
动机	利益至上 安全责任转移	本企导向	核心企业在供应链中握有话语权，议价能力强，当其不顾供应商是否有利润空间提升安全生产，仅以自身经济利益为重时，则其行事动机为本企导向
	企业形象 书面荣誉	公关导向	核心企业易受到外界关注，当企业发现关注供应商安全生产并做出承诺能够树立企业形象和获得荣誉时，则其参与治理是以维护公共关系为导向的
	融入发展战略 创新管理策略 协同共生发展	战略导向	核心企业将参与供应链安全生产治理放在战略高度，希望通过实施管理策略与供应商一道进行围绕安全生产的创新合作，以谋求共生共荣发展，则其行事是以战略为导向的
策略	低价采购 即时交货	功利采购	奉行低价采购及即时交货的采购策略是功利采购
	管理措施落后 执行力差	仪式管理	核心企业参与供应链安全生产治理的管理措施落后，执行力差，例如没有激励方案，对供应商安全生产问题没有解决方案，或者一味加强验厂的严格程度和惩罚力度，则表示其管理策略为仪式管理

续表

	特征因素概念	特征因素范畴	概念与范畴的关系
策略	机制设计 安全评价方式 调整采购策略 关注供应商成长 安全协作活动 安全培训与指导 互动反馈 资源支持	系统管理	核心企业在实施具体的供应链安全生产管理策略之前先进行机制设计，比如激励机制、评价机制、协作机制等，然后实施具体的管理措施，包括采取多种安全评价方式、公平公正地采购、开展安全协作活动，注重培训指导、资源支持和互动反馈，全面关注供应商安全成长
结果	利益分配不均 地位不等	权责不对称	核心企业在供应链中具有强势地位，相比供应商议价能力更强，因此核心企业与供应商权责不对称，即利润更低的供应商承担了更多的供应链安全生产责任，但是由于利润空间有限，供应商提升安全生产的能力不足，导致安全生产水平不高
	供应商敷衍 供应商作假	道德风险	供应商追求短期投入，在安全投入方面行为敷衍甚至欺骗核心企业，隐瞒自身真实的安全生产状况，导致整个供应链安全生产风险增加。这种情形可以概括为道德风险
	降本增效 风险降低 安全健康	安全供应链	通过系统全面的供应链安全生产管理措施，核心企业与供应商生产成本降低、效率增加、风险降低、各节点企业安全和职业健康水平增加，说明供应链安全高效

接着，按照"认知—动机—策略—结果"四个方面特征因素范畴的积极程度和内涵总结提炼核心企业参与中小制造供应商安全生产治理行为的类型。综合考虑下，本书将具有独善其身认知、本企导向动机、功利采购策略和权责不对称结果特征的供应链安全生产治理行为划分为"逃避型逐利行为"；将具有被动责任认知、公关导向动机、仪式管理策略、道德风险结果特征的治理行为划分为"被动型关注行为"；将具有义利兼顾认知、战略导向动机、系统管理策略、安全供应链结果特征的治理行为划分为"战略型合作行为"。图 6-1 直观呈现了治理行为特征因素和治理行为之间的关系、三种治理行为的递进关系，以及认知、动机、策略、结果四个方面特征因素的进化与转化关系。

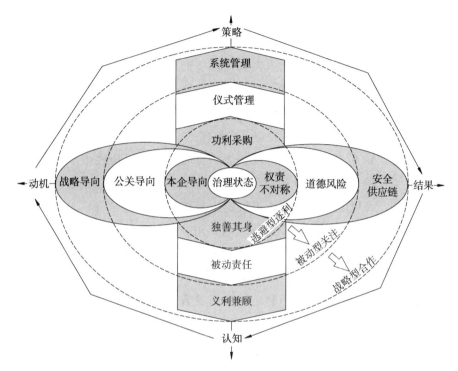

图 6-1　核心企业参与中小制造供应商安全生产治理行为及其特征的概念模型

6.4　核心企业治理行为及其特征概念模型阐释

6.4.1　逃避型逐利行为及其特征

逃避型逐利行为是指核心企业逃避供应链安全生产治理责任，选择独善其身，以企业自身利益为导向，并且采取功利性采购策略的消极的治理行为。有逃避型逐利行为的核心企业占据供应链主导地位、获取了大部分的供应链利益，却将安全生产责任通过外包转移给其上游广大中小制造供应商。因为利润空间低，权责不对称，中小制造供应商安全投入不足，安全生产水平低。下面将详细阐述逃避型逐利行为下的"认知—动机—策略—结果"特征，以全面展示该行为的内涵与特点。

文本资料中处于逃避型逐利行为的核心企业，有的虽然自身安全生产水平比较高，但是与供应商交往过程中只关注产品的价格、质量、工艺和交货期，认为安全生产是单个企业的主体责任，核心企业没有义务也没有权力干涉。这样的核心企业缺乏参与供应链中小制造供应商安全生产治理的责任意识，认为只用管好企业内部的职业健康和安全生产，不需要把安全管理范围扩大到供应链，也不需要把供应商的职业健康安全管理纳入核心企业自身的发展战略。此外，核心企业各类供应商规模巨大，其中中小制造供应商数量也较多，因此核心企业认为自身缺乏适当的能力和动机来参与供应链中小制造供应商的安全生产治理。

在上述认知下，核心企业将以企业自身为导向，以牺牲中小制造供应商的利益为代价，实现自身利益最大化。例如，强势的核心企业将超时加班、高污染、高风险的工作推给供应链上的中小制造供应商。另外，面对弱势的中小制造供应商，核心企业采取实用主义采购策略，将采购价格压至最低，并要求供应商尽快交货。中小制造供应商通常处于激烈的市场竞争中，为了从核心企业获得订单，必须尽量满足核心企业的要求，降低成本与追赶交货期。因此，中小制造供应商没有足够的利润空间和时间来改进其安全生产状况。供应链上游的中小制造供应商往往比供应链下游的核心企业承担更多的职业健康与安全生产风险，但前者的地位和经济效益低于后者。核心企业和中小制造供应商在企业地位、职业健康安全责任承担和利益分配方面的不对称，导致中小制造供应商安全生产投入不足，安全生产水平提升困难。

6.4.2　被动型关注行为及其特征

被动型关注行为是指核心企业迫于日益增大的外部压力，出于回应利益相关者要求、维护公共关系的动机，被动参与供应链中小制造供应商的安全生产治理，但由于仅采取仪式性管理，管理措施落后、执行力不强，供应链安全生产道德风险问题时有发生，中小制造供应商的安全生产水平并未得到本质提升。下面将详细阐述被动型关注行为下的"认知—动机—策略—结果"特征，以全面展示该行为的内涵与特点。

从文本资料可知，欧美跨国企业受到 20 世纪 80 年代的企业社会责任运动的影响，迫于日益增大的外部压力，纷纷制定社会责任守则，承诺平衡全球供应链上各个利益相关者（包括股东、债权人、消费者、供应商等交易伙伴和政府、社区、媒体公众等压力集团）的利益。因此，为了避免供应链社会责任风险，防止因责任缺失导致的商誉受损和生产断供风险，核心企业开始关注供应链中小制造供应商的安全生产，但有的核心企业采取的是一些仪式性的安全生产管理措施，主要以维护公共关系为导向。例如，核心企业通常为应对外部压力对供应商提出比法律法规更严格的行为准则。有的在发现供应商不能达到其行为准则中规定的安全环保要求时，便立即取消合作；有的在对供应商提出改进要求后，没有提供相应的解决方案也没有激励方案；有的在供应商审查过程中忽视中小制造供应商和第三方组织的造假行为，仅仅是为了调查而调查，为了认证而调查，以文件为引导而非以价值为引导。

对于我国面广量大的中小制造企业来说，拥有跨国企业的订单无疑对自身发展大有裨益。为了争取订单，不少中小制造企业一方面努力压缩成本空间，获得价格上的竞争优势，另一方面为达到行为准则的安全要求上下求索。从表面来看，核心企业向中小制造供应商提出了安全生产要求，供应商努力达到要求并获得订单，是核心企业与中小制造供应商在安全与经济两个维度双赢的局面。但由于核心企业熟知中小制造供应商的加工成本，并且中小制造供应商处于供应链弱势地位，因此中小制造供应商几乎没有议价能力。利润空间有限又需要进行高成本的安全生产投资去满足核心企业的安全生产要求，在此种情境下，一些中小制造供应商选择隐瞒真实安全生产水平，最终导致供应链安全生产风险时有发生。所以核心企业一面压缩采购价格一面提出额外的安全生产要求的管理方式并不能真正提高中小制造供应商的安全生产水平。

6.4.3 战略型合作行为及其特征

战略型合作行为是指核心企业兼顾利益与道德，主动将参与供应链安全生产治理纳入企业的发展战略中，嵌入商业运营中，采取积极有效的供应链安全生产治理措施，最终提升供应链中小制造供应商安全生产水平的治理行为。下面将详细阐述战略型合作行为下的"认知—动机—策略—结果"特征，以全面展示该行为的内涵与特点。

战略型合作行为的认知特征是认知更新。在管理层的承诺和支持下，采取积极的态度，同时兼顾经济利益和治理责任，这与在外部压力下被动参与供应链中小制造供应商安全生产治理不同。随着核心企业治理认知的提高，核心企业受到战略导向的激励，并逐步将参与供应链安全生产治理纳入其发展战略，更有甚者将参与中小制造供应商安全生产治理视为一种创新的商业模式，一种与供应链内外企业相互协作、创造价值的全新商业模式。例如，有的企业不是站在企业社会责任角度或维护企业社会形象的角度参与供应链安全生产治理的，而是基于多年来对供应商、对自身企业安全生产管理经验，创新出关于供应链中小制造企业安全生产治理的商业模型，即通过商业化运作解决中小制造企业可能存在的安全生产技术壁垒（有偿为中小制造供应商提供先进技术和设备）、资金短缺（招募管理咨询机构和金融机构为中小制造供应商评估更新设备的投资回报率及提供信贷）和服务缺位（核心企业或第三方服务商为中小制造供应商提供技术或管理服务）问题。实施这种创新的商业模式的核心企业较为稀少，但可帮助其他核心企业更新认知和提供一种实践参考。

战略型合作行为的策略特征是系统管理，以期通过积极有效的安全生产管理措施加强供应商安全生产意识、提升供应商安全生产理念并增强供应商安全生产能力。处于战略型合作行为的核心企业在与中小制造供应商合作之前会适当调整采购策略，不再追求低价采购和即时交货，即除了关注供应商的产品价格、质量和交货期，对新引入的或者高风险的中小制造供应商也会关注其安全生产水平和职业健康状况。核心企业的系统管理先进行管理机制设计，事先确定管理机制、协作机制、沟通机制、激励机制和评价机制等，使参与供应链安全生产治理制度化和战略化，再实施具体的管理措施。核心企业比较常用的措施为对中小制造供应商进行安全生产评价。核心企业根据需要选择现场考察、年度评审或第三方审查，若采用第三方审查，则需要培训审核员、监督第三方评价机构并纠正审核偏差。然后，根据供应商的安全生产评价结果，对符合安全生产要求的供应商给予商业奖励；对未能满足其要求的供应商施加业务限制，并进行后续指导，以帮助供应商继续改进；对重复未改进的供应商，则将其列入供应商拒绝名单。

除了进行供应商安全生产评价，有的核心企业会计划组织丰富的安全协作活动，并且注重与利益相关者的合作，包括与第三方服务机构、媒体、学术界及行业内外企业合作，共同关注供应商的安全提升。对于安全生产基础薄弱、安全生产存在风险与不足的中小制造供应商，核心企业会选取适宜的安全培训与指导方式或者提供资金、技术、服务等资源支持，并且注重与供应商或利益相关者的互动反馈，加强沟通确保信息畅通，提高管理透明度。在战略型合作行为下，中小制造供应商可以节约内部审计成本，提高工作效率，降低不合规风险，拥有安全健康的工作环境，继而促进核心企业和整个供应链的安全、高效、可持续发展。

6.4.4　行为特征间关系及治理行为跃迁方向

图 6-3 直观呈现了核心企业参与中小制造供应商安全生产治理行为及所属的特征因素、治理行为的递进关系、特征因素间的转化关系，以及同一特征因素的进化路径。接下来，本章将综述"认知—动机—策略—结果"四个方面特征因素的进化和转化关系，以及三类行为跃迁的方向和目标。

首先，按照积极程度阐述各行为特征的进化方向，认知特征的进化路径为从独善其身到被动责任最终到义利兼顾；动机特征的进化路径为从本企导向到公关导向再到战略导向；策略特征的进化路径为从功利采购到仪式管理再到系统管理；结果特征的进化路径为从权责不对称到道德风险最后到安全供应链。概而言之，治理行为特征沿着不断更新认知、动机逐渐增强、治理策略持续优化、供应链整体安全绩效不断提升的方向进化。

其次，按照"认知—动机—策略—结果"路线阐述行为特征的转化，在逃避型逐利行为中，行为特征的转化方向为从独善其身认知到本企导向动机到实行功利采购策略，最终导致核心企业与中小制造供应商间的权责不对称；在被动型关注行为中，行为特征的转化方向为从被动责任认知到公关导向动机到采取仪式管理策略，最后造成中小制造供应商存在道德风险；在战略型合作行为中，行为特征的转化方向为从义利兼顾认知到战略导向动机到系统管理策略的实施，最终实现供应链安全。综上，某一治理行为的特征转化存在路径依赖，例如低积极程度的认知只会向低积极程度的动机转化。因此，要取得良好的治理效果，需要从促进核心企业形成积极的治理认知开始，继而维护和促进积极的治理动机、策略与结果的产生。

最后，理想的核心企业参与中小制造供应商安全生产治理行为跃迁方向是，从低积极程度的治理行为向高积极程度的治理行为跃迁，即从逃避型逐利行为或被动型关注行为，跃迁至战略型合作行为。因此，为驱动核心企业实现治理行为的积极跃迁，需明晰核心企业治理行为的"认知—动机—策略"特征形成的驱动因素，并且明确重点在于首先驱动"认知"的更新，而治理"策略"或治理"行为"的优化是治理行为积极跃迁的外在表征。

第7章 核心企业参与中小制造供应商安全生产治理行为形成机理的质性研究

第 6 章研究的是核心企业参与供应链安全生产治理行为的类型和行为特征，本章在第 6 章现状研究的基础上，根据"认知—动机—策略—结果"特征判别不同企业的治理行为是逃避型逐利行为、被动型关注行为还是战略型合作行为。为了驱动核心企业的治理行为跃迁到并稳定在战略型合作行为，本章将探究核心企业参与中小制造供应商安全生产治理行为形成的驱动因素和作用过程。本章通过深度访谈采用不同治理行为的核心企业，以一手访谈资料为主、相关二手资料为辅，运用扎根理论研究程序逐步提取核心企业参与中小制造供应商安全生产治理行为形成的驱动因子，分析强弱不同、性质不同、影响力不同或重要度不同的驱动因子如何塑造不同的治理行为特征，总结各驱动因子对核心企业治理行为形成的作用，并进一步构建相关理论框架。

7.1 方法适用性和深度访谈

本研究主要采用扎根理论（Grounded theory）这一探索性研究技术，通过对文本资料进行开放式编码（Open coding）、主轴编码（Axial coding）、选择性编码（Selective coding）3 个步骤来构建核心企业参与中小制造供应商安全生产治理行为形成的驱动因素及作用机理理论。资料分析过程中采用持续比较的分析思路，不断提炼和修正理论，直至达到理论饱和（新获取的资料不再对理论建构有新贡献）。扎根理论作为科学的质性研究方法，对研究"Why"和"How"的问题具有优越性，因此本章按照扎根理论研究范式，逐级编码提炼核心企业参与供应链中小制造供应商安全生产治理行为形成的驱动因素，并分析其影响机理。扎根理论研究过程如

图 7-1 所示。

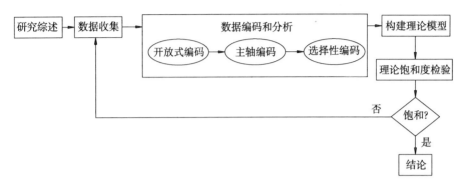

图 7-1　扎根理论的研究过程

鉴于质化研究要求受访者对所研究问题有一定的理解和认识，本章采取理论抽样（Theoretical sampling）的方法，选择可能对理论发展有指导作用的访谈对象。主要选取某一供应链上拥有众多中小制造供应商的核心企业，对这些企业的采购经理、供应链可持续发展经理、EHS 部门经理等日常工作中与中小制造供应商频繁接触的岗位负责人进行深度访谈。通过非结构化问卷（开放式问卷）对核心企业的相关负责人进行访谈以收集第一手资料，灵活采用线上或线下调查的方式，本章访谈了 12 家核心企业的中高层管理者共计 16 人次，访谈时，征得受访者同意对访谈进行了录音（总录音时长 935 分钟），并在访谈结束后将录音资料导入 Nvivo 12 软件进行整理（访谈文字稿共 21 万字）。以理论饱和为基准，当新的资料不再产生新的概念和范畴时理论抽样程序停止。深度访谈的基本资料如表 7-1 所示，其中随机选择 8 家企业的访谈记录进行编码分析和模型建构，然后对另外 4 家企业的访谈记录进行理论饱和度检验。

表 7-1　深度访谈基本资料一览表

企业	业务范围	录音时间	录音字数	调查内容	用途
企业 1	航空发电机设计制造	90 分钟	2.5 万字	访谈供应链管理经理 2 次	编码
企业 2	汽车研发制造	50 分钟	0.8 万字	访谈供应链技术经理 1 次	编码
企业 3	汽车零部件研发生产	40 分钟	0.8 万字	访谈 EHS 经理 1 次	编码
企业 4	医疗产品研发生产	90 分钟	1.8 万字	访谈 EHS 经理 1 次	编码

续表

企业	业务范围	录音时间	录音字数	调查内容	用途
企业 5	客车研发制造	90 分钟	2.2 万字	访谈供应商开发科长 1 次	编码
企业 6	芯片研发制造	45 分钟	0.9 万字	访谈生产部经理 1 次	编码
企业 7	汽车研发生产销售	40 分钟	0.7 万字	访谈供应链管理经理 1 次	编码
企业 8	汽车零部件研发生产	60 分钟	1.5 万字	访谈 EHS 经理 1 次	编码
企业 9	药物研发制造	100 分钟	2.6 万字	访谈 EHS 部门经理 1 次、采购部经理 1 次	检验
企业 10	装饰建筑材料生产	60 分钟	1 万字	访谈采购部经理 1 次	检验
企业 11	柴油机研发生产	120 分钟	3 万字	访谈采购部经理 1 次、生产部经理 1 次	检验
企业 12	汽车传感器研发生产	150 分钟	3.2 万字	访谈总经理 1 次、访谈采购部经理 1 次	检验

7.2 核心企业治理行为的驱动因素

7.2.1 开放式编码

开放式编码指对原始访谈资料逐字逐句进行编码、贴标签，从原始资料中产生初始概念，发现概念范畴。为了减少研究者个人的偏见、定见或影响，需尽量使用受访者的原话作为标签并从中发掘初始概念。经过开放式编码，一共得到 600 余条原始语句及相应的初始概念。由于初始概念的数量非常多且在内容上存在一定程度的交叉，而范畴是对概念的重新分类组合，因此需要进一步对初始概念进行范畴化处理。进行范畴化处理时，需要剔除重复频次极少的初始概念（频次少于 3 次），选择重复频次在 3 次及以上的初始概念。此外，还需剔除个别前后矛盾及和主题无关的初始概念。表 7-2 展示了由初始概念抽象出的 8 个范畴，为节省篇幅，对每个范畴节选 3 条原始资料语句及相应的初始概念。

表 7-2 开放式编码结果

范畴	原始资料（初始概念）
规制压力	"《医疗器械生产质量管理规范》第 7 章关于采购就有明确的要求，比如说我们去采购，要如何去做供应商的筛选、供应商的 audit、供应商的管控。"（政策文件要求） "药监局要监控我们、对我们 audit，他们会看我们的关键供应商是谁。有的时候药监局连我们的供应商都要去了解。"（政府监管） "供应链上面的安全，那么这个理念的话，早几年我应该是从质量方面听到的，第二次大概 2017 年，即工信部当时主导的绿色供应链。"（理念传导）
规范压力	"这个供应商首先要能够在安全、环保这些方面合规，因为如果你万一出了事情，上了媒体以后呢，他们就说我们公司是故意的，因为成本比较便宜。"（媒体关注） "他在这个行业待，他在这个行业做，他就必须遵守这个行业的规范，这是医疗行业准入门槛非常高的一个地方。"（行业规范要求） "就像刚才说到的××的案例。××在苏州的联×使用了正己烷，这个是有毒的溶剂，给××造成了很大的这种社会负面效应，同时也给联×造成了很大的社会负面效应。"（社会压力）
认知压力	"在行业里面的话，我的同行或者我的客户已经是在使用这些供应商安全管理规范了。"（合作伙伴行为） "这是被客户逼的，被消费者逼的。"（客户的要求） "供应商安全管理说白了就是为了降本，为了我们在客户那边比对手更有竞争力。"（竞争压力）
延伸责任动力	"要和供应商的共存、共发展，而不是说我们自己来生产，所以在这个方面，供应链的这个需求（可持续性）特别高。"（供应链可持续观念） "对供应商的传导，目前来说主要以企业自己的责任感和领地意识为主。"（供应链社会责任感） "一般大企业先做顶层设计，比如从美国的总部进行顶层设计，层层往下推进的时候，它的这种眼光和眼界一般都会是比较超前的。"（纳入顶层设计）
稳定供应动力	"尤其像我们这种汽车行业，一旦供应链中间的哪个供应商出现了一个问题，说实话，都会直接影响到我们这边的生产和交付。"（影响产品交付） "所以供应商安全跟它的产品质量是一样的，权重都很重要。如果供应商不安全，它整个生产过程中出了问题，我们整个质量就会受到影响。"（影响产品质量） "对于医疗行业来说，事后控制的成本（很大）。我难道要召回吗？我难道被各个药监局 audit 了之后给我开一个 finding，然后告诉我要责令该企业停业整顿吗？这是绝对不允许的，所以我们大部分的监管和政策 focus 在事前控制。"（问题严重性感知）

范畴	原始资料（初始概念）
树立形象动力	"一个企业想去主导或者说在供应链的这个链条上起到一些作用的话，首先要在供应链闭环里面有这种分量。"（**行为影响力**） "我需要给自己在这个行业里面争取到足够的、更多一点的话语权，那么我会把这些信息释放给我的客户，释放给我的供应商，再进行良性循环。这是为了支持我在供应链里面有更好的地位，而更好的地位支持我拿到更好的价格。"（**行为提升行业地位**） "我们现在做的供应共增长、供应商帮扶，就是为了降本增效，终极目标就是获取经济利益。"（**具有经济价值**）
安全管理实力	"当然，当一个公司想去传导安全的时候，它需要自己对安全有一份足够的理解，这样它才能去给它的产业链传递更为清晰和明确的安全理念。"（**管理知识**） "我们每年就是说怎么去跟上这个法规的要求，以及新的法规不断地出来，那么怎么去发现法规有变化，怎么把这些变化传递给供应商。还有，就是怎么样让供应商意识到这个东西的重要性。"（**传达安全规范能力**） "我们会针对他某一点安全生产上面的不足，用到我们语文所学的举例子、打比方来表达。"（**表达要求能力**）
安全协调能力	"那时候（强调合规，遵守法律）还是有点作用，那么他们就会比较心平气和坐下来，否则他们就心浮气躁：'这个不要听'。"（**协调冲突能力**） "我们呢，就再回去帮他。怎么帮他呢？可以把这个节省下来的钱，和这个投资人做一个投资回报测算，然后我们再找第三方金融公司。"（**利用第三方服务资源能力**） "因为你主要的钱还是在你的投资回报里面，你节省的部分当中大家都有些利润。大家让利了一部分，我们据此想办法做一些培训。"（**分享收益能力**）

*注：每句话末尾括号中的加粗词语表示该原始语句进行编码得到的初始概念。

7.2.2　主轴编码

主轴编码是实施程序化扎根理论编码的第二步，指在开放式编码所获得的 8 个范畴的基础上，分析和挖掘各范畴之间显性和隐性的逻辑关系，根据类属关系和相关关系将相近驱动因素的范畴归纳抽象为更高一级的主范畴，共得到 3 个主范畴，即治理行为形成的驱动因素：治理压力、治理动力和治理能力。各主范畴及其对应的范畴如表 7-3 所示。

表 7-3 主轴编码形成的主范畴

主范畴	对应范畴	关系内涵
治理压力	规制压力	来自法律法规、政府监管和行业规范的要求等规制压力会影响核心企业参与供应链中小制造供应商安全生产治理的外部压力
	规范压力	来自公众、媒体和社区的监督和关注等规范压力会影响核心企业参与供应链中小制造供应商安全生产治理的外部压力
	认知压力	合作伙伴的做法、竞争对手的行为，以及竞争对手的参与治理效果等认知压力，会影响核心企业参与供应链中小制造供应商安全生产治理的外部压力
治理动力	延伸责任动力	企业是否具备供应链社会责任感、供应链可持续发展观念，高层是否支持，企业对供应链安全的重视度与是否将其纳入公司供应链管理的顶层设计中，都会影响核心企业对供应链中小制造供应商安全生产的参与治理动力
	稳定供应动力	供应链安全生产事故会影响企业产品交付、产品质量、品牌声誉，对这些问题严重性的认知会影响核心企业对供应链中小制造供应商安全生产的参与治理动力
	树立形象动力	企业参与供应链安全生产治理的影响力，治理行为带来的客户认可度、媒体公众认可度、政府认可度，治理行为对企业行业地位的变化，会影响核心企业对供应链中小制造供应商安全生产的参与治理动力
治理能力	安全管理实力	企业安全生产管理的知识量，以及理解安全生产法规并向供应商表达安全要求和传达规范的能力大小，影响核心企业对供应链中小制造供应商安全生产的参与治理能力
	安全协调能力	企业与供应链上下游合作时协调冲突的能力、与上下游企业分担安全风险与分享安全收益的能力大小，影响核心企业对供应链中小制造供应商安全生产的参与治理能力

7.2.3 选择性编码

选择性编码是实施程序化扎根理论编码程序的第三步，主要通过对主范畴进行归纳、提炼，得到能够概括所有范畴的核心范畴，并建立核心范畴、主范畴与其他范畴之间的关联，以"故事线"来描述现象及其背后的驱动因素，从而发展出新的实质理论框架。在确定核心范畴的时候，要遵循以下原则：① 核心性，即变量尽可能多与其他数据及其属性相联系；

② 解释力，即能解释大部分研究对象的行为模式；③ 频繁重现性，即变量反复出现；④ 易于与其他变量产生联系并具有意义（周青等，2021）。本章依次经过开放式编码和主轴编码，并提炼出治理压力、治理动力和治理能力 3 个主范畴，然后通过选择性编码进一步提炼出"核心企业参与中小制造供应商安全生产治理行为的驱动因素体系"这一核心范畴。表 7-4 展示了驱动因素与行为的典型关系结构，并结合本章研究结果描述了关系结构的内涵。

表 7-4　主范畴的典型关系结构

典型关系结构	关系结构的内涵
治理压力驱动→核心企业参与中小制造供应商安全生产治理行为状态	对来自制度规则的规制压力、来自社会的规范压力和来自同行的认知压力的压力感知程度驱动核心企业形成不同的治理行为状态，并主要作用于核心企业治理行为状态形成的认知分析过程
治理动力驱动→核心企业参与中小制造供应商安全生产治理行为状态	延伸安全治理责任、树立企业形象和稳定产品供应方面的动力大小驱动核心企业形成不同的治理行为状态，并主要作用于核心企业治理行为状态形成的动机分析过程
治理能力驱动→核心企业参与中小制造供应商安全生产治理行为状态	企业安全管理实力和安全协调能力的强弱程度驱动核心企业形成不同的治理行为状态，并主要作用于核心企业治理行为状态形成的策略分析过程

围绕核心范畴的"故事线"可以做以下描述：核心企业依次经过基于感知到的治理压力的认知分析、基于治理动力的动机分析、基于治理能力的策略分析，形成不同的面对供应链中小制造供应商的安全生产治理行为。在总结"故事线"的基础上，结合第 6 章研究结果，本章构架出核心企业参与中小制造供应商安全生产治理行为的驱动因素体系框架模型，如图 7-2 所示。

在图 7-2 中，治理压力作用于认知分析过程，治理动力作用于动机分析过程，治理能力作用于策略分析过程。因此，核心企业参与中小制造供应商安全生产治理的行为是核心企业在一系列影响因素的驱动下产生的结果。下面将结合访谈者语句对治理压力、治理动力和治理能力因素对行为形成的驱动作用进行逐一阐释。

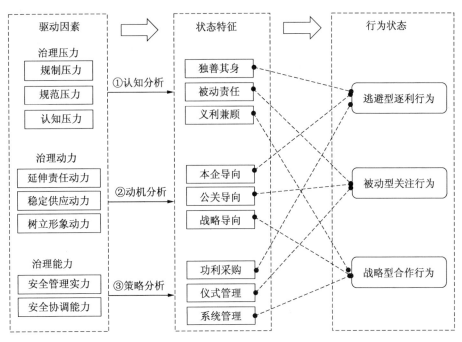

图 7-2 核心企业参与中小制造供应商安全生产治理行为的驱动因素体系框架模型

第一，核心企业在治理压力因素驱动下进行认知分析形成对应的治理行为的认知特征，即核心企业通过分析外界治理压力的类型、强度和重要性，决定其应采取的战略是独善其身、承担外界赋予的责任，还是将外界期许与自身盈利目标结合。

有的管理者提到：

> 政府对我们供应链上的安全管理没有相关的要求，我们安环部都面对公司内部来进行管理。面对外部供应商的话，他们没有管理的职责。

上述企业没有感受到政府要求其参与供应链中小制造供应商安全生产治理的压力，与其没有实施供应商安全生产管理举措，只关注企业自身的安全生产状况存在因果联系。

第二，核心企业在治理动力的因素感知下进行动机分析，并形成对应的治理行为的动机特征，即核心企业通过明晰企业自身治理动力（包括延伸安全责任的动力、稳定产品供应的动力和树立企业形象的动力）的强弱和紧迫程度，分析企业的治理动机是仅关注企业自身利益还是为了维护企业的公众关系，抑或是从企业战略出发，将参与供应链中小制造商安全生产治理融入企业的发展战略中。

有的管理者提到：

> 供应商的安全生产，它不是我们当前的一个核心的业务。当然这个东西也有一个前提，就是说，我们本身从事的一个行业，它是属于一个叫机械加工的行业，它不像一些危化品、建筑、采矿等安全生产风险比较高。所以说，我们本身从事的行业，它的安全风险应该不是很高。应该讲，现在整个行业的话，这种安全风险它基本上是可控的。我们自己内部对供应链社会责任这一块的要求（包括对供应商安全生产的要求、一些环保的要求、一些合法用工的要求）比较弱，也没有把它上升到这样一个高度来去谈这个事情。

可以看出，上述企业认为所处行业的供应链安全生产风险不高、不具备延伸责任的实质动力，所以参与中小制造供应商安全生产治理的动力比较弱。在此情况下，企业并无参与中小制造供应商安全生产治理的动机，选择以追求企业自身的经济利益为主。

第三，核心企业在治理能力因素驱动下进行策略分析形成对应的治理行为的策略特征，即判断企业的安全生产管理实力和安全协调能力的强弱、影响力，进而分析能够采取的安全生产管理策略。当能力不强、影响力较弱时，企业只能不采取管理措施或者采取仪式性管理措施，这阻碍了其形成积极的治理行为。

有的管理者提到：

> 像A公司的话，它在供应链里面的话语权要比我们公司高很多，那是基于它的行业里面的这种份额，它的产品技术。所以我觉得在这个行业里面，我们要去传导一些东西的话，是向下传，并不是说我们的好的建议一定能够被别人采纳。打铁还需自身硬。首先我要在行业里面有足够的话语权，那么我再去传导这些东西，

就会比较让人信服。当然，当一个公司想去传导安全的时候，它
需要自己对安全有一份足够的理解。这样它才能去给它的供应链
传递更为清晰和明确的安全理念。

上述访谈对象认为，其所在公司对安全理念的见解和安全管理的影响
力、协调力还存在欠缺，无法像 A 公司那样在供应链安全生产管理方面让
中小制造供应商信服和采纳。因此，治理能力会驱动企业进行策略分析，
最终影响核心企业治理行为的形成。

7.2.4　理论饱和度检验

理论饱和度检验结果显示，模型中的范畴已经发展得非常丰富，除了
驱动核心企业参与中小制造供应商安全生产治理行为形成的 3 个主范畴（治
理压力、治理动力、治理能力），并没有额外发现新的重要范畴和关系，
3 个主范畴内部也没有发现新的构成因子。由此可以认为，上述模型是理论
饱和的。

7.3　驱动因素对核心企业治理行为形成的影响机理

通过程序式扎根理论编码分析，本书提炼出相应的主范畴和核心范畴，
并在此基础上构建核心企业参与中小制造供应商安全生产治理行为形成的
驱动因素体系框架模型，明晰了核心企业参与中小制造供应商安全生产治
理行为形成的驱动因素可划分为 3 个维度（治理压力、治理动力和治理能
力），基本遵循事物发展的一般动力结构规律。但从访谈资料的分析中可以
发现，它们对核心企业治理行为的作用方式和路径并不完全一致。可将识
别出的驱动因素分为内部驱动与外部驱动，内部驱动包括治理动力和治理
能力，外部驱动为治理压力。内外驱动因素通过不同的影响路径共同作用
于核心企业参与中小制造供应商安全生产治理行为，其作用机理如图 7-3
所示。

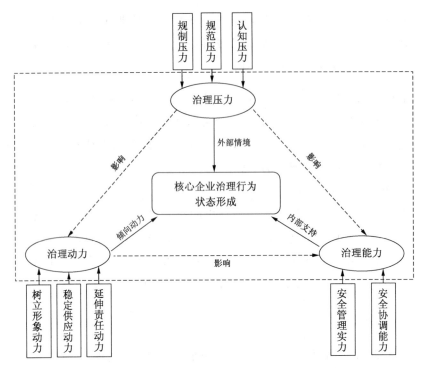

图 7-3　核心企业参与中小制造供应商安全生产治理行为的作用机理

7.3.1　外部动因的直接作用分析

　　核心企业参与中小制造供应商安全生产治理行为的形成过程中受到来自供应链外多元主体的规制压力、规范压力和认知压力的驱动作用。核心企业通过参与中小制造供应商的安全生产治理来提升合法性，维系与政府的良好关系，回应规制压力。规范压力指客户、供应商及非政府组织对企业的行为是否符合社会规范的压力，包括价值观和规范，强调组织对规则、信仰和价值观的坚持。规范压力能够激励核心企业通过参与中小制造供应商安全生产治理来提高企业的社会认可度。认知压力指的是企业竞争者重视供应链安全生产治理与企业形成合法性竞赛，从而对企业产生的压力。

　　这些外部情境作用力的来源和强度会影响治理压力与治理行为形成之间的关系。当压力更多地来自政府的引导、行业协会制定的管理标准、非政府组织的协助及合作伙伴的优秀实践时，会比单纯通过道德说教对积极的治理行为进行正向驱动的效果更为显著。

有的管理者提到：

> 药监局要监控我们、对我们 audit，他们会看我们的关键供应
> 商是谁。有的时候药监局连我们的供应商都要去了解。

> 《医疗器械生产质量管理规范》第 7 章关于采购就有明确的要
> 求，比如说我们去采购，要如何去做供应商的筛选、供应商的
> audit、供应商的管控。

> 单纯讲道德比较假大空，我个人不是很喜欢。为什么一讲供
> 应链安全生产治理就是企业社会责任？其实社会责任讲得太空，
> 对企业的激励作用并不大。

另外，治理压力的增加会刺激企业形成更为积极的治理行为。而当治
理压力较弱时，核心企业的治理行为更为消极。因为目前并没有相关法律
法规明确提出企业需要对供应商的安全生产状况负责，所以一些企业并不
注重供应链的安全生产治理。

7.3.2 内部动因的中介作用分析

通过扎根理论研究，可以发现企业内部因素对核心企业治理行为形成
的重要作用不容忽视。内部动因包括治理动力（企业主观能动性因素）和
治理能力（企业客观规律性因素）。治理动力由延伸责任动力、稳定供应动
力和树立形象动力构成，它是核心企业治理行为形成的倾向动力。治理能
力为核心企业治理行为的形成提供内部支持，其构成因子为安全管理实力
与安全协调能力。治理压力除了直接驱动核心企业治理行为的形成，还可
以通过影响治理动力或治理能力间接驱动核心企业治理行为的形成。比如
来自政府或者社会的压力可以激发企业满足外部合法性的需求；来自政府
或者社会的引导和帮助可以增强企业参与中小制造供应商安全生产治理的
内外部实力。

一方面，企业的生存发展离不开与利益相关者的互动，而获得利益相
关者认可是实现互动的前提。外部环境向企业施加治理压力，企业为了获
得认可需要满足利益相关者的诉求，因此产生参与中小制造供应商安全生

产治理的动力，萌生治理意愿。从一些访谈也可以看出政府的理念传导可以激发核心企业的治理动力：

> 供应链上面的安全，那么这个理念的话，早几年我应该是从质量方面第一次听到的，第二次大概是2017年，即工信部当时主导的绿色供应链。早在2017年接触到绿色供应链的时候，我们就把EHS三个方面的内容，都融入了我们自己去建设这种供应链传导里。

另一方面，核心企业对供应链中小制造供应商的安全生产治理能力是一种动态能力，其培育和提升不仅依赖于企业自身能力和基础，外部资源和社会资本同样发挥着重要作用。核心企业跨越组织边界获取外部资源，可拓展企业的知识池，并通过资源供给形式支持企业积极治理行为的培育。外部制度环境可以为企业提供参与中小制造供应商安全生产治理的资源基础，为企业赋能。拥有较强治理能力的企业可以通过对资源的整合利用，抓住机遇，形成更为积极的治理行为。因此，外部制度压力会通过培养核心企业的治理动力和治理能力，对积极的治理行为的形成产生间接作用。有的被访者提到政府推行一些有益的帮扶措施可以帮助核心企业提升治理能力，进而促进核心企业形成积极的参与中小制造供应商安全生产治理行为。

> 如果政府真正要推广这些东西，我觉得可以引入第三方的监管，包括认证和其他一些手段来帮助企业，甚至帮助行业开展供应链安全生产管理。我觉得这是一个非常好的引导措施。

> 政府会有一定的这种政策方面的鼓励和支持，包括文件、政府补贴、评优评奖等方面。

综上所述，治理动力和治理能力作为治理压力与治理行为形成的有效中介，对核心企业参与中小制造供应商安全生产治理行为具有拉动作用。

7.3.3　内部动因间影响作用分析

内部动因除了在治理压力与治理行为之间起到中介作用，治理动因内部也存在转化关系。经过深度访谈和扎根分析，我们发现治理动力能够正向促进治理能力。治理动力的特征包括强度和动力来源，当治理动力强烈或来源于维护企业形象、稳定产品供应这些影响企业切身利益的因素，或者说，当核心企业感知到参与中小制造供应商安全生产治理是有利可图时，更加能激发核心企业提升治理能力。有的被访者称：

> 参与中小制造供应商安全生产治理一定是基于利益的考虑。既然又能得到足够的利益，又可以快速成长，我们公司就努力提升相应的供应链安全管理能力。

反之，当治理动力来源于对社会责任的伦理要求，参与供应链中小制造供应商安全生产治理并不会对企业实际运营有所裨益时，其对治理能力提升的影响作用较弱。有的管理人员称：

> 像我们这个行业的话，这种参与供应商安全生产治理的需求真的不是很强。实际上，我觉得供应商安全生产风险是完全可以接受的，完全没有必要为之培养这方面的能力。

相比于一般企业，在供应链中处于主导地位或在行业中属于领头羊的核心企业因为具有专业的管理人才、先进的技术、优质的产品、超前的管理理念，所以一旦被激发起参与供应链中小制造供应商安全生产治理的动力，其更能迅速调动现有资源、能力、知识去获取和发展供应链安全生产治理能力。有的被访对象表示：

> 越成功越大的企业，如果产生了参与供应链安全生产治理的强烈动力，就会主动挑选具备一定素质和规划能力的专业人才，去拥有设计一套好的工作机制的能力，来推动安全治理工作，将安全生产理念在供应链里进行传递。

第章　核心企业参与中小制造供应商安全生产治理行为驱动路径的理论模型构建

第 6 章将核心企业治理行为按积极程度进行了纵向的维度划分：逃避型逐利行为、被动型关注行为、战略型合作行为。第 7 章探索出核心企业参与中小制造供应商安全生产治理行为及其驱动因素，即核心企业治理行为的形成受到治理压力（规制压力、规范压力、认知压力）、治理动力（树立形象动力、稳定供应动力、延伸责任动力）和治理能力（安全管理实力、安全协调能力）的影响。为表征并测量治理行为，本章需要对以上三类行为进行深度剖析并从横向角度对核心企业参与中小制造供应商安全生产治理行为进行维度划分，继而进一步探索和验证驱动因素对核心企业治理行为的驱动路径和作用程度。本章将在变量含义与维度划分的基础上，借鉴现有理论和文献研究，提出各驱动因素变量及所属维度与治理行为变量及所属维度之间的关系假设和理论模型，并进行变量测量量表的开发与检验。

8.1　变量含义与维度划分

核心企业参与中小制造供应商安全生产治理的压力、能力、动力和治理行为属于研究变量，包含不同维度。其中，按积极程度，核心企业参与中小制造供应商安全生产治理行为被纵向划分为逃避型逐利行为、被动型关注行为和战略型合作行为。每一类治理行为具有鲜明的"认知—动机—策略—结果"特征。为表征和测量核心企业的治理行为，对各治理行为的特征进行深层次的剖析与提炼，可以按安全评价行为和安全协作行为的实施程度来衡量这三类行为。逃避型逐利行为下，核心企业既不采取安全评价行为也不采取安全协作行为；被动型关注行为下，核心企业采取不合理的安全评价行为；战略型合作行为下，核心企业采取积极有效的安全评价行为和安全协作行为。例如，战略型合作行为积极程度最高，其策略特征包括机制设计、安全评价方式、调整采购策略、关注供应商成长、安全协作活动、安全培训与指导、互动反馈、资源支持。对以上治理策略进行剖析，可以发现"机制设计"属于内部构建，"调整采购策略"不属于面向安全生产的治理行为，"关注供应商成长"并没有聚焦到某一安全生产的治理行为，"安全培训与指导""互动反馈""资源支持"都可以集成到安全协作行为中。鉴于治理行为联结着核心企业参与中小制造供应商安全生产治理的内在构建与治理对象，可以从战略型合作行为的策略特征中提炼出核心企业参与中小制造供应商安全生产治理行为的横向维度，即安全评价行为和安全协作行为。

这一维度划分也得到相关文献的支持，学者们对供应链社会责任治理行为进行了不同的分类。例如，Martela（2005）在其著作中指出，供应链社会责任管理行为主要有三种，第一是设立供应商社会责任要求；第二是对供应商进行监督和审计；第三是帮助供应商建立社会责任意识并提供相应的培训。Agan 等（2016）提出绿色供应商开发行为包括供应商评估、供应商激励和直接参与。而最普遍的做法是将供应链社会责任治理行为概括为评价与协作（Gimenez 和 Tachizawa，2012；李金华和黄光于，2019；Sancha 等，2016；Gimenez 和 Sierra，2013；Large 和 Gimenez，2011）。评价是指对供应商可持续性方面的评估与监视，协作是指与供应商共同努力使其社会责任水平得到提升，具体包括许多做法。因此，本书将治理行为分为安全评价行为和安全协作行为两个维度，变量及其维度的详细定义如表 8-1 所示。

表 8-1　变量含义与维度划分

变量名称	变量含义	对应维度
治理压力	核心企业参与供应链中小制造供应商安全生产的治理压力包括来自法律法规、政府监管和行业规范的要求；来自公众、媒体和社区的监督和关注；合作伙伴的做法、竞争对手的行为及竞争对手的参与治理效果带来的压力	规制压力 规范压力 认知压力

续表

变量名称	变量含义	对应维度
治理动力	核心企业参与供应链中小制造供应商安全生产的治理动力包括企业是否具备供应链社会责任感、供应链可持续发展观念，高层是否支持，企业是否重视供应链安全，企业是否将安全纳入公司供应链管理的顶层设计中；供应链安全生产事故是否影响企业产品交付、产品质量、品牌声誉；企业参与供应链安全生产治理的影响力；治理行为能够带来的客户认可度、媒体公众认可度、政府认可度；治理行为能够对企业行业地位产生的影响	树立形象动力稳定供应动力延伸责任动力
治理能力	核心企业参与供应链中小制造供应商安全生产的治理能力包括企业安全生产管理的知识量，理解安全生产法规并向供应商表达安全要求和传达规范的能力；企业与供应链上下游合作时协调冲突的能力、与上下游企业分担安全风险与分享安全收益的能力	安全管理实力安全协调能力
治理行为	核心企业参与供应链中小制造供应商安全生产的治理行为包括对中小制造供应商可持续性方面的评估与监视；与中小制造供应商共同努力使其安全生产水平得到提升	安全评价行为安全协作行为

8.2　研究假设的提出

8.2.1　治理压力与治理动力间的维度假设

Reed（2009）指出来自外界环境的压力不仅能够增强企业的生态认知，还可以加深企业的社会责任感和解决环境问题的意识。Schwartz（2011）认为非制度性压力能够激发企业的自我提升和自我超越的价值观，进而参与供应链的社会责任治理，包括环境和职业健康安全。Porter 和 Kramer（2006）发现一些企业尝试将治理压力转化为商业利益和竞争优势，选择寻找商业机会，对治理压力做出更积极、更创造价值的回应而不是被动顺从。Nidumolu 等（2009）提出如果预见到未来更严格的制度约束也代表着商业机会，企业可能会投资于超越合规的企业社会责任，试图获得先发优势，因此严格的制度有助于刺激企业产生治理动力。Qi 等（2021）认为环境法规的实施可以通过收集环境信息来提高企业的环境意识。企业寻求的不仅仅是顺应治理压力获得生存，还有获得竞争优势以维持蓬勃发展，因此治理压力能够激发企业去主动树立形象、维护供应稳定和延伸企业责任的治理动力，刺激企业更积极地回应治理压力。基于此，可以提出以下研究假设：

H1：治理压力正向影响治理动力

H11a：规制压力正向影响树立形象动力

H11b：规范压力正向影响树立形象动力

H11c：认知压力正向影响树立形象动力

H12a：规制压力正向影响稳定供应动力

H12b：规范压力正向影响稳定供应动力

H12c：认知压力正向影响稳定供应动力

H13a：规制压力正向影响延伸责任动力

H13b：规范压力正向影响延伸责任动力

H13c：认知压力正向影响延伸责任动力

8.2.2 治理压力与治理能力间的维度假设

DiMaggio 等（1983）首次明确提出制度压力这个概念，认为制度压力是企业为了获取合法性、合规性，模仿其他成功企业而采取行为的主要动力，并根据利益相关者理论将制度压力分为规制压力、规范压力和认知压力（又称模仿压力）。本书的治理压力变量借鉴制度压力的维度划分。Wen-Shinn Low（2006）研究了企业环境与企业能力之间的相关性，根据中国大陆和中国台湾地区纽扣行业的数据对比分析得出，中国大陆的企业和中国台湾地区的企业，其企业环境与企业能力均呈正相关关系。Ayuso 等（2011）和 Veronica 等（2020）通过研究表明，外界压力（如客户、政府、媒体和一些非政府组织）使公司能够从众多利益相关者那里获得知识。来自外部利益相关者的压力不仅可以增强企业获取和分享知识的能力，还可以提升企业的整合能力。于飞等（2021）提出政府颁布行政命令或相关法律法规等规制压力可以迫使企业积极地吸收相关绿色知识，提升绿色行为能力。Fernando 和 Lawrence（2014）指出非正式制度压力能够刺激企业提升内部资源实力，进而影响社会责任举措的实施。Bharati（2014）对制度压力的作用和局限性方面进行了理论补充，发现制度压力是组织能力的重要前置因素，对社交媒体同化没有直接影响，但会影响企业的资源吸收、协调与学习能力，从而间接作用于媒体同化。Lin 等（2016）认为制度压力不足以解释企业创新性行为的全貌，为了应对制度压力，企业倾向于将更多的精力投入到发展内在能力上，以确保创新战略的成功。基于以上研究，本书认为企业在外界环境的不同治理压力的作用下，积极响应外界压力，可以提升安全管理实力和安全协调能力，具体假设如下：

H2：治理压力正向影响治理能力

H21a：规制压力正向影响安全管理实力

H21b：规范压力正向影响安全管理实力

H21c：认知压力正向影响安全管理实力

H22a：规制压力正向影响安全协调能力

H22b：规范压力正向影响安全协调能力

H22c：认知压力正向影响安全协调能力

8.2.3　治理压力与治理行为间的维度假设

根据组织社会学的新制度主义理论的"合法性"机制及资源依赖理论，企业为了能够从嵌入的制度环境及利益相关者那获得支持和资源，会采取能够得到制度承认或欢迎的策略和行为（DiMaggio 和 Powell，1983）。根据战略制度观，制度压力是影响企业战略决策和企业行为的重要因素，企业所采取某项战略是制度压力与组织动态互动的结果。因此，企业的战略决策不仅会受到行业条件和企业资源的限制，还与制度压力有关（Peng，2002）。制度的作用不仅在于抑制和约束，还能鼓励行为主体积极创造。制度压力被视为推动企业相关行为的关键外部力量，假设这同样适用于企业参与供应链安全生产治理行为，即制度压力是企业供应链安全生产治理行为主要的外部压力来源。

Zhu 等（2007）认为如果组织没有感受到利益相关者的任何压力，就会抵制绿色实践的实施，从而导致经济和环境绩效降低。Darnall（2010）和 Sarkis（2010）基于经验证据和利益相关者理论证实，来自不同利益相关者的压力和积极环境战略的执行直接正相关。Holzer（2008）观察到外界压力对组织行为的影响是"相对可预测的"，此外，Ayuso 等（2011）和 Hall 等（2018）强调了企业社会责任的各种驱动因素，如来自多个利益相关者的压力（主要、次要、内部和外部）、制度压力（强制性和非强制性）、利益相关者的嵌入性，制造业背景下组织的知识吸收能力和内部价值观。Landrum（2018）表明越来越多的监管压力和公众关注要求企业延伸责任，将环境、安全和其他社会问题纳入企业战略管理领域，迫使企业实施各类供应链社会责任管理战略。Hyatt 和 Berente（2017），Gunarathne 和 Lee（2019）通过研究表明各种制度压力推动了企业采取可持续性管理做法。Wang 等（2019）确定规制压力和规范压力对环境评价行为具有重大影响。Carter 和 Rogers（2008）表示模仿压力主要来自企业同行，而企业同行越来越多地采用绿色创新将迫使企业采用相同的绿色创新实践。通过模仿行业中最成功企业的行为，可以降低决策风险。Zhu 等（2016）表明同行压力对企业的绿色创新战略决策至关重要。

一些研究者探讨了不同强度的制度压力对企业社会行为的不同影响。Lee（2011）指出面临强大外部压力的公司，可能在企业社会责任方面更加积极主动。Darnall 等（2010）表明了不断增长的利益相关者压力和积极的环境实践的积极关系，并且两者之间的关系受到公司规模的影响。Garcés－Ayerbe 等（2012）也提出管理者感受到的利益相关者压力的增加会刺激积极的环境战略。Leiter（2011）的研究结果表明，面对强有力的监管限制，一些公司会主动遵守或超越环境监管的要求。另一些研究者讨论了企业对资源的依赖程度与企业社会行为之间的关系。Pache 和 Santos（2010）指出当组织依赖于关键机构的资源，如资金、员工或运营许可证时，可能会遵守这些利益相关者对它的期望。Darnall 等（2010）认为，小公司更多地依赖社区利益相关方的支持，从而对当地的关切和要求作出反应。相反，认为利益相关者群体不重要的公司更有可能采取抵抗性战略，因为当感觉不那么依赖利益相关者时，企业可以更自由地选择战略。

本书所研究的核心企业治理压力属于弱意义合法性机制。根据弱意义合法性机制定义（周雪光和艾云，2010；曹正汉，2005；Lin 和 Ho，2011）可知，外部治理压力主要通过影响资源分配或激励机制来影响核心企业的治理行为，因为现行法律法规并没有强制核心企业参与供应链安全生产治理或对中小制造供应商的安全生产事故、职业伤害事件负法律责任。同时从企业视角而言，预期收益最大化始终是企业行为或活动的重要目标。因此，在逐利和弱意义合法性的双重逻辑下，治理压力被企业解读为一种由政府、市场或社会需求带来的商机或商业模式。从深度访谈中也可以看出这一点。此时企业会更积极地开展供应链中小制造供应商安全生产管理实践。基于以上分析，可以提出以下研究假设：

H3：治理压力正向影响治理行为

H31a：规制压力正向影响安全评价行为

H31b：规范压力正向影响安全评价行为

H31c：认知压力正向影响安全评价行为

H32a：规制压力正向影响安全协作行为

H32b：规范压力正向影响安全协作行为

H32c：认知压力正向影响安全协作行为

8.2.4　治理动力与治理能力间的维度假设

企业能力是指企业能够识别、利用和吸收内外部资源/信息以促进企业活动（Wu 等，2006）。Katkalo（2010）认为如果没有企业有目的地创造、扩展或修改其资源基础的动态能力，单靠管理创新是不足以产生成功的。因此，为达成最初的目标，企业会主动发展对应能力。Ramachandran（2010）基于波特理论和动态能力理论，指出组织如果要将企业社会责任作为竞争优势的基础，就会主动发展动态能力：感觉和回应能力及执行能力。Lee 等（2016）认为成功制定企业社会责任战略举措，需先从竞争优势的角度理解并发展企业社会责任能力。Asamoah 等（2021）利用基于资源的观点强调提高企业绩效的前置条件是发展能力以利用企业内部或外部资源。Hohenstein 等（2015）表示企业为了发展可持续的竞争优势，会积极培养能够实现弹性的供应链能力。Peng 等（2016）通过分析 127 家中国企业，发现在考虑提高企业绩效的信息技术战略时，管理层应优先考虑是否能提升内部业务流程和外部供应链管理能力。Riley 等（2016）提出为增强供应链弹性和减少供应中断风险，管理者必须探索供应链风险管理能力。当核心企业产生了树立形象动力、稳定供应动力和延伸责任动力，则会去匹配对应能力。所以，治理动力刺激企业去获取、调配、整合、发展对应能力。

基于以上分析，可以提出如下假设：

H4：治理动力正向影响治理能力

H41a：树立形象动力正向影响安全管理实力

H41b：稳定供应动力正向影响安全管理实力

H41c：延伸责任动力正向影响安全管理实力

H42a：树立形象动力正向影响安全协调能力

H42b：稳定供应动力正向影响安全协调能力

H42c：延伸责任动力正向影响安全协调能力

8.2.5 治理动力与治理行为间的维度假设

Chun（2005）指出企业形象表示他人如何看待企业。企业形象被视为企业向世界展示自己的方式，行为、沟通和符号是企业形象的指标。企业形象是企业声誉概念之一，企业声誉能够为组织树立理想的形象，是企业身份的反映，也是合法化过程的结果（Rao，1994；Wiley 和 Zald，1968；Bendixen 和 Abratt，2007）。交易成本经济学表明，声誉良好的公司是有吸引力的商业伙伴，因为它们的声誉可以替代昂贵的治理机制（Williamson，1996）。Sarkis（2010）表示组织的竞争力不仅取决于产品的质量和价格，还取决于有关社会责任、知识和创新能力及环境问题的竞争战略。Foerstl 等（2010）认为评估供应商的可持续问题可以让采购公司避免声誉受损。Gualandris 等（2014）研究发现，可持续供应链管理实践的实施（包括对企业社会责任实践的监控）会提高采购公司的声誉。Gualandris 和 Kalchschmidt（2014）从社会问题的角度对供应商进行评估，发现采购公司能够避免声誉风险，并表明其供应链对社会负责。Gimenez 等（2012）通过实证研究表明，与供应商开展合作活动有助于提高采购公司的社会声誉。Pettit 等（2013）表示随着全球业务的日益复杂，供应链往往面临着无数次中断，如果没有在适当的时间进行处理，这种中断干扰的有害影响会非常明显。根据以上分析，具体研究假设如下：

H5：治理动力正向影响治理行为

H51a：树立形象动力正向影响安全评价行为

H51b：稳定供应动力正向影响安全评价行为

H51c：延伸责任动力正向影响安全评价行为

H52a：树立形象动力正向影响安全协作行为

H52b：稳定供应动力正向影响安全协作行为

H52c：延伸责任动力正向影响安全协作行为

8.2.6 治理能力与治理行为间的维度假设

制度理论解释了外部制度压力如何在一个组织领域内带来跨组织的同质性：随着时间的推移，组织需要通过遵守制度规范和规则来获得合法性，即外部环境或社会期望对企业行为的积极认可（Scott，2013）。但是制度理论在解释组织异质性方面存在局限性（Shubham 等，2018）。Shubham（2018）基于面临类似制度压力的企业为何在企业行为和组织绩效方面存在差异的问题，结合制度理论和资源基础观，将组织内动态纳入传统制度理论框架，考察了能力在制度与企业环境行为实施之间的中介作用。其研究结果表明，不应孤立地分析外界压力在实施环境实践中的作用，而应结合形成实施的内部基础吸收能力的发展。Brix（2019）表示企业对制度压力的反应取决于它们运用组织知识、资源的能力。

杨东宁和周长辉（2004）认为企业根据组织资源和能力（以及感知的外界因素）决定其管理战略。Sarkis 等（2010）基于企业资源观，认为企业需要增强实力，具备必要的组织知识，从而采取和实施相应战略。Zhang 和 Chen（2013）表示信息共享能力对于管理供应链协作的冲突和不协调至关重要，但对此类共享信息的详细性质知之甚少。Kauppila（2015）表明，企业与各种外部合作伙伴建立、维持和利用关系的协作能力与企业行为、企业绩效之间存在着复杂的关系。Pedersen 等（2014）认为企业如果感知到自身对利益相关者具有更强的影响能力，会增加其积极社会责任行为的实施可能性。Esben（2013）认为不遵守新的法规要求可能不是出于有意识的抵制，而是出于缺乏认识、资源限制、误解和实际困难等原因。Delmas 等（2011）通过结合企业的独特特征，解决了制度理论在解释组织异质性方面的局限性，例如发展不同组织能力。Delmas 等（2011）在另一篇论文中强调组织内任何可持续倡议的成功实施取决于必要的组织能力的存在和发展，认为如果公司没有充分发展所需的能力，就可能存在实施障碍，因为任何新的企业实践都需要大量新的组织知识和资源。基于此，具体研究假设如下：

H6：治理能力正向影响治理行为

H61a：安全管理实力正向影响安全评价行为

H61b：安全协调能力正向影响安全评价行为

H62a：安全管理实力正向影响安全协作行为

H62b：安全协调能力正向影响安全协作行为

8.2.7 安全管理实力与安全协调能力间的假设

Partanen 等（2020）依据供应链双元性（供应链中大型制造企业努力改进或扩展现有资源，开发新的供应链能力以产生绩效效益），认为现有的资源实力是新的供应链能力的基础。Shahzad（2020）指出从供应链探索和开发的角度，企业为降低风险及提升供应链整体效率，需以现有的供应链资源实力为基础。Schilke（2014）提出一阶动态能力（重新配置组织资源的例程）和二阶动态能力（重新配置一阶动态能力的例程）的概念，并通过研究证实一阶和二阶动态能力之间存在交互作用。Zollo 和 Winter（2002）认为动态能力是对企业现有资源进行整合，使企业能够重新配置内部和外部资源，以支持管理层在快速变化的环境中应对挑战。Teece 和 Al-Aali（2011）从动态能力的角度出发，认为动态能力助力企业不断地根据新环境重新调整其现有资源和能力，使企业能够"有利可图地协调其资源、能力和竞争力"。Helfat 等（2011）认为操作能力和资源是静态（零序）能力，除非动态能力对其采取行动，否则它们不能改变。Shubham 等（2018）认为企业能力有助于企业实施战略，由于不同的组织拥有不同的资源和禀赋，因此他们实施任何给定战略的能力都会有所不同。Riley 等（2016）通过实证研究表明企业通过发展内部整合、信息共享和培训等前置能力，可以开发和最大限度地提高其供应链风险管理能力，并最终提高组织的运营绩效。因此，基于这些论点，本书认为核心企业的安全管理实力是安全协调能力的基石，提升安全管理实力对安全协调能力的培养具有积极的促进作用，假设如下：

H7：安全管理实力正向影响安全协调能力

8.2.8 安全评价行为与安全协作行为间的假设

Large（2011）认为供应商评价能够促进供应商协作行为，因为供应商评价使公司能够确定需要开发哪些供应商，一旦确定了需要改进的领域，采购公司就可以集中资源帮助供应商获得所需的能力。Gualandris 和 Kalchschmidt（2014）提出供应商评价是指对供应商的特定绩效标准（如安全生产标准）进行评估和控制，并将量化评估结果传达给其供应商，以便他们了解当前绩效与采购公司预期之间可能存在的差异及明晰改进的方向。Gavronski 等（2011）将供应商协作定义为买方与供应商合作以共同提高供应商安全生产绩效，包括培训和教育供应商员工及共享信息和专有技术等。Foerstl 等（2010）在研究了多个案例后指出，关于可持续性问题的供应商评价有助于实施培训等供应商发展举措。同样，Gimenez 和 Sierra（2013）发现，在协助供应商解决可持续性问题之前，企业应该对其进行评价，并确定需要开发的领域。Sancha 等（2016）也证实供应商评价与供应商协作正相关。因此，基于这些论点，可以提出如下假设：

H8：安全评价行为正向影响安全协作行为

8.2.9 治理动力与治理能力的链式中介作用假设

治理压力既可以通过治理动力也可以通过治理能力来促进企业的治理行为。

根据前述假设，治理压力—治理动力—治理行为（H1 和 H5）与治理压力—治理能力—治理行为（H2 和 H6），以及治理动力正向影响治理能力（H4）的结合产生了一个链式中介模型，即治理压力可以通过"治理动力—治理能力"的链式中介作用来间接影响治理行为，同时，根据"认知—动机—策略—结果"理论框架，可将治理压力视为对治理的认知，将治理动力视为治理动机，把治理能力对应可实施的策略，将治理行为视为决策结果。如此一来，四者之间则会存在递进关系，即"治理压力—治理动力—治理能力—治理行为"。因此，可以提出如下假设：

H9：治理压力依次通过治理动力和治理能力间接影响治理行为

H91a：治理动力和治理能力在规制压力与安全评价行为间起链式中介作用

H91b：治理动力和治理能力在规范压力与安全评价行为间起链式中介作用

H91c：治理动力和治理能力在认知压力与安全评价行为间起链式中介作用

H92a：治理动力和治理能力在规制压力与安全协作行为间起链式中介作用

H92b：治理动力和治理能力在规范压力与安全协作行为间起链式中介

作用

H92c：治理动力和治理能力在认知压力与安全协作行为间起链式中介作用

结合上述假设，核心企业参与供应链安全生产治理的行为及驱动因素的概念假设模型如图 8-1 所示。

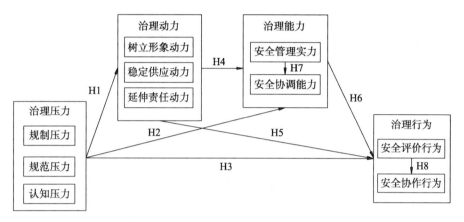

图 8-1　核心企业参与供应链安全生产治理的行为及驱动因素的概念假设模型

8.3　量表设计与开发

8.3.1　量表开发步骤

本章严格按照量表编制的步骤，编制符合核心企业参与供应链中小制造供应商安全生产治理行为及其驱动因素的测量问卷，依次通过问卷的题项设计、修正、调查等步骤，确定其有效性。量表设计与开发流程如图 8-2 所示。

（1）研究变量的选择、假设提出和初始概念模型构建

第 7 章研究结果确定了核心企业参与供应链中小制造供应商安全生产治理的行为及其驱动因素的具体变量、变量包含的维度，以及变量之间的相互关系，本章在第 7 章研究的基础上提出相关研究假设并构建出概念假设模型图。

（2）生成测量题项

关于相关变量量表的具体开发，本书根据影响核心企业参与供应链安

全生产治理的行为驱动因素制定相应的测量指标，在此过程中借鉴国内外相关成熟量表，并结合实际情况和变量的具体定义进行本土化修正。对于部分没有成熟量表可借鉴参考的研究变量，则需要进行测量量表的自行开发。然后，通过修正使每个题项都能准确、简洁地表达被测试概念的含义，继而生成初始量表。

（3）预调研

初始量表形成后，向相关人员发放问卷进行预调研，检验相关量表在实践中的适应性。预试对象的数量应为初始量表题项的 3～5 倍。

（4）量表检验形成正式量表

通过对量表的信效度检验，剔除检验结果不合格的题项，形成正式量表，如图 8-2 所示。

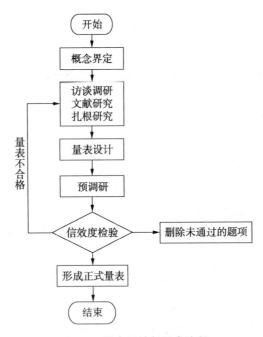

图 8-2 量表设计与开发流程

8.3.2 初始量表简介

根据核心企业参与供应链安全生产治理的行为及其驱动因素的概念假设模型图（图 8-1），本研究涉及的变量包括：治理压力、治理动力、治理能力和治理行为。治理压力变量由规制压力、规范压力和认知压力三个维度组成；治理动力由三个维度构成，分别是树立形象动力、稳定供应动力和延伸责任动力；治理能力包含安全管理实力和安全协调能力两个维度；治理行为包括安全评价行为和安全协作行为。初始量表的结构及参考来源如表 8-2 所示。

表 8-2　初始量表及题项来源

变量名称	变量维度	对应题项	参考量表
治理压力	规制压力	GZ1－GZ3	Dubey 等（2015）；Zeng 等（2017）
	规范压力	GF1－GF3	Srinivasan 等（2002）；自行开发
	认知压力	RZ1－RZ3	Wu 等（2018）；于飞等（2021）；Liu 等（2010）
治理动力	树立形象动力	XX1－XX4	Gray 和 Balmer（1998）；自行开发
	稳定供应动力	GY1－GY3	El Baz 和 Ruel（2021）；自行开发
	延伸责任动力	ZR1－ZR3	Wu 等（2018）；自行开发
治理能力	安全管理实力	SL1－SL5	自行开发
	安全协调能力	XT1－XT4	自行开发；Walter 等（2006）
治理行为	安全评价行为	AP1－AP3	Awaysheh 和 Klassen（2010）；Sancha 等（2016）；Agan 等（2016）
	安全协作行为	AX1－AX4	Agan 等（2016）；Sancha（2016）等；李金华等（2019）

8.3.3　治理压力初始量表

Dubey 等（2015）将制度压力整体作为一个测量对象，测量题项有 6 个：① 区域污染控制委员会是否向公司施压，要求其采取绿色实践；② 政府法规是否提供了控制污染水平的明确指南；③ 污染控制委员会是否定期严格监控公司的污染水平；④ 环保实践是否会减少来自污染控制委员会的罚款；⑤ 公司的最大销售额是否以出口为导向；⑥ 外国客户是否对绿色实践更敏感。Zeng 等（2017）的研究中，规制压力包含 3 个题项：① 法律法规为该公司的环境保护和绿色生产提供指导；② 政府对该公司的环境破坏和资源浪费进行处罚；③ 环境保护部门定期严格监控企业的环境污染情况。

Srinivasan 等（2002）从客户、竞争对手和利益相关者角度衡量制度压力。由于规范压力强调规则、信仰、价值观和企业的社会认可度。沈奇泰松（2014）制定的规范压力题项聚焦在行业协会、公众和公司领导及员工角度，具体包括以下题项：① 公司从行业或职业协会中了解企业社会责任理念；② 对社会负责的经营理念备受本地公众的推崇；③ 公众对企业负责任地对待利益相关者的行为非常赞赏；④ 公司领导、员工接受的社会责任教育对企业有很强的影响力。结合前文质性研究和参考借鉴相关文献中的量表，本书从公众、媒体和社区的角度制定规范压力题项。

Wu 等（2018）从行业角度考虑认知压力，提出以下题项：① 大多数竞争对手已将环境保护和社会责任实践纳入其管理政策；② 业界普遍认为，环境责任和社会责任有助于提高企业利润；③ 业界认为，环境和社会责任有助于公司在市场上保持竞争优势；④ 行业协会对责任企业给予支持和表扬。于飞等（2021）就认知压力量表提出：① 本地和同行企业因其绿色环保措施而扩大了影响力；② 本地和同行企业的绿色创新情况对本企业有深刻影响；③ 绿色创新效果好的本地和同行企业在经营中的效益也好；④ 大部分本地和同行企业都开展了绿色创新。Liu 等（2010）认为认知压力包含3 个题项：① 我们公司的主要竞争对手因为采取 eSCM（基于互联网的供应链管理系统）而受益匪浅；② 我们公司的主要竞争对手通过采取 eSCM 受到客户好评；③ 我们公司的主要竞争对手通过采取 eSCM 变得更具竞争力。

综上，本书的治理压力初始量表如表 8-3 所示。

表 8-3　治理压力初始量表

变量	维度	编号	题项
治理压力	规制压力	GZ1	我们公司感知到来自法律法规的参与供应链安全生产治理的压力
		GZ2	我们公司感知到来自政府安监部门的参与供应链安全生产治理的压力
		GZ3	我们公司感知到来自行业规范（准则）的参与供应链安全生产治理的压力
	规范压力	GF1	我们公司感知到来自公众监督的参与供应链安全生产治理的压力
		GF2	我们公司感知到来自媒体监督的参与供应链安全生产治理的压力
		GF3	我们公司感知到来自社区监督的参与供应链安全生产治理的压力

续表

变量	维度	编号	题项
治理压力	认知压力	RZ1	合作伙伴对中小制造供应商采取了安全生产管理策略和举措，让我们公司倍感压力
		RZ2	竞争对手积极参与供应链中小制造供应商安全生产治理，让我们公司倍感压力
		RZ3	竞争对手参与供应链中小制造供应商安全生产治理提升了企业知名度，让我们公司倍感压力

8.3.4 治理动力初始量表

企业开展供应链安全生产治理活动的主要目的是创造财富（Garriga 和 Melé，2004；Saeidi 等，2015）。本书认为创造财富有开源与节流两个路径：一方面通过树立正面形象，建立和改善企业声誉，吸引客户和人才（Benitez 等，2020）；另一方面稳定供应来源，减少供货风险，降低损失。除了逐利动机的驱使，企业自身的社会责任感也是其开展供应链安全生产管理实践的一大动力（Busse，2016）。Gray 和 Balmer（1998）认为企业形象可以通过构思良好的沟通计划更快地塑造出来，企业希望向其利益相关者展示准确和积极的形象，而大多数大企业必须关注的主要利益相关者包括客户、分销商与零售商、供应商、合资伙伴、金融机构与分析师、股东、政府监管机构、社会行动组织、公众和员工。结合前文研究，本书考虑政府认可度、社会公众认可度和行业地位为主要的利益相关者关注点，设计树立形象动力维度的测量题项。

供应链中断是供应链风险的表现形式，企业通常需要采取策略来识别、评估、解决和监控供应链中断事件（DuHadway 等，2019）。El Baz 和 Ruel（2021）设计的供应链中断影响题项有：① 供应链中断影响企业运营的总体效率；② 供应链中断影响交付提前期（交付可靠性）；③ 供应链中断影响供应采购成本。

Wu 等（2018）在企业可持续供应链管理的企业责任认知维度的题项有：公司高层领导支持实施环境友好和社会责任管理；公司未来规划中考虑了可持续发展；公司提倡实施可持续发展文化。综上，本书的治理动力初始量表如表 8-4 所示。

表 8-4　治理动力初始量表

变量	维度	编号	题项
治理动力	树立形象动力	XX1	我们公司参与供应链中小制造供应商安全生产治理带来的政府认可度
		XX2	我们公司参与供应链中小制造供应商安全生产治理带来的社会公众认可度
		XX3	我们公司参与供应链中小制造供应商安全生产治理得以扩大影响力的程度
		XX4	我们公司参与供应链中小制造供应商安全生产治理得以提升行业地位的程度
	稳定供应动力	GY1	中小制造供应商安全生产事故对我们公司产品交付的影响程度
		GY2	中小制造供应商安全生产事故对我们公司产品质量的影响程度
		GY3	中小制造供应商安全生产事故对我们公司产品品牌声誉的影响程度
	延伸责任动力	ZR1	我们公司高层对参与供应链中小制造供应商安全生产治理的关注程度
		ZR2	我们公司参与供应链中小制造供应商安全生产治理的影响力
		ZR3	我们公司具有的供应链可持续发展管理意识的强度

8.3.5　治理能力初始量表

企业安全生产管理能力是为应对外部环境变化而在企业内部形成的安全管理技巧、资源和功能（Teece 等，1997）。基于资源为基础的企业理论，企业安全管理能力是指企业配置其所拥有或控制的有形或无形要素等安全生产资源的能力，用以进行提高企业或其供应链安全生产绩效的各种活动。供应链安全生产治理能力是一种动态能力。一些学者沿用最初的动态能力概念，将动态能力定义为比较抽象的企业构建、调整、整合、重构内外部资源或能力的能力（Teece 等，1997），企业感知和识别机会与威胁的能力（Teece，2007），企业剥离和释放资源的能力（Eisenhardt 和 Martin，2000）或学习能力（Wang 和 Ahmed，2007）。一些学者从组织和实证的角度把动态能力视为一系列实施具体战略和组织过程或活动的能力，如产品开发、结盟、战略决策能力（Eisenhardt 和 Martin，2000），营销和研发能力

（Danneels，2008），开发新产品或服务、实施新的业务流程（Helfat，1997）、创建新的顾客关系、改变经商方式的能力（冯军政和魏江，2011）。

根据 Walter 等（2006）的研究，企业协调能力包括 6 个题项：① 我们公司能够挑选合作伙伴达成既定目标；② 我们公司能够了解合作伙伴的目标、潜力和战略等信息；③ 我们公司能够根据关系匹配对应资源（人员或资金等）；④ 我们公司能够准确判断出可以建立关系的合作伙伴；⑤ 我们公司能够任命专员负责协调与合作伙伴之间的关系；⑥ 我们公司能够定期与合作伙伴交流如何互助以共同努力达成目标。基于此，本书制定了相应的治理能力初始量表题项，如表 8-5 所示。

表 8-5 治理能力初始量表

变量	维度	编号	题项
治理能力	安全管理实力	SL1	我们公司掌握的参与供应链中小制造供应商安全生产治理的知识量
		SL2	我们公司具备的供应链流程安全管理（如物流安全管理）能力
		SL3	我们公司向中小制造供应商表达安全生产要求的能力
		SL4	我们公司挑选合作伙伴达成供应链安全生产治理目标的能力
		SL5	我们公司与合作伙伴建立良好的供应链安全生产协同治理关系的能力
	安全协调能力	XT1	我们公司制定中小制造供应商安全生产行为准则的能力
		XT2	我们公司与中小制造供应商进行安全生产信息交换的能力
		XT3	我们公司与中小制造供应商分享供应链安全收益的能力
		XT4	我们公司与合作伙伴共同解决供应链中小制造供应商安全生产治理问题的能力

8.3.6 治理行为初始量表

在 Awaysheh 和 Klassen（2010）的研究中，供应商评价包括 3 个题项：① 监督我们的供应商，确保其遵守我们的社会期望；② 不定期对供应商进行审查；③ 制定具体的监督程序以确保供应商遵守我们的社会期望。Sancha 等（2016）认为采购公司可以选择通过供应商评价（assessment）和协作（collaboration）来提高其供应商的可持续性绩效。供应商评价包含

3个题项：① 我们使用既定的指导方针和程序来正式评估供应商绩效；② 我们为供应商反馈评估结果；③ 我们对供应商的内部管理体系进行审计。供应商协作包含3个题项：① 我们访问供应商来帮助他们提升绩效；② 我们为供应商提供培训；③ 我们与供应商共同努力改善结果。供应商评估这一变量包括：对供应商的社会问题进行评估，对供应商的社会问题进行审计，根据评估结果向供应商提供反馈。Agan 等（2016）将供应链环境管理行为分为评估、激励（前两者类似评价）和直接参与（后者类似于协作），包含题项有：我们公司评估供应商的环境绩效；我们公司根据供应商的环保表现对其进行奖励；我们为供应商提供环保项目的财务支持；我们公司帮助我们的供应商获得环保认证。

李金华等（2019）将供应链社会责任治理机制细分为监督、评估、激励和协助，其中监督与评估的概念接近文献中的评价，激励与协助的概念接近文献中的协作。监督和评估的测量题项有7个：① 我们公司定期受到买方对商业与环境诚实性的独立审计；② 我们公司在遵守伦理政策方面受到买方的监督；③ 我们公司潜在的生产、办公等敏感区域受到买方工作组的检查；④ 我们公司受到来自买方的社会责任绩效评估；⑤ 我们公司得到来自买方的社会责任绩效评估结果的反馈；⑥ 我们公司被买方要求设立社会责任绩效目标；⑦ 我们公司被买方要求取得社会责任标准的认证。激励和协助的测量题项有7条：① 我们公司实施的面向社会责任的项目得到买方的财务支持；② 我们公司的社会责任绩效受到买方的奖励；③ 我们公司的社会责任绩效直接影响与买方签订的合约质量；④ 我们公司分享到买方的社会责任治理知识与经验；⑤ 我们公司得到买方提供的社会责任能力训练；⑥ 我们公司在解决社会责任问题方面得到买方的合作；⑦ 我们公司在通过社会责任标准认证方面得到买方的协助。

通过对供应商评价行为和供应商协作行为成熟量表的参考，并结合专家座谈及前文研究，本书形成治理行为变量初始量表，如表8-6所示。

所有题项均采用五点李克特量表进行测量。该量表的值越高，表示程度越高。

表 8-6 治理行为初始量表

变量	维度	编号	题项
治理行为	安全评价行为	AP1	我们公司评估中小制造供应商的安全生产绩效
		AP2	我们公司制定监督程序以确保中小制造供应商进行安全生产
		AP3	同等条件下，我们公司对安全生产绩效好的中小制造供应商提高采购份额
	安全协作行为	AX1	我们公司协助中小制造供应商获得职业安全健康管理体系认证
		AX2	我们公司为中小制造供应商提供安全生产技术指导
		AX3	我们公司协助中小制造供应商获得安全生产所需资金
		AX4	我们公司为中小制造供应商提供安全生产管理指导

8.4 预调研与初始量表检验

8.4.1 预调研

量表试测主要通过线上问卷星平台，以及线下安全产业大会进行调研。调研对象为核心企业，问卷作答者为核心企业中高层管理者并对企业参与供应链中小制造供应商安全生产治理压力、动力、能力和行为较为了解。一个企业为一份样本，共回收问卷 122 份，其中有效问卷 100 份。被访者基本信息与所在核心企业信息分别见表 8-7 和表 8-8。

表 8-7 被访者基本信息

名称	选项	频数	百分比（%）	累积百分比（%）
性别	男	66	66.00	66.00
	女	34	34.00	100.00
年龄	21～30 岁	14	14.00	14.00
	31～40 岁	74	74.00	88.00
	41～50 岁	11	11.00	99.00
	51～60 岁	1	1.00	100.00
职位	EHS 部门经理	8	8.00	8.00
	供应链管理部门经理	58	58.00	66.00
	可持续管理部门经理	31	31.00	97.00
	其他	3	3.00	100.00

续表

名称	选项	频数	百分比（%）	累积百分比（%）
最高学历	高中及以下	2	2.00	2.00
	专科	5	5.00	7.00
	本科	78	78.00	85.00
	硕士研究生	13	13.00	98.00
	博士研究生	2	2.00	100.00
所学专业	安全工程	44	44.00	44.00
	环境工程	34	34.00	78.00
	化学工程	10	10.00	88.00
	其他	12	12.00	100.00

从表 8-7 可知：对于性别来讲，样本中男士占比较高，为 66.00%，女士样本的比例是 34.00%。年龄类别中，被访者中有 74.00% 处于"31~40 岁"这一年龄段。样本中超过半数的被调查者职位是"供应链管理部门经理"，职位是"可持续管理部门经理"样本的比例是 31.00%。从最高学历来看，样本中最高学历为"本科"的被访者相对较多，比例为 78.00%。从所学专业来看，样本中有超过四成的人员所学专业为"安全工程"，所学专业为"环境工程"的样本比例是 34.00%。

表 8-8　核心企业信息

名称	选项	频数	百分比（%）	累积百分比（%）
所属行业	农林牧渔	6	6.00	6.00
	采矿业	3	3.00	9.00
	制造业	49	49.00	58.00
	批发和零售业	10	10.00	68.00
	建筑业	9	9.00	77.00
	交通运输、仓储和邮政业	10	10.00	87.00
	其他	13	13.00	100.00

续表

名称	选项	频数	百分比（％）	累积百分比（％）
	国有企业	21	21.00	21.00
	集体企业	3	3.00	24.00
	股份制企业	15	15.00	39.00
所有制	私营企业	49	49.00	88.00
	中外合资企业	8	8.00	96.00
	外商独资企业	3	3.00	99.00
	其他	1	1.00	100.00

从表 8-8 可知：从所属行业来看，样本中所属行业为"制造业"的企业相对较多，比例为 49.00％，同时样本中有 49.00％的企业为"私营企业"。

8.4.2 初始量表检验

接下来对初始量表进行信度和效度检验。信度用于检验量表内部的一致性、稳定性及可靠性，采用 Cronbach's α 系数进行测量，系数值越接近于 1（最低不应低于 0.4），量表信度越好。效度是指该量表所能测量的心理或行为特征的程度。

（1）初始量表信度检验

运用软件 SPSS 23.0 对各变量进行信度分析，治理行为初始量表信度检验结果如表 8-9 所示，治理压力初始量表信度检验结果如表 8-10 所示，治理动力初始量表信度检验结果如表 8-11 所示，治理能力初始量表信度检验结果如表 8-12 所示。

表 8-9 治理行为初始量表信度检验

名称	校正项总计相关性（CITC）	项已删除的 Cronbach's α 系数	备注
AX1	0.459	0.737	保留
AX2	0.506	0.726	保留
AX3	0.622	0.698	保留
AX4	0.603	0.703	保留
AP1	0.503	0.730	保留
AP2	0.266	0.770	保留
AP3	0.402	0.748	保留

注：量表 Cronbach's α 系数为 0.761。

从表 8-9 可知：信度系数值为 0.761，大于 0.7，因而说明治理行为的预调研数据信度质量良好，可进行下一步分析。其中，AP2 的 CITC 值为 0.266，由于是试测样本，考虑先保留该题项以备大样本检验。

表 8-10 治理压力初始量表信度检验

题项	校正项总计相关性（CITC）	项已删除的 Cronbach's α 系数	备注
GZ1	0.463	0.849	保留
GZ2	0.562	0.840	保留
GZ3	0.614	0.836	保留
GF1	0.544	0.842	保留
GF2	0.630	0.833	保留
GF3	0.580	0.838	保留
RZ1	0.643	0.832	保留
RZ2	0.613	0.835	保留
RZ3	0.541	0.843	保留

注：量表 Cronbach's α 系数为 0.854。

从表 8-10 可知：信度系数值为 0.854，大于 0.8，表示治理压力变量的预调研数据信度质量高。同时，各题项的 CITC 值均大于 0.4，说明治理压力各题项之间具有良好的相关关系，同时也说明信度水平良好。

表 8-11 治理动力初始量表信度检验

名称	校正项总计相关性（CITC）	项已删除的 Cronbach's α 系数	备注
XX1	0.604	0.789	保留
XX2	0.507	0.800	保留
XX3	0.530	0.797	保留
XX4	0.432	0.808	保留
GY1	0.434	0.808	保留
GY2	0.526	0.798	保留
GY3	0.525	0.798	保留
ZR1	0.433	0.807	保留
ZR2	0.504	0.800	保留
ZR3	0.501	0.801	保留

注：量表 Cronbach's α 系数为 0.817。

从表 8-11 可知：信度系数值为 0.817，大于 0.8，因而说明研究数据信度质量高。针对"项已删除的 Cronbach's α 系数"，任意题项被删除后，信度系数并不会有明显的上升，说明题项不应该被删除处理。综上所述，治理动力初始量表可用于进一步分析。

表 8-12 治理能力初始量表信度检验

名称	校正项总计相关性（CITC）	项已删除的 Cronbach's α 系数	备注
XT1	0.443	0.810	保留
XT2	0.423	0.812	保留
XT3	0.574	0.794	保留
XT4	0.605	0.790	保留
SL1	0.568	0.795	保留
SL2	0.476	0.806	保留
SL3	0.482	0.805	保留
SL4	0.575	0.794	保留
SL5	0.524	0.800	保留

注：量表 Cronbach's α 系数为 0.819。

从表 8-12 可知：信度系数值为 0.819（大于 0.8），表明治理能力初始量表的预调研数据信度质量高。同时，治理能力变量下各题项的 CITC 值均大于 0.4，说明题项之间相关关系较好。

（2）初始量表效度检验

运用探索性因子分析对试测量表进行效度检验。探索性因子分析可以将杂乱无章的变量重新排列组合，对变量进行重新分类。本书将分别对治理行为、治理压力、治理动力和治理能力进行探索性因子分析。治理行为变量中包括 2 个维度共 7 个题项，通过主成分分析对变量量表进行因子分析，利用最大方差法对因子进行旋转提取，治理行为变量的因子载荷矩阵和总方差解释如表 8-13 所示。

表 8-13 治理行为初始量表效度检验

名称	因子载荷系数		共同度（公因子方差）
	因子 1	因子 2	
AX1	0.698		0.492
AX2	0.839		0.705
AX3	0.747		0.645
AX4	0.714		0.597
AP1		0.748	0.636
AP2		0.759	0.577
AP3		0.703	0.531
特征根值（旋转前）	2.908	1.275	—
方差解释率（旋转前）/%	41.540	18.212	—
累积方差解释率（旋转前）/%	41.540	59.751	—
特征根值（旋转后）	2.373	1.809	—
方差解释率（旋转后）/%	33.903	25.849	—
累积方差解释率（旋转后）/%	33.903	59.751	—
KMO 值	0.758		—
Bartlett 球形值	166.580		—
df	21		—
p 值	0.000		—

接下来通过 KMO 值、共同度、方差解释率、因子载荷系数等指标判断预调研数据中的治理行为初始量表的效度水平。根据表 8-13，治理行为所有题型对应的共同度值均高于 0.4，说明各题项信息可以被有效提取。另外，KMO 值为 0.758，大于 0.6，表示数据的效度较好。另外，2 个因子旋转后累积方差解释率为 59.751%（大于 50%），也表明各题项的信息量可以被有效提取。最后，治理行为变量的两个维度和题项的对应关系与预期相符，从因子载荷系数绝对值大于 0.4 可知，题项和维度有对应关系。

治理压力变量包括规制压力、规范压力和认知压力 3 个维度，通过主成分分析法，利用最大方差法对因子进行旋转提取，对管理压力变量的 9 个题项进行因子分析，共提取 3 个因子。治理压力变量初始题项的因子载荷矩阵和总方差解释如表 8-14 所示。

表 8-14 治理压力初始量表效度检验

名称	因子载荷系数			共同度（公因子方差）
	因子 1	因子 2	因子 3	
GZ1	0.747			0.709
GZ2	0.839			0.771
GZ3	0.884			0.793
GF1		0.774		0.668
GF2		0.803		0.740
GF3		0.843		0.759
RZ1			0.917	0.866
RZ2			0.604	0.565
RZ3			0.506	0.574
特征根值（旋转前）			0.926	—
方差解释率（旋转前）/%	46.412	14.911	10.292	—
累积方差解释率（旋转前）/%	46.412	61.323	71.615	—
特征根值（旋转后）	2.444	2.291	1.710	
方差解释率（旋转后）/%	27.160	25.456	18.999	
累积方差解释率（旋转后）/%	27.160	52.616	71.615	
KMO 值		0.816		
Bartlett 球形值		361.346		
df	36	—		
p 值	0.000	—		

从表 8-14 可知，预调研数据中的治理压力初始量表的效度水平较高，理由如下：① 所有题项对应的共同度值均高于 0.4；② KMO 值为 0.816，大于 0.6；③ 3 个因子旋转后累积方差解释率为 71.615%（大于 50%），表明治理压力变量的所有题项的信息量可以被有效提取；④ 维度与题项的对应关系与预期相符；⑤ 因子载荷系数绝对值大于 0.4，说明选项和维度具有

对应关系。

治理动力变量包括树立形象动力、稳定供应动力和延伸责任动力 3 个维度，通过主成分分析法，利用最大方差法对因子进行旋转提取，对管理动力变量的 10 个题项进行因子分析，共提取 3 个因子。治理动力变量初始题项的因子载荷矩阵和总方差解释如表 8-15 所示。

表 8-15   治理动力初始量表效度检验

名称	因子载荷系数			共同度（公因子方差）
	因子 1	因子 2	因子 3	
XX1	0.557			0.534
XX2	0.738			0.590
XX3	0.692			0.553
XX4	0.750			0.588
GY1		0.834		0.746
GY2		0.741		0.627
GY3		0.738		0.681
ZR1			0.531	0.442
ZR2			0.786	0.690
ZR3			0.749	0.634
特征根值（旋转前）		1.304	0.958	—
方差解释率（旋转前）/%	38.226	13.037	9.579	—
累积方差解释率（旋转前）/%	38.226	51.263	60.842	—
特征根值（旋转后）	2.200	2.044	1.840	—
方差解释率（旋转后）/%	22.002	20.444	18.396	—
累积方差解释率（旋转后）/%	22.002	42.446	60.842	—
KMO 值	0.818			
Bartlett 球形值	261.754			
df	45			—
p 值	0.000	—		

从表 8-15 可知，预调研数据中的治理动力初始量表的效度水平较高，理由如下：① 所有题项对应的共同度值均高于 0.4；② KMO 值为 0.818，大于 0.6；③ 3 个因子旋转后累积方差解释率为 60.842%（大于 50%），表明治理动力变量的所有题项的信息量可以被有效提取；④ 3 个维度与各题项的对应关系与预期相符；⑤ 因子载荷系数绝对值大于 0.4，说明选项和维度具有对应关系。

治理能力变量包括安全管理实力、安全协调能力 2 个维度，通过主成分分析法，利用最大方差法对因子进行旋转提取，对治理能力变量的 9 个题项进行因子分析，共提取 2 个因子。治理能力变量初始题项的因子载荷矩阵和总方差解释如表 8-16 所示。

表 8-16　治理能力初始量表效度检验

名称	因子载荷系数		共同度（公因子方差）
	因子 1	因子 2	
XT1		0.705	0.512
XT2		0.774	0.601
XT3		0.655	0.548
XT4		0.748	0.642
SL1	0.658		0.522
SL2	0.717		0.522
SL3	0.809		0.654
SL4	0.679		0.543
SL5	0.643		0.477
特征根值（旋转前）	3.709	1.313	—
方差解释率（旋转前）/%	41.216	14.588	—
累积方差解释率（旋转前）/%	41.216	55.804	—
特征根值（旋转后）	2.694	2.329	—
方差解释率（旋转后）/%	29.930	25.875	—
累积方差解释率（旋转后）/%	29.930	55.804	—
KMO 值	0.821		
Bartlett 球形值	254.916		
df	36		
p 值	0.000		—

从表 8-16 可知，预调研数据中的治理能力初始量表的效度水平较高，理由如下：① 所有题项对应的共同度值均高于 0.4；② KMO 值为 0.821，大于 0.6；③ 3 个因子旋转后累积方差解释率为 55.804%（大于 50%），表明治理能力变量的所有题项的信息量可以被有效提取；④ 2 个维度与各题项的对应关系与预期相符；⑤ 因子载荷系数绝对值大于 0.4，说明选项和维度具有对应关系。

8.4.3 正式量表形成

根据初始量表的信度和效度分析，初始量表的各题项与各变量维度均具有较强的相关性，各题项删除后并不能增加各分量表的信度。另外，所有分量表的各题项均按照预期设置的变量维度分布，而且各初始量表具有较高的因子载荷。综合以上分析，治理行为、治理压力、治理动力和治理能力初始量表均具有较高的信度和效度。因此，应保留初始量表中的所有题项，最终形成的正式量表如表 8-17 所示。

表 8-17 正式量表的维度与题项

变量	维度	题项编号	题项内容
治理行为	安全评价行为	AP1	我们公司评估中小制造供应商的安全生产绩效
		AP2	我们公司制定监督程序以确保中小制造供应商进行安全生产
		AP3	同等条件下，我们公司对安全生产绩效好的中小制造供应商提高采购份额
	安全协作行为	AX1	我们公司协助中小制造供应商获得职业安全健康管理体系认证
		AX2	我们公司为中小制造供应商提供安全生产技术指导
		AX3	我们公司协助中小制造供应商获得安全生产所需资金
		AX4	我们公司为中小制造供应商提供安全生产管理指导
治理压力	规制压力	GZ1	我们公司感知到来自法律法规的参与供应链安全生产治理的压力
		GZ2	我们公司感知到来自政府安监部门的参与供应链安全生产治理的压力
		GZ3	我们公司感知到来自行业规范（准则）的参与供应链安全生产治理的压力

续表

变量	维度	题项编号	题项内容
治理压力	规范压力	GF1	我们公司感知到来自公众监督的参与供应链安全生产治理的压力
		GF2	我们公司感到来自媒体监督的参与供应链安全生产治理的压力
		GF3	我们公司感到来自社区监督的参与供应链安全生产治理的压力
	认知压力	RZ1	合作伙伴对中小制造供应商采取了安全生产管理策略和举措，让我们公司倍感压力
		RZ2	竞争对手积极参与供应链中小制造供应商安全生产治理，让我们公司倍感压力
		RZ3	竞争对手参与供应链中小制造供应商安全生产治理提升了企业知名度，让我们公司倍感压力
治理动力	树立形象动力	XX1	我们公司参与供应链中小制造供应商安全生产治理带来的政府认可度
		XX2	我们公司参与供应链中小制造供应商安全生产治理带来的社会公众认可度
		XX3	我们公司参与供应链中小制造供应商安全生产治理得以扩大影响力的程度
		XX4	我们公司参与供应链中小制造供应商安全生产治理得以提升行业地位的程度
	稳定供应动力	GY1	中小制造供应商安全生产事故对我们公司产品交付的影响程度
		GY2	中小制造供应商安全生产事故对我们公司产品质量的影响程度
		GY3	中小制造供应商安全生产事故对我们公司产品品牌声誉的影响程度
	延伸责任动力	ZR1	我们公司高层对参与供应链中小制造供应商安全生产治理的关注程度
		ZR2	我们公司参与供应链中小制造供应商安全生产治理的影响力
		ZR3	我们公司具有的供应链可持续发展管理意识的强度

续表

变量	维度	题项编号	题项内容
治理能力	安全管理实力	SL1	我们公司掌握的参与供应链中小制造供应商安全生产治理的知识量
		SL2	我们公司具备的供应链流程安全管理（如物流安全管理）能力
		SL3	我们公司向中小制造供应商表达安全生产要求的能力
		SL4	我们公司挑选合作伙伴达成供应链安全生产治理目标的能力
		SL5	我们公司与合作伙伴建立良好的供应链安全生产协同治理关系的能力
	安全协调能力	XT1	我们公司制定中小制造供应商安全生产行为准则的能力
		XT2	我们公司与中小制造供应商进行安全生产信息交换的能力
		XT3	我们公司与中小制造供应商分享供应链安全收益的能力
		XT4	我们公司与合作伙伴共同解决供应链中小制造供应商安全生产治理问题的能力

第9章 核心企业参与中小制造供应商安全生产治理行为驱动路径的实证分析

第8章构建了前置影响因素与核心企业参与中小制造供应商安全生产治理行为之间的关系假设模型，在此基础上设计了测量量表并对初始量表的信度与效度进行了检验。本章将对第8章形成的正式量表开展正式调研与信效度检验，继而根据问卷调查数据对研究假设进行检验与结果分析，最终修正初始关系假设模型，揭示核心企业治理行为与其驱动因素间的关系类型、关系强弱，明晰治理压力、治理动力与治理能力对治理行为的驱动路径，为后文提出核心企业参与中小制造供应商安全生产治理的驱动策略提供实证依据。

9.1 正式调研与正式量表检验

9.1.1 正式调研样本数据收集

正式调查采用问卷星样本服务平台进行网络调查。问卷星是一个在线问卷调查平台，提供在线编辑问卷、数据采集等系列服务；问卷星样本服务是在问卷星在线问卷调查平台的基础上增加的一项收费服务。问卷星拥有庞大的样本库，可以帮助调查者定向邀请到符合条件的目标群体参与到问卷调查中，支持设置性别、年龄、身份、地区等多重标签。

为保证搜集的样本来自供应链核心企业，本书需首先明确供应链核心企业的定义及判断指标。核心企业通常在产业供应链居于关键位置，或担任某一供应链组织者和协调者的角色，大多掌握重要技术、产品或管理方法，或者为行业大中型企业并且对中小制造供应商有合作吸引力。基于此，制定本调查中核心企业样本的筛选指标为员工人数大于300人，以及资产规模超过2000万元。另外，核心企业在供应链上的中小制造供应商数量及核心企业专利数量是必填项。

问卷星的有效样本筛选过程为：首先只针对符合要求的人群发放问卷，然后在填写过程中设置反问题、陷阱题等进行样本质量控制，最后经由系统筛选和人工筛选得出有效样本。总共595人访问过该问卷，经过筛选去除非核心企业样本（员工数少于300人，资产规模少于2000万元，中小制造供应商数量少于5或专利授权数量少于5，未认真作答及前后回答矛盾问卷），最终收集到有效样本299份。正式调研中，核心企业中有192家企业来自东部地区，占总样本企业的64.21%；属于制造行业的核心企业数最多，占总数的68.23%。核心企业性质包括国有企业、集体企业、股份制企业、私营企业、中外合资企业、外商独资企业及其他企业类型，几乎涵盖了所有的企业性质。被访者基本信息如表9-1所示，其中，283名被访者在核心企业中担任EHS部门经理、供应链管理部门经理或可持续管理部门经理。由此可知，数据主要来源于核心企业的中高层管理者，这些被访者能够深入了解企业在参与供应链中小制造供应商的安全生产治理方面的情况，并具有实践经验。

表9-1　被访者基本信息

项目	类型	频数	百分比（%）
性别	男性	158	52.84
	女性	141	47.16
年龄	30岁及以下	27	9.03
	31~40岁	214	71.57
	41~50岁	42	14.05
	51~60岁	15	5.02
	61岁及以上	1	0.33
职位	EHS部门经理	37	12.37
	供应链管理部门经理	157	52.51
	可持续管理部门经理	89	29.77
	其他	16	5.35

　　所有被访者中，有 242 名的工作内容包括安全生产，110 名的工作内容包括消防，184 名的工作内容包括职业健康安全，158 名的工作内容包括环境。具体被访者工作内容信息见表 9-2 所示。

表 9-2　被访者工作内容信息

工作内容	选项	频数	百分比（％）	累计百分比（％）
安全生产	否	57	19.06	19.06
	是	242	80.94	100.00
消防	否	189	63.21	63.21
	是	110	36.79	100.00
职业健康安全	否	115	38.46	38.46
	是	184	61.54	100.00
环境	否	141	47.16	47.16
	是	158	52.84	100.00
其他	否	279	93.31	93.31
	是	20	6.69	100.00

　　被访者中，最高学历为本科的人数最多，共 219 人，占总数的 73.24％。关于所学专业，有 130 名被访者毕业于安全工程专业，占 43.48％；有 104 名被访者毕业于环境工程专业，占 34.78％。这说明大多数被访者毕业于安全工程或环境工程专业，对本书研究主题较为熟悉。被访者学历与专业信息如表 9-3 所示。

表 9-3　被访者学历与专业信息

项目	类型	频数	百分比（％）
最高学历	高中及以下	6	2.01
	专科	15	5.02
	本科	219	73.24
	硕士研究生	50	16.72
	博士研究生	9	3.01

续表

项目	类型	频数	百分比（%）
所学专业	安全工程专业	130	43.48
	环境工程专业	104	34.78
	化学工程专业	28	9.36
	其他专业	37	12.37

9.1.2 正式量表信度检验

在初始量表试测阶段，通过对问卷进行数据分析，已对初始量表的信度、效度、量表构成及维度划分进行了初步检验。为保证正式量表的有效性，在进行结构方程模型检验前，需要对正式量表进行信度和效度检验。正式量表的信度如表 9-4 所示。

表 9-4　正式量表信度检验

变量	Cronbach's α 系数	校正项总计相关性（CITC）
B 治理行为	0.798	0.426～0.634
P 治理压力	0.863	0.535～0.625
M 治理动力	0.862	0.431～0.647
C 治理能力	0.844	0.496～0.577

从表 9-4 可知：Cronbach's α 系数均大于 0.7，分析项的 CITC 值均大于 0.4，说明分析项之间具有良好的相关关系，同时也说明正式量表的信度水平良好。

9.1.3 正式量表效度检验

为检验正式量表的效度，下面将分别进行探索性因子分析和验证性因子分析。探索性因子分析（Exploratory Factor Analysis，EFA）是指在进行因子分析前，并未对数据的因素结构有任何预期与立场，而是以试错的思路探索因素结构的分析方法。验证性因子分析（Confirmatory Factor Analysis，CFA）是指在研究之初提出某种特定结构关系的假设，然后确认数据模式是否符合研究预期的因子分析方法。在进行探索性因子分析之前，先进行 KMO 和 Bartlett 检验，结果如表 9-5 所示。各变量的 KMO 值均大于 0.8，p 值显著性均为 0.000，表明各变量均适合进行因子分析，如表 9-6 所示。

表 9-5　KMO 和 Bartlett 检验

变量	KMO 值	Bartlett 球形值	df	p 值
B 治理行为	0.828	556.634	21	0.000
P 治理压力	0.871	979.482	36	0.000
M 治理动力	0.896	982.380	45	0.000
C 治理能力	0.888	774.230	36	0.000

表 9-6　模型拟合判断标准

拟合指标	判断标准
χ^2/df	≤5（越小越好）
GFI	≥0.8（越接近 1 越好）
RMR	≤0.08（越小越好）
CFI	≥0.9（越接近 1 越好）
NFI	≥0.9（越接近 1 越好）
IFI	≥0.9（越接近 1 越好）
SRMR	<0.1（越小越好）

（1）治理行为正式量表的结构效度检验

根据初始量表的效度检验，核心企业参与供应链中小制造供应商安全生产治理的行为共分为安全协作行为和安全评价行为 2 个维度。治理行为正式题项的因子载荷矩阵和因子总方差解释如表 9-7 所示。治理行为变量正式题项的因子累积方差解释率为 61.664%，基于特征值大于 1 抽取的因子共 2 个，7 个题项分布在 2 个潜在因子上，且因子载荷大于 0.7，其他因子载荷均小于 0.5。因此，治理行为正式量表具有较好的结构效度，且因子分布结构符合本研究的维度划分。

表 9-7　治理行为正式题项因子载荷矩阵与因子总方差解释

名称	因子载荷系数	
	因子 1	因子 2
AX1	0.798	
AX2	0.737	
AX3	0.769	
AX4	0.718	
AP1		0.745
AP2		0.807
AP3		0.719
特征根值（旋转前）	3.180	1.136
方差解释率（旋转前）/%	45.431	16.233
累积方差解释率（旋转前）/%	45.431	61.664
特征根值（旋转后）	2.405	1.911
方差解释率（旋转后）/%	34.359	27.305
累积方差解释率（旋转后）/%	34.359	61.664

表 9-8 展示了治理行为变量的验证性因子分析的拟合指标结果。由于治理行为变量的各拟合指标均达到判断标准，因此模型拟合度较好。

表 9-8　治理行为变量模型拟合指标结果

拟合指标	指标值
χ^2/df	1.619
GFI	0.981
RMR	0.029
CFI	0.985
NFI	0.963
IFI	0.985
SRMR	0.033

下面对治理行为变量进行验证性因子分析，其标准化结果如表 9-9 所示。量表的 2 个潜在因子的各题项因子标准化载荷系数均大于 0.6 并且显著，同时因子载荷大于 0.4，意味着测量关系较好，治理行为变量通过了验证性因子分析。因此，该量表具有良好的结构效度。

表 9-9　治理行为变量验证性因子分析标准化结果

Factor（潜变量）	测量项（显变量）	非标准载荷系数（Coef.）	标准误（Std. Error）	z（CR 值）	p 值	标准载荷系数（Std. Estimate）
安全评价行为	AP1	1.000	—	—	—	0.693
安全评价行为	AP2	0.836	0.108	7.770	0.000	0.625
安全评价行为	AP3	0.849	0.109	7.760	0.000	0.623
安全协作行为	AX1	1.000	—	—	—	0.638
安全协作行为	AX2	1.048	0.116	9.069	0.000	0.674
安全协作行为	AX3	1.445	0.149	9.724	0.000	0.758
安全协作行为	AX4	1.058	0.114	9.296	0.000	0.699

（2）治理压力正式量表的结构效度检验

治理压力变量包括规制压力、规范压力和认知压力 3 个维度。治理压力正式题项的因子载荷矩阵和因子总方差解释如表 9-10 所示。治理压力正式题项的累积方差解释率为 68.229%，基于特征值大于 1 抽取的因子共 3 个，9 个题项分布在 3 个潜在因子上，且因子载荷系数均大于 0.6，其他因子载荷均小于 0.5。因此，治理压力正式量表的结构效度良好，且因子分布结构符合本研究的维度划分。

表 9-10　治理压力正式题项因子载荷矩阵与因子总方差解释

名称	因子载荷系数		
	因子 1	因子 2	因子 3
GZ1			0.850
GZ2			0.731
GZ3			0.607
GF1		0.831	

续表

名称	因子载荷系数		
	因子 1	因子 2	因子 3
GF2		0.681	
GF3		0.784	
RZ1	0.624		
RZ2	0.844		
RZ3	0.824		
特征根值（旋转前）	4.309	0.934	0.897
方差解释率（旋转前）/%	47.878	10.381	9.970
累积方差解释率（旋转前）/%	47.878	58.260	68.229
特征根值（旋转后）	2.113	2.089	1.939
方差解释率（旋转后）/%	23.472	23.209	21.547
累积方差解释率（旋转后）/%	23.472	46.682	68.229

表 9-11 列出了治理压力变量的验证性因子分析的拟合指标结果。治理压力变量的各拟合指标均符合判断标准，因此模型拟合度较好。

表 9-11 治理压力变量模型拟合指标结果

拟合指标	指标值
χ^2/df	2.393
GFI	0.958
RMR	0.033
CFI	0.965
NFI	0.942
IFI	0.966
SRMR	0.038

下面对治理压力变量进行验证性因子分析，其标准化结果如表 9-12 所示。量表的 3 个潜在因子的各题项因子标准化载荷系数均大于 0.6 并显著（p 值＝0.000），表示测量关系较好，治理压力变量通过了验证性因子分析。

因此，治理压力量表具有良好的结构效度。

表 9-12　治理压力变量验证性因子分析标准化结果

Factor （潜变量）	测量项 （显变量）	非标准载荷 系数（Coef.）	标准误 (Std. Error)	z （CR 值）	p 值	标准载荷系数 (Std. Estimate)
规制压力	GZ1	1.000	—	—	—	0.668
规制压力	GZ2	1.251	0.138	9.078	0.000	0.667
规制压力	GZ3	1.153	0.123	9.353	0.000	0.697
规范压力	GF1	1.000				0.729
规范压力	GF2	1.002	0.097	10.376	0.000	0.692
规范压力	GF3	1.180	0.106	11.106	0.000	0.760
认知压力	RZ1	1.000	—	—	—	0.712
认知压力	RZ2	1.119	0.100	11.226	0.000	0.763
认知压力	RZ3	1.111	0.098	11.280	0.000	0.768

（3）治理动力正式量表的结构效度检验

治理动力变量分为树立形象动力、稳定供应动力和延伸责任动力 3 个维度。治理动力正式题项的因子载荷矩阵和因子总方差解释如表 9-13 所示。治理动力正式题项的累积方差解释率为 63.449%，基于特征值大于 1 抽取的因子共 3 个，10 个题项分布在 3 个潜在因子上，且因子载荷系数均大于 0.55，其他因子核心企业参与中小制造供应商安全生产治理行为驱动机理及演化规律研究载荷均小于 0.5。因此，治理动力正式量表具有较好的结构效度，且因子分布结构符合预期的维度划分。

表 9-13　治理动力正式题项因子载荷矩阵与因子总方差解释

名称	因子载荷系数		
	因子 1	因子 2	因子 3
XX1		0.559	
XX2		0.865	
XX3		0.615	
XX4		0.615	

续表

名称	因子载荷系数		
	因子 1	因子 2	因子 3
GY1			0.853
GY2			0.641
GY3			0.674
ZR1	0.658		
ZR2	0.700		
ZR3	0.822		
特征根值（旋转前）	4.495	0.999	0.851
方差解释率（旋转前）/%	44.947	9.994	8.508
累积方差解释率（旋转前）/%	44.947	54.941	63.449
特征根值（旋转后）	2.362	2.136	1.847
方差解释率（旋转后）/%	23.620	21.364	18.465
累积方差解释率（旋转后）/%	23.620	44.984	63.449

表 9-14 展示了治理动力变量的验证性因子分析的拟合指标结果。由于治理动力变量的各拟合指标均满足判断标准，因此模型拟合度较好。

表 9-14　治理动力变量模型拟合指标结果

拟合指标	指标值
χ^2/df	1.866
GFI	0.962
RMR	0.029
CFI	0.971
NFI	0.940
IFI	0.971
SRMR	0.037

下面对治理动力变量进行验证性因子分析，其标准化结果如表 9-15 所示。量表的 3 个潜在因子的各题项因子标准化载荷系数均大于 0.5 且显著，

说明测量关系较好，治理动力变量通过了验证性因子分析。因此，该量表具有较高的结构效度。

表 9-15　治理动力变量验证性因子分析标准化结果

Factor（潜变量）	测量项（显变量）	非标准载荷系数（Coef.）	标准误（Std. Error）	z（CR 值）	p 值	标准载荷系数（Std. Estimate）
树立形象动力	XX1	1.000	—	—	—	0.662
树立形象动力	XX2	0.940	0.104	9.028	0.000	0.620
树立形象动力	XX3	1.188	0.115	10.289	0.000	0.732
树立形象动力	XX4	1.109	0.114	9.723	0.000	0.679
稳定供应动力	GY1	1.000	—	—	—	0.560
稳定供应动力	GY2	1.360	0.165	8.245	0.000	0.726
稳定供应动力	GY3	1.408	0.172	8.183	0.000	0.713
延伸责任动力	ZR1	1.000	—	—	—	0.623
延伸责任动力	ZR2	1.075	0.118	9.119	0.000	0.693
延伸责任动力	ZR3	1.155	0.122	9.480	0.000	0.739

（4）治理能力正式量表的结构效度检验

治理能力变量共分为安全协调能力和安全管理实力 2 个维度，治理能力正式题项的因子载荷矩阵和因子总方差解释如表 9-16 所示。治理能力正式题项的累积方差解释率为 55.213%，基于特征值大于 1 抽取的因子共 2 个，9 个题项分布在 2 个潜在因子上，且因子载荷系数均大于 0.55，其他因子载荷均小于 0.5。因此，治理能力正式量表具有良好的结构效度，且因子分布结构符合预期的维度划分。

表 9-16　治理能力正式题项因子载荷矩阵与因子总方差解释

名称	因子载荷系数	
	因子 1	因子 2
XT1		0.711
XT2		0.668
XT3		0.731

续表

名称	因子载荷系数	
	因子 1	因子 2
XT4		0.767
SL1	0.783	
SL2	0.670	
SL3	0.684	
SL4	0.641	
SL5	0.558	
特征根值（旋转前）	4.009	0.960
方差解释率（旋转前）/%	44.543	10.670
累积方差解释率（旋转前）/%	44.543	55.213
特征根值（旋转后）	2.485	2.484
方差解释率（旋转后）/%	27.613	27.600
累积方差解释率（旋转后）/%	27.613	55.213

表 9-17 列出了治理能力变量的验证性因子分析的拟合指标结果。由于治理能力变量的各拟合指标均达到判断标准，因此模型拟合度较好。

表 9-17 治理能力变量模型拟合指标结果

拟合指标	指标值
χ^2/df	1.541
GFI	0.973
RMR	0.024
CFI	0.981
NFI	0.949
IFI	0.982
SRMR	0.034

下面对治理能力变量进行验证性因子分析，其标准化结果如表 9-18 所示。量表的 2 个潜在因子的各题项因子标准化载荷系数均大于 0.59 且呈现出显著性，表示测量关系较好，治理能力变量通过了验证性因子分析。因此，该量表具有较高的结构效度。

表 9-18　治理能力变量验证性因子分析标准化结果

Factor（潜变量）	测量项（显变量）	非标准载荷系数（Coef.）	标准误（Std. Error）	z（CR 值）	p 值	标准载荷系数（Std. Estimate）
安全协调能力	XT1	1.000	—	—	—	0.683
安全协调能力	XT2	0.941	0.101	9.277	0.000	0.647
安全协调能力	XT3	1.064	0.114	9.365	0.000	0.655
安全协调能力	XT4	0.961	0.100	9.635	0.000	0.680
安全管理实力	SL1	1.000	—	—	—	0.591
安全管理实力	SL2	1.087	0.130	8.341	0.000	0.646
安全管理实力	SL3	1.092	0.134	8.161	0.000	0.625
安全管理实力	SL4	1.185	0.140	8.440	0.000	0.658
安全管理实力	SL5	1.103	0.134	8.248	0.000	0.635

综上所述，治理行为、治理压力、治理动力和治理能力变量的正式量表均具有较好的信度和效度，适合进行下一步的分析与假设检验。

9.2　核心企业治理行为及其驱动因素描述性统计分析

9.2.1　治理行为变量的描述性统计分析

核心企业参与供应链中小制造供应商安全生产治理的行为变量包括 2 个变量和对应的 7 个题项，正式调研数据中治理行为变量的统计分析结果如表 9-19 所示。

表 9-19　治理行为变量描述性统计分析结果

变量	平均值	标准差	题项	平均值	标准差
安全协作行为	3.906	0.775	AX1	4.013	0.948
			AX2	4.033	0.941
			AX3	3.515	1.154
			AX4	4.064	0.916
安全评价行为	4.171	0.650	AP1	4.140	0.867
			AP2	4.258	0.805
			AP3	4.114	0.820

　　通过分析表 9-19，可发现以下几点：第一，安全评价行为较安全协作行为得分高，为 4.171，说明核心企业在对中小制造供应商进行安全生产评价方面表现出较高水平，但是核心企业对中小制造供应商的安全协作行为还有待加强。第二，在所有治理行为测量题项中，AP2（我们公司制定监督程序以确保中小制造供应商进行安全生产）平均值得分最高且标准差最小，AX3（我们公司协助中小制造供应商获得安全生产所需资金）平均值得分最低且标准差最大，这表示被访企业制定中小制造供应商安全生产监督程序的积极性普遍很高，而协助中小制造供应商获得安全生产所需资金的积极性总体不高，但企业间差异较大。第三，安全协作行为中 AX4（我们公司为中小制造供应商提供安全生产管理指导）选项得分最高，说明相较其他安全协作行为，核心企业更为乐意为中小制造供应商提供安全生产管理指导，其次是提供安全生产技术指导和协助中小制造供应商获得职业安全健康管理体系认证。第四，核心企业更为积极采取的安全评价行为中，题项得分排名依次为 AP2（我们公司制定监督程序以确保中小制造供应商进行安全生产）、AP1（我们公司评估中小制造供应商的安全生产绩效）和 AP3（同等条件下，我们公司对安全生产绩效好的中小制造供应商提高采购份额），说明相比所有的安全协作行为，核心企业最愿意为中小制造供应商制定安全生产监督程序，其次是评估中小制造供应商的安全生产绩效，为安全生产绩效好的中小制造供应商提高采购份额。治理行为各题项选项的频数和百分比统计结果如表 9-20 所示。

治理行为变量占比最高分布的结果如表 9-21 所示，其中，"完全符合"占比最高的题项是 AP2（我们公司制定监督程序以确保中小制造供应商进行安全生产），"比较符合"占比最高的题项是 AP3（同等条件下，我们公司对安全生产绩效好的中小制造供应商提高采购份额），"不确定""不太符合""完全不符合"占比最高的题项都是 AX3（我们公司协助中小制造供应商获得安全生产所需资金）。

表 9-20 治理行为变量得分频数与百分比

题项	选项	频数	百分比（%）	题项	选项	频数	百分比（%）
AX1	完全不符合	4	1.34	AP1	完全不符合	3	1.00
	不太符合	27	9.03		不太符合	15	5.02
	不确定	27	9.03		不确定	31	10.37
	比较符合	144	48.16		比较符合	138	46.15
	完全符合	97	32.44		完全符合	112	37.46
AX2	完全不符合	6	2.01	AP2	完全不符合	2	0.67
	不太符合	17	5.69		不太符合	11	3.68
	不确定	40	13.38		不确定	23	7.69
	比较符合	134	44.82		比较符合	135	45.15
	完全符合	102	34.11		完全符合	128	42.81
AX3	完全不符合	22	7.36	AP3	完全不符合	3	1.00
	不太符合	36	12.04		不太符合	11	3.68
	不确定	66	22.07		不确定	34	11.37
	比较符合	116	38.80		比较符合	152	50.84
	完全符合	59	19.73		完全符合	99	33.11
AX4	完全不符合	5	1.67				
	不太符合	17	5.69				
	不确定	35	11.71				
	比较符合	139	46.49				
	完全符合	103	34.45				

表 9-21 治理行为变量占比最高分布

选项	占比最高的题项
完全符合	AP2
比较符合	AP3
不确定	AX3
不太符合	AX3
完全不符合	AX3

观察表 9-21，除已分析过的题项 AP2 和 AX3，值得注意的是，最多被访企业比较同意题项 AP3（同等条件下，我们公司对安全生产绩效好的中小制造供应商提高采购份额），因此可以在后续计算实验中加入根据安全生产绩效配置订单这一活动。

9.2.2 治理压力变量的描述性统计分析

核心企业参与供应链中小制造供应商安全生产治理的压力变量包括 3 个变量和对应的 9 个正式测量题项，正式调研数据中治理压力变量的统计分析结果如表 9-22 所示。

表 9-22 治理压力变量描述性统计分析结果

变量	平均值	标准差	题项	平均值	标准差
规制压力	3.787	0.680	GZ1	3.726	0.759
			GZ2	3.906	0.951
			GZ3	3.729	0.838
规范压力	3.619	0.798	GF1	3.599	0.908
			GF2	3.739	0.958
			GF3	3.518	1.028
认知压力	3.550	0.855	RZ1	3.421	0.995
			RZ2	3.562	1.039
			RZ3	3.666	1.024

表 9-22 表明：第一，企业受到的规制压力最强，其次是规范压力，再次是认知压力，平均得分分别为 3.787、3.619 和 3.550。这说明企业更多地感受到来自政府、法规和行业规范的参与供应链中小制造供应商安全生产治理压力，其次较多地感受到来自公众媒体关注和社区监督的治理压力，而感受

到来自合作伙伴和竞争对手的治理压力最弱。因此，可以看出核心企业参与供应链中小制造供应商安全生产治理的主要压力来源是政府或社会。第二，在所有治理压力的测量题项中，GZ2（我们公司感知到来自政府安监部门的参与供应链安全生产治理的压力）的得分最高，RZ1（合作伙伴对中小制造供应商采取了安全生产管理策略和举措，让我们公司倍感压力）的得分最低，这表示被访企业认为来自政府安监部门的治理压力强度总体最大，来自合作伙伴的治理压力的强度总体最小。第三，在规范压力变量中，得分最高的题项为GF2（我们公司感知到来自媒体监督的参与供应链安全生产治理的压力），表示来自媒体监督的规范压力强于来自公众监督或社区监督的规范压力。第四，在认知压力变量中，得分最高的题项为RZ3（竞争对手参与供应链中小制造供应商安全生产治理提升了企业知名度，让我们公司倍感压力），这表示来自竞争对手的认知压力强度大于来自合作伙伴治理的认知压力强度。治理压力各个题项的选项频数和百分比统计结果如表 9-23 所示。

表 9-23　治理压力变量得分频数与百分比

题项	选项	频数	百分比（%）	题项	选项	频数	百分比（%）
GZ1	非常小	1	0.33	GF1	非常小	5	1.67
	小	13	4.35		小	33	11.04
	一般	93	31.10		一般	78	26.09
	大	152	50.84		大	144	48.16
	非常大	40	13.38		非常大	39	13.04
GZ2	非常小	1	0.33	GF2	非常小	5	1.67
	小	25	8.36		小	25	8.36
	一般	69	23.08		一般	81	27.09
	大	110	36.79		大	120	40.13
	非常大	94	31.44		非常大	68	22.74
GZ3	非常小	5	1.67	GF3	非常小	9	3.01
	小	13	4.35		小	41	13.71
	一般	87	29.10		一般	87	29.10
	大	147	49.16		大	110	36.79
	非常大	47	15.72		非常大	52	17.39

续表

题项	选项	频数	百分比（%）	题项	选项	频数	百分比（%）
RZ1	非常小	9	3.01	RZ2	非常小	9	3.01
	小	44	14.72		小	40	13.38
	一般	98	32.78		一般	81	27.09
	大	108	36.12		大	112	37.46
	非常大	40	13.38		非常大	57	19.06
RZ3	非常小	15	5.02				
	小	21	7.02				
	一般	70	23.41				
	大	136	45.48				
	非常大	57	19.06				

根据统计表 9-23 的数据，治理压力变量占比最高分布的结果如表 9-24 所示，其中，"非常大"占比最高的题项是 GZ2（我们公司感知到来自政府安监部门的参与供应链安全生产治理的压力），"大"占比最高的题项是 GZ1（我们公司感知到来自法律法规的参与供应链安全生产治理的压力），"一般"和"小"占比最高的题项是 RZ1（合作伙伴对中小制造供应商采取了安全生产管理策略和举措，让我们公司倍感压力），"非常小"占比最高的题项是 RZ3（竞争对手参与供应链中小制造供应商安全生产治理提升了企业知名度，让我们公司倍感压力）。

表 9-24　治理压力变量占比最高分布

选项	占比最高的题项
非常大	GZ2
大	GZ1
一般	RZ1
小	RZ1
非常小	RZ3

表 9-24 表明，企业更多感受到来自政府和法律法规的参与供应链中小制造供应商安全生产治理的压力，较不赞同感受到来自合作伙伴和竞争对

手供应链安全生产治理实践的认知压力。因此，除了探索不同治理压力对核心企业参与供应链中小制造供应商安全生产治理的行为的作用路径，还应进一步研究如何发挥规制压力和规范压力对治理行为的作用效果。

9.2.3 治理动力变量的描述性统计分析

核心企业参与供应链中小制造供应商安全生产治理的动力变量包含 3 个变量和对应的 10 个题项，正式调研数据中治理动力变量的统计分析结果如表 9-25 所示。

表 9-25 治理动力变量描述性统计分析结果

变量	平均值	标准差	题项	平均值	标准差
树立形象动力	3.927	0.716	XX1	4.037	0.895
			XX2	3.910	0.898
			XX3	3.863	0.961
			XX4	3.900	0.968
稳定供应动力	3.948	0.727	GY1	3.933	0.868
			GY2	3.946	0.911
			GY3	3.963	0.960
延伸责任动力	3.997	0.599	ZR1	4.114	0.820
			ZR2	3.906	0.793
			ZR3	4.020	0.798

从表 9-25 可知：第一，延伸责任动力变量得分最高，其次是稳定供应动力，得分最低的是树立形象动力，说明核心企业更多出于延伸企业责任至供应链的考虑而选择参与供应链中小制造供应商安全生产治理。出于稳定供应动力实行供应链安全生产治理措施的程度较轻，而出于树立形象动力对中小制造供应商实施安全生产治理措施的程度最轻，其原因可能是社会公众或行业对核心企业的供应链安全生产治理实践缺乏广泛关注。

第二，在所有治理动力的测量题项中，ZR1（我们公司高层对参与供应链中小制造供应商安全生产治理的关注程度）的平均值得分最高，XX3（我们公司参与供应链中小制造商安全生产治理得以扩大影响力的程度）的平均值得分最低，表示被访者普遍认同公司高层关注是核心企业参与供应链中小制造供应商安全生产治理主要的动力来源，并认为通过治理得以扩大影响力的程度最小。

第三，在树立形象动力变量中，得分最高的题项为 XX1（我们公司参与供应链中小制造供应商安全生产治理带来的政府认可度），并且其得分仅次于 ZR1（我们公司高层对参与供应链中小制造供应商安全生产治理的关注程度），说明被访企业普遍认为参与供应链中小制造供应商安全生产治理能够带来政府认可度。

第四，在稳定供应动力变量中，得分最高的是 GY3（中小制造供应商安全生产事故对我们公司产品品牌声誉的影响程度），说明被访企业认为中小制造供应商发生安全生产事故后，对核心企业产品的品牌声誉的影响高于对产品交付和产品质量的影响。

第五，在延伸责任动力变量中，得分排名依次是 ZR1（我们公司高层对参与供应链中小制造供应商安全生产治理的关注程度）、ZR3（我们公司具有的供应链可持续发展管理意识的强度）和 ZR2（我们公司参与供应链中小制造供应商安全生产治理的影响力），其中 ZR3（我们公司具有的供应链可持续发展管理意识的强度）得分较高且标准差较小，说明被访核心企业普遍认为企业自身具有的供应链可持续发展管理意识较强。治理动力各个题项选项的频数和百分比统计结果如表 9-26 所示。

表 9-26　治理动力变量得分频数与百分比

题项	选项	频数	百分比（%）	题项	选项	频数	百分比（%）
XX1	非常小	4	1.34	GY2	非常小	3	1.00
	小	11	3.68		小	18	6.02
	一般	57	19.06		一般	60	20.07
	大	125	41.81		大	129	43.14
	非常大	102	34.11		非常大	89	29.77
XX2	非常小	2	0.67	GY3	非常小	8	2.68
	小	19	6.35		小	15	5.02
	一般	66	22.07		一般	50	16.72
	大	129	43.14		大	133	44.48
	非常大	83	27.76		非常大	93	31.10

题项	选项	频数	百分比（%）	题项	选项	频数	百分比（%）
XX3	非常小	5	1.67	ZR1	非常小	2	0.67
	小	24	8.03		小	9	3.01
	一般	59	19.73		一般	46	15.38
	大	130	43.48		大	138	46.15
	非常大	81	27.09		非常大	104	34.78
XX4	非常小	10	3.34	ZR2	非常小	2	0.67
	小	13	4.35		小	14	4.68
	一般	57	19.06		一般	55	18.39
	大	136	45.48		大	167	55.85
	非常大	83	27.76		非常大	61	20.40
GY1	非常小	3	1.00	ZR3	非常小	2	0.67
	小	18	6.02		小	13	4.35
	一般	51	17.06		一般	41	13.71
	大	151	50.50		大	164	54.85
	非常大	76	25.42		非常大	79	26.42

根据表 9-26 治理动力变量得分频数与百分比结果进行统计，治理动力变量选项占比最高的分布结果如表 9-27 所示。其中，"非常大"占比最高的题项是 ZR1（我们公司高层对参与供应链中小制造供应商安全生产治理的关注程度），"大"占比最高的题项是 ZR2（我们公司参与供应链中小制造供应商安全生产治理的影响力），"一般"占比最高的题项是 XX2（我们公司参与供应链中小制造供应商安全生产治理带来的社会公众认可度），"小"占比最高的题项是 XX3（我们公司参与供应链中小制造供应商安全生产治理得以扩大影响力的程度），"非常小"占比最高的题项是 XX4（我们公司参与供应链中小制造供应商安全生产治理得以提升行业地位的程度）。"非常大"和"大"占比最高的题项均来自延伸责任动力变量，而"一般""小""非常小"占比最高的题项均来自树立形象动力变量，表明被访企业认为核心企业参与供应链中小制造供应商安全生产治理的主要动力是主动延伸供应链责任而非树立良好形象。

表 9-27　治理动力变量占比最高分布

选项	占比最高的题项
非常大	ZR1
大	ZR2
一般	XX2
小	XX3
非常小	XX4

9.2.4　治理能力变量的描述性统计分析

核心企业参与供应链中小制造供应商安全生产治理的能力变量包括 2 个变量及对应 9 个题项。正式调研数据中治理能力变量的统计分析结果如表 9-28 所示。

表 9-28　治理能力变量描述性统计分析结果

变量	平均值	标准差	题项	平均值	标准差
安全协调能力	3.888	0.660	XT1	3.936	0.851
			XT2	3.866	0.845
			XT3	3.803	0.944
			XT4	3.946	0.822
安全管理实力	4.081	0.602	SL1	4.134	0.816
			SL2	4.201	0.811
			SL3	4.047	0.842
			SL4	3.963	0.868
			SL5	4.060	0.837

分析表 9-28 可知：第一，安全管理实力变量的得分高于安全协调能力变量的得分，并且前者得分的标准差低于后者，说明被访企业的安全生产管理实力高于安全生产协调能力。

第二，在所有治理能力的测量题项中，SL2〔我们公司具备的供应链流程安全管理（如物流安全管理）能力〕的平均值得分最高，XT3（我们公司与中小制造供应商分享供应链安全收益的能力）的平均值得分最低，这表示被访企业认为核心企业自身具备较强的供应链流程的安全管理能力，但是与中小制造供应商分享供应链安全收益的能力较其他能力而言最弱。

第三，在安全协调能力变量中，得分最高的题项为 XT4（我们公司与合作伙伴共同解决供应链中小制造供应商安全生产治理问题的能力），同时 XT4 的标准差最小，表示被访企业与合作伙伴共同解决供应链中小制造供应商安全生产治理问题的安全协调能力较其他安全协调能力更强。

第四，在安全管理实力变量中，得分最高的是 SL2 ［我们公司具备的供应链流程安全管理（如物流安全管理）能力］，SL1（我们公司掌握的参与供应链中小制造供应商安全生产治理的知识量）的得分仅次于 SL2，表示被访企业认为核心企业掌握的参与供应链中小制造供应商安全生产治理的知识储备量普遍较高。治理能力各个题项选项的频数和百分比统计结果如表 9-29 所示。

表 9-29　治理能力变量得分频数与百分比

题项	选项	频数	百分比（％）	题项	选项	频数	百分比（％）
XT1	非常小	3	1.00	SL1	非常小	1	0.33
	小	16	5.35		小	11	3.68
	一般	52	17.39		一般	43	14.38
	大	154	51.51		大	136	45.48
	非常大	74	24.75		非常大	108	36.12
XT2	非常小	3	1.00	SL2	非常小	1	0.33
	小	14	4.68		小	10	3.34
	一般	69	23.08		一般	38	12.71
	大	147	49.16		大	129	43.14
	非常大	66	22.07		非常大	121	40.47
XT3	非常小	6	2.01	SL3	非常小	2	0.67
	小	22	7.36		小	13	4.35
	一般	66	22.07		一般	48	16.05
	大	136	45.48		大	142	47.49
	非常大	69	23.08		非常大	94	31.44

题项	选项	频数	百分比（%）	题项	选项	频数	百分比（%）
XT4	非常小	3	1.00	SL4	非常小	2	0.67
	小	13	4.35		小	11	3.68
	一般	52	17.39		一般	51	17.06
	大	160	53.51		大	138	46.15
	非常大	71	23.75		非常大	97	32.44
				SL5	非常小	18	6.02
					小	64	21.40
					一般	128	42.81
					大	89	29.77

基于表 9-29，治理能力占比最高的分布结果如表 9-30 所示。其中，"非常大"占比最高的题项是 SL2［我们公司具备的供应链流程安全管理（如物流安全管理）能力］，"大"占比最高的题项是 XT4（我们公司与合作伙伴共同解决供应链中小制造供应商安全生产治理问题的能力），"一般"占比最高的题项是 XT2（我们公司与中小制造供应商进行安全生产信息交换的能力），"小"和"非常小"占比最高的题项都是 XT3（我们公司与中小制造供应商分享供应链安全收益的能力）。可以看出核心企业与中小制造供应商分享供应链安全收益的能力较弱，至于此能力是否会对核心企业的供应链安全生产治理行为产生重大影响，需要进一步研究。

表 9-30　治理能力变量占比最高分布

选项	占比最高的题项
非常大	SL2
大	XT4
一般	XT2
小	XT3
非常小	XT3

9.3 假设模型检验与结果讨论

根据图 8-1 核心企业参与供应链安全生产治理的行为及驱动因素的概念假设模型图，治理压力属于自变量，治理动力和治理能力属于中介变量，治理行为属于因变量。为了研究各前置变量对治理行为的直接影响，以及检验治理动力和治理能力在治理压力与治理行为之间的中介作用，本节将运用结构方程模型的方法范式逐步检验各假设并分析假设检验结果，并构建最终的驱动路径模型图，明晰治理压力、治理动力和治理能力对核心企业参与供应链中小制造供应商安全生产治理行为的驱动作用。

9.3.1 相关性分析与模型拟合度

各变量的相关性分析是结构方程模型检验的基础。依据调查数据，本书采用 Pearson 相关系数检验各变量之间的显著性，即利用相关分析去研究规制压力和规范压力、认知压力、安全管理实力、安全协调能力、树立形象动力、稳定供应动力、延伸责任动力、安全评价行为、安全协作行为之间的相关关系，并用 Pearson 相关系数表示相关关系的强弱情况。变量间的相关性检验结果如表 9-31 所示。

表 9-31 变量间相关关系检验

	平均值	标准差	GZ	GF	RZ	SL	XT	XX	GY	ZR	AP	AX
GZ	3.787	0.680	1									
GF	3.619	0.798	0.558**	1								
RZ	3.550	0.855	0.562**	0.565**	1							
SL	4.081	0.602	0.319**	0.311**	0.303**	1						
XT	3.888	0.660	0.293**	0.425**	0.392**	0.625**	1					
XX	3.927	0.716	0.375**	0.495**	0.465**	0.606**	0.635**	1				
GY	3.948	0.727	0.371**	0.414**	0.447**	0.508**	0.468**	0.566**	1			
ZR	4.013	0.643	0.422**	0.367**	0.369**	0.647**	0.592**	0.639**	0.531**	1		
AP	4.171	0.650	0.190**	0.259**	0.286**	0.512**	0.406**	0.498**	0.386**	0.478**	1	
AX	3.906	0.775	0.161**	0.329**	0.402**	0.303**	0.485**	0.499**	0.273**	0.376**	0.469**	1

备注：$^{*}p<0.05$；$^{**}p<0.01$。

　　根据表 9-31，变量间相关关系显著，均表现出显著的正相关关系。具体来看：规制压力与规范压力、认知压力、安全管理实力、安全协调能力、树立形象动力、稳定供应动力、延伸责任动力、安全评价行为，安全协作行为之间全部均呈现出显著性，相关系数值分别是 0.558、0.562、0.319、0.293、0.375、0.371、0.422、0.190、0.161，并且相关系数值均大于 0，意味着变量之间有着显著的正相关关系。

　　全模型拟合度结果如表 9-32 所示，表明全模型拟合度的结果均满足判断标准。因此，该模型具有良好的拟合度，适合进行结构方程模型分析。

表 9-32　全模型拟合度

常用指标	χ^2/df	GFI	RMR	CFI	NFI	IFI	SRMR
判断标准	≤5	≥0.8	≤0.08	≥0.9	≥0.9	≥0.9	<0.1
值	4.935	0.934	0.019	0.957	0.948	0.958	0.041

9.3.2　标准化路径检验与结果分析

　　根据核心企业参与供应链安全生产治理的行为及驱动因素的概念假设模型，提取各变量的路径关系并进行检验，各变量的标准化路径分析结果如表 9-33 所示。

表 9-33　各变量的标准化路径分析

X→Y	非标准化路径系数	SE	z（CR 值）	p 值	标准化路径系数
规制压力→安全评价行为	−0.109	0.061	−1.803	0.071	−0.120
规范压力→安全评价行为	0.009	0.054	0.160	0.872	0.011
认知压力→安全评价行为	0.073	0.050	1.472	0.141	0.101
安全管理实力→安全评价行为	0.274	0.073	3.762	0.000	0.251
安全协调能力→安全评价行为	−0.021	0.068	−0.314	0.753	−0.021
树立形象动力→安全评价行为	0.195	0.056	3.473	0.001	0.225
稳定供应动力→安全评价行为	0.052	0.049	1.055	0.291	0.061
延伸责任动力→安全评价行为	0.163	0.062	2.609	0.009	0.169
安全评价行为→安全协作行为	0.343	0.065	5.274	0.000	0.277

续表

X→Y	非标准化路径系数	SE	z（CR值）	p 值	标准化路径系数
规制压力→安全协作行为	−0.175	0.069	−2.556	0.011	−0.155
规范压力→安全协作行为	0.051	0.060	0.841	0.400	0.053
认知压力→安全协作行为	0.219	0.056	3.889	0.000	0.243
安全管理实力→安全协作行为	−0.173	0.084	−2.059	0.039	−0.128
安全协调能力→安全协作行为	0.312	0.076	4.088	0.000	0.252
树立形象动力→安全协作行为	0.244	0.064	3.790	0.000	0.227
稳定供应动力→安全协作行为	−0.130	0.055	−2.351	0.019	−0.123
延伸责任动力→安全协作行为	0.059	0.071	0.829	0.407	0.049
规制压力→安全管理实力	0.028	0.050	0.558	0.577	0.033
规范压力→安全管理实力	−0.024	0.044	−0.550	0.583	−0.034
认知压力→安全管理实力	−0.054	0.041	−1.305	0.192	−0.081
树立形象动力→安全管理实力	0.245	0.042	5.768	0.000	0.309
稳定供应动力→安全管理实力	0.108	0.040	2.684	0.007	0.139
延伸责任动力→安全管理实力	0.414	0.045	9.277	0.000	0.470
规制压力→安全协调能力	−0.112	0.051	−2.176	0.030	−0.122
规范压力→安全协调能力	0.117	0.045	2.593	0.010	0.150
认知压力→安全协调能力	0.076	0.042	1.801	0.072	0.105
安全管理实力→安全协调能力	0.320	0.059	5.379	0.000	0.292
树立形象动力→安全协调能力	0.237	0.046	5.158	0.000	0.273
稳定供应动力→安全协调能力	0.020	0.042	0.484	0.628	0.024
延伸责任动力→安全协调能力	0.185	0.052	3.551	0.000	0.191
规制压力→树立形象动力	0.056	0.066	0.843	0.399	0.053
规范压力→树立形象动力	0.290	0.056	5.147	0.000	0.323
认知压力→树立形象动力	0.212	0.053	4.012	0.000	0.253
规制压力→稳定供应动力	0.112	0.069	1.617	0.106	0.105
规范压力→稳定供应动力	0.182	0.059	3.079	0.002	0.200

X→Y	非标准化路径系数	SE	z（CR 值）	p 值	标准化路径系数
认知压力→稳定供应动力	0.234	0.056	4.212	0.000	0.275
规制压力→延伸责任动力	0.250	0.063	3.994	0.000	0.264
规范压力→延伸责任动力	0.113	0.053	2.117	0.034	0.140
认知压力→延伸责任动力	0.106	0.050	2.120	0.034	0.141

备注：→表示路径影响关系。

标准化路径显著的判断标准是 p 值小于 0.05。可以根据表 9-33 中各变量之间的影响路径的标准化路径系数和 p 值，判断前文提出的 H1～H8 假设检验的结果。

H1：H1（治理压力正向影响治理动力）包含 9 个子假设，其中，规制压力对树立形象动力的影响不显著，标准化路径系数值为 0.053（p 值远大于 0.05），此检验结果与假设不一致，假设 H11a 不成立；规范压力正向影响树立形象动力，因为其标准化路径系数为 0.323（$p<0.01$），此结果与假设一致，因此 H11b 成立；认知压力对树立形象动力为显著正向影响，其标准化路径系数为 0.253（$p<0.01$），因此假设 H11c 成立；规制压力对稳定供应动力的影响不明显，标准化路径系数值为 0.105（$p>0.05$），此检验结果与假设不一致，假设 H12a 不成立；规范压力对稳定供应动力的影响显著，其标准化路径系数为 0.200（$p=0.002$），所以假设 H12b 成立；认知压力对稳定供应动力为显著正向影响，其标准化路径系数为 0.275（$p<0.01$），因此假设 H12c 成立；规制压力显著正向影响延伸责任动力，其标准化路径系数为 0.264（$p<0.01$），因此假设 H13a 成立；规范压力与认知压力对于延伸责任动力的影响显著（$p<0.05$），因此假设 H13b 和 H13c 均成立。

H2：H2（治理压力正向影响治理能力）包含 6 个子假设，其中，规制压力对安全管理实力的影响不显著，标准化路径系数值为 0.033（$p>0.05$），此检验结果与假设不一致，假设 H21a 不成立；规范压力正向影响安全管理实力的作用不显著，标准化路径系数为 -0.034（$p>0.05$），所以假设 H21b 不成立；认知压力对安全管理实力的影响不显著，标准化路径系数为－0.081（$p>0.05$），此结果与假设不一致，因此 H21c 不成立；规制压力对安全协调能力的负向影响显著，标准化路径系数为－0.122（$p<0.05$），此检验结果与假设不一致，假设 H22a 不成立；规范压力显著正向影响安全协调能力，标准化路径系数为 0.150（$p<0.05$），所以假设 H22b 成立；认知压力对安全协调能力的正向影响不显著，标准化路径系数为 0.105（$p>0.05$），此结果与假设不一致，因此 H22c 不成立。

H3：H3（治理压力正向影响治理行为）包含 6 个子假设，其中，规制压力、规范压力和认知压力对安全评价行为的影响均不显著（p 值大于 0.05），所以假设 H31a、H31b、H31c 不成立；规制压力对安全协作行为是显著负向影响，其标准化路径系数是－0.155（$p<0.05$），因此与假设相反，所以假设 H32a 不成立；规范压力对安全协作行为的影响不显著，表现为 p 值大于 0.05，因此假设 H32b 不成立；认知压力显著正向影响安全协作行为，其标准化路径系数为 0.243（$p<0.01$），因此假设 H32c 成立。从 H3 的假设关系验证结果可以看出，除认知压力对安全协作行为具有显著正向影响外，其余治理压力均不能显著促进治理行为，另外规制压力对安全协作行为具有抑制作用。

H4：H4（治理动力正向影响治理能力）包括 6 个子假设，其中树立形象动力、稳定供应动力和延伸责任动力对安全管理实力的正向影响作用均显著（p 值大于 0.05），而对安全协调能力的影响作用中，稳定供应动力不能显著正向影响安全协调能力，其标准化路径系数是 0.024（$p>0.05$）。所以 H4 的 6 个子假设中仅 H42b（稳定供应动力正向影响安全协调能力）未通过实证检验。

H5：H5（治理动力正向影响治理行为）有 6 个子假设，其中，树立形象动力对安全评价行为和安全协作行为均为显著正向影响，效应值分别为 0.225（$p<0.01$）和 0.227（$p<0.01$）；稳定供应动力对安全评价行为和安全协作行为的影响均不符合假设，其中，稳定供应动力对安全协作行为具有显著负向影响作用，效应值为－0.123（$p<0.05$）；延伸责任动力仅对安全评价行为具有显著正向影响，其标准化路径系数为 0.169（$p<0.01$），因此假设 H51a、H51c、H52a 成立，H51b、H52b、H52c 不成立。从 H5 的假设关系检验结果可知：树立形象动力能够直接促进核心企业的治理行

为；稳定供应动力不能显著促进核心企业对中小制造供应商的安全评价行为，并对安全协作行为有负向影响作用；延伸责任动力对安全评价行为有促进作用，但是对安全协作行为没有直接影响。

H6：H6（治理能力正向影响治理行为）包括 4 个子假设，其中，安全管理实力显著正向影响安全评价行为，其标准化路径系数为 0.251（$p<$ 0.01），表明假设 H61a 成立；安全协调能力对安全协作行为是显著正向影响，其标准化路径系数为 0.252（$p<0.01$），因此假设 H62b 成立；提升安全管理实力对安全协作行为具有显著的负向影响，其标准化路径系数为 -0.128（$p<0.05$），所以假设 H62a 不成立；安全协调能力对安全评价行为的正向影响不显著，其标准化路径系数是 -0.021（$p>0.05$），因此假设 H61b 不成立。从 H6 的假设关系检验结果可知：不同类型的供应链安全生产治理行为需要培养特定能力，增强核心企业的安全管理实力能促进安全评价行为；提高安全协调能力可以有效促进核心企业对供应链中小制造供应商的安全协作行为。

H7：安全管理实力正向影响安全协调能力，其标准化路径系数为 0.292（$p=0.000$），因此假设 H7 成立。

H8：安全评价行为正向影响安全协作行为，其标准化路径系数为 0.277（$p=0.000$），因此假设 H8 成立。综合以上假设检验结果，列出表 9-34。

表 9-34 假设关系验证结果

编号	研究假设	验证结论
H1	H11a：规制压力正向影响树立形象动力	不成立
	H11b：规范压力正向影响树立形象动力	成立
	H11c：认知压力正向影响树立形象动力	成立
	H12a：规制压力正向影响稳定供应动力	不成立
	H12b：规范压力正向影响稳定供应动力	成立
	H12c：认知压力正向影响稳定供应动力	成立
	H13a：规制压力正向影响延伸责任动力	成立
	H13b：规范压力正向影响延伸责任动力	成立
	H13c：认知压力正向影响延伸责任动力	成立

续表

编号	研究假设	验证结论
H2	H21a：规制压力正向影响安全管理实力	不成立
	H21b：规范压力正向影响安全管理实力	不成立
	H21c：认知压力正向影响安全管理实力	不成立
	H22a：规制压力正向影响安全协调能力	不成立
	H22b：规范压力正向影响安全协调能力	成立
	H22c：认知压力正向影响安全协调能力	不成立
H3	H31a：规制压力正向影响安全评价行为	不成立
	H31b：规范压力正向影响安全评价行为	不成立
	H31c：认知压力正向影响安全评价行为	不成立
	H32a：规制压力正向影响安全协作行为	不成立
	H32b：规范压力正向影响安全协作行为	不成立
	H32c：认知压力正向影响安全协作行为	成立
H4	H41a：树立形象动力正向影响安全管理实力	成立
	H41b：稳定供应动力正向影响安全管理实力	成立
	H41c：延伸责任动力正向影响安全管理实力	成立
	H42a：树立形象动力正向影响安全协调能力	成立
	H42b：稳定供应动力正向影响安全协调能力	不成立
	H42c：延伸责任动力正向影响安全协调能力	成立
H5	H51a：树立形象动力正向影响安全评价行为	成立
	H51b：稳定供应动力正向影响安全评价行为	不成立
	H51c：延伸责任动力正向影响安全评价行为	成立
	H52a：树立形象动力正向影响安全协作行为	成立
	H52b：稳定供应动力正向影响安全协作行为	不成立
	H52c：延伸责任动力正向影响安全协作行为	不成立
H6	H61a：安全管理实力正向影响安全评价行为	成立
	H61b：安全协调能力正向影响安全评价行为	不成立
	H62a：安全管理实力正向影响安全协作行为	不成立
	H62b：安全协调能力正向影响安全协作行为	成立
H7	H7：安全管理实力正向影响安全协调能力	成立
H8	H8：安全评价行为正向影响安全协作行为	成立

9.3.3 中介效应检验与结果分析

根据假设 H9，治理压力依次通过治理动力和治理能力间接影响治理行为，即治理动力和治理能力在治理压力和治理行为间起链式中介作用。链式中介效应是指自变量和因变量之间具有两个或两个以上中介变量。本书采用 Bootstrap 法这一被广泛应用的中介效应检验方法。Bootstrap 法是从总体样本中重复取样得到类似于原样本的 Bootstrap 样本，继而对 Bootstrap 样本进行 95％置信区间检验，如果区间内不包含零，则可以认为中介效应显著（Wen 等，2010）。Bootstrap 抽样次数为 5000 次，中介效应的标准化检验结果如表 9-35 所示。

表 9-35　链式中介效应检验结果

选项	Effect	Boot SE	BootLLCI	BootULCI	z	p 值
规制压力⇒治理动力⇒治理能力⇒安全评价行为	0.078	0.028	0.032	0.140	2.790	0.005
规范压力⇒治理动力⇒治理能力⇒安全评价行为	0.071	0.031	0.034	0.153	2.338	0.019
认知压力⇒治理动力⇒治理能力⇒安全评价行为	0.069	0.032	0.034	0.158	2.169	0.030
规制压力⇒治理动力⇒治理能力⇒安全协作行为	0.097	0.029	0.029	0.144	3.315	0.001
规范压力⇒治理动力⇒治理能力⇒安全协作行为	0.085	0.031	0.028	0.151	2.749	0.006
认知压力⇒治理动力⇒治理能力⇒安全协作行为	0.086	0.032	0.033	0.161	2.687	0.007

备注：BootLLCI 指 Bootstrap 抽样 95％区间下限，BootULCI 指 Bootstrap 抽样 95％区间上限。

根据表 9-35，对"治理压力—治理动力—治理能力—治理行为"的链式中介效应路径进行分析，针对"规制压力—治理动力—治理能力—安全评价行为"这条中介路径，Bootstrap 抽样 95％区间并不包括数字 0（95％ CI：0.032～0.140），说明此条中介效应路径存在（效应值为 0.078），所以假设 H91a 成立。针对"规范压力—治理动力—治理能力—安全评价行为"这条中介路径，Bootstrap 抽样 95％区间并不包括数字 0（95％ CI：0.034～0.153），说明此条中介效应路径存在（效应值为 0.071），所以假设 H91b

成立。针对"认知压力—治理动力—治理能力—安全评价行为"这条中介路径，Bootstrap 抽样 95％区间并不包括数字 0（95％ CI：0.034～0.158），说明此条中介效应路径存在（效应值为 0.069），所以假设 H91c 成立。针对"规制压力—治理动力—治理能力—安全协作行为"这条中介路径，Bootstrap 抽样 95％区间并不包括数字 0（95％CI：0.029～0.144），说明此条中介效应路径存在（效应值为 0.097），所以假设 H92a 成立。针对"规范压力—治理动力—治理能力—安全协作行为"这条中介路径，Bootstrap 抽样 95％区间并不包括数字 0（95％CI：0.028～0.151），说明此条中介效应路径存在（效应值为 0.085），所以假设 H92b 成立。针对"认知压力—治理动力—治理能力—安全协作行为"这条中介路径，Bootstrap 抽样 95％区间不包括数字 0（95％CI：0.033～0.161），说明此条中介效应路径存在（效应值为 0.086），所以假设 H92c 成立。H9 假设检验结果如表 9-36 所示。

表 9-36 链式中介效应假设关系验证

编号	研究假设	验证结论
H9	H91a：治理动力和治理能力在规制压力与安全评价行为间起链式中介作用	成立
	H91b：治理动力和治理能力在规范压力与安全评价行为间起链式中介作用	成立
	H91c：治理动力和治理能力在认知压力与安全评价行为间起链式中介作用	成立
	H92a：治理动力和治理能力在规制压力与安全协作行为间起链式中介作用	成立
	H92b：治理动力和治理能力在规范压力与安全协作行为间起链式中介作用	成立
	H92c：治理动力和治理能力在认知压力与安全协作行为间起链式中介作用	成立

9.3.4 结构方程模型结果讨论

研究假设与验证结果总结如表 9-37 所示。下文根据 H1～H9 的假设检验结果，讨论检验结果通过与不通过的原因，并针对实证结果分析，提出在当前现实背景下引导核心企业参与供应链中小制造供应商安全生产治理行为跃迁的实践启示。

表 9-37　H1～H9 假设检验结果

编号	研究假设	验证结论	备注
H1	治理压力正向影响治理动力	部分成立	H11a、H12a 不成立
H2	治理压力正向影响治理能力	部分成立	仅 H22b 成立
H3	治理压力正向影响治理行为	部分成立	仅 H32c 成立
H4	治理动力正向影响治理能力	部分成立	H42b 不成立
H5	治理动力正向影响治理行为	部分成立	H51b、H52b、H52c 不成立
H6	治理能力正向影响治理行为	部分成立	H61b、H62a 不成立
H7	安全管理实力正向影响安全协调能力	成立	无
H8	安全评价行为正向影响安全协作行为	成立	无
H9	治理压力依次通过治理动力和治理能力间接影响治理行为	成立	无

从表 9-37 中可以看出：大部分前期假设通过了实证检验，其中，H1、H4 通过情况较好；H7、H8、H9 均通过了假设检验；H5、H6 有一半的子假设通过了检验；H2、H3 假设检验结果不理想。接下来结合一些假设结果，侧重讨论 H2 与 H3 假设检验结果：第一，结合 H1（治理压力正向影响治理动力）、H4（治理动力正向影响治理能力）与 H2（治理压力正向影响治理能力），由于 H1、H4 中的假设基本通过，而 H2 中的假设基本不通过，说明治理压力需通过治理动力间接促进治理能力；第二，结合 H3（治理压力正向影响治理行为）、H1（治理压力正向影响治理动力）和 H5（治理动力正向影响治理行为），由于 H3 的假设基本不通过，H1、H5 假设检验结果良好，说明治理压力对治理行为的正向影响作用不明显，需通过治理动力间接影响治理行为。接下来将针对每一个假设的检验结果分别进行研究与讨论。

（1）H1 假设检验结果讨论

在 H1（治理压力正向促进治理动力）的 9 个子假设中，H13a（规制压力正向影响延伸责任动力）假设检验成立，说明来自政府法律法规和行业规范的规制压力能够明显促进核心企业延伸责任动力，即引起核心企业对参与安全生产治理的重视，产生主动延伸安全治理责任至其供应链的动力。

然而，H11a（规制压力正向影响树立形象动力）和 H12a（规制压力正向影响稳定供应动力）假设未通过检验，说明政府和行业规范施压，促使核心企业参与供应链中小制造供应商安全生产治理并不能调动起核心企业树立良好公众形象、塑造行业地位的动力；也不能引起核心企业防范中小制造供应商安全生产事故，避免事故对产品供应的不良影响的重视。因此，为起到更好的引导效果，政府和行业在引导核心企业参与供应链中小制造供应商安全生产治理时，不仅要注重对核心企业参与安全生产治理理念、治理责任的宣传教育，还要引导核心企业关注参与中小制造供应商安全生产治理对核心企业自身的经济利益，包括产品供应和企业声誉方面的益处。

H1 中关于规范压力和认知压力对治理动力的研究假设（H11b/H11c/H12b/H12c/H13a/H13b/H13c）均成立，表示来自社会和同行业企业的治理压力能够有效促进核心企业参与供应链中小制造供应商安全生产治理的动力。其原因可能在于，相较理念宣导，社会普遍共识和同行业企业示范对核心企业产生治理动力的作用更强、效果更好。当核心企业面临是否参与供应链中小制造供应商安全生产治理的决策时，参考社会的行为规范及同行业企业的优秀实践，能够避免企业决策的试错成本，更快获得治理收益。因此，一方面，应加强社会公众、媒体及社区监督，将核心企业参与供应链中小制造供应商安全生产治理变为社会共识，形成核心企业积极参与安全生产治理的制度环境；另一方面，应评选并嘉奖行业内参与供应链中小制造供应商安全生产治理的企业典范，将积极参与安全生产治理变为隐性竞争和软实力的体现。

（2）H2 假设检验结果讨论

H2（治理压力正向影响治理能力）的 6 个子假设检验结果中，仅 H22b（规范压力正向影响安全协调能力）成立，即来自社会媒体和公众的监督能够刺激核心企业提升参与供应链中小制造供应商安全生产治理的安全协调能力，而来自政府的治理理念引导或行业规范约束，以及来自同行业企业参与安全生产治理的示范压力对提升核心企业的治理能力（H21a/H21c/H22a/H22c）并没有显著作用。

可能的原因在于，政府施加的治理压力侧重于对企业责任、供应链管理责任的宣导，并没有提到帮扶核心企业参与安全生产治理的配套措施。

另外，政府施加的治理压力强度不足或核心企业认为自身已具备了政府要求的参与供应链中小制造供应商安全生产治理的全部能力。因此，核心企业未能重新审视自身资源实力并有意识地继续提升安全管理实力和安全协调能力。

来自社会的规范压力对安全管理实力没有明显的促进作用（H21b），但是能够显著促进核心企业增强安全协调能力。目前形成的社会氛围使一般核心企业意识到其与社会期望之间的行为差距，因此，应吸引一般核心企业注重培养关于企业间沟通、合作的治理能力。从 H2 的结合检验结果可知认知压力不能提升核心企业对供应链中小制造供应商的治理能力，从 9.2.2 节可知治理压力变量中认知压力变量下选项得分最低，均值仅为 3.550（5分制），这表明核心企业感受到来自合作伙伴和竞争对手供应链安全生产治理实践的认知压力程度一般，或核心企业并不认为自身与合作伙伴或竞争对手之间存在治理能力的差距。因此，认知压力对核心企业提升相关治理能力的促进作用有限。

综上所述，核心企业感受到的治理压力不够强烈，所以并不能积极采取行动提升自身关于参与供应链中小制造供应商安全生产治理的能力。H2（治理压力正向影响治理能力）的假设检验结果相比 H1（治理压力正向影响治理动力）检验结果不理想的原因可能是，目前核心企业感受到的治理压力只能刺激核心企业产生思想态度上的转变，并不能带动实际的能力提升行动。所以，为引导核心企业去提升自身的治理能力，政府、社会，以及同行企业除了加大压力施加的强度和范围，还应注意压力施加的效果，减少道德理念的说教，为核心企业提升治理能力提供具体的扶持政策和帮扶措施。

（3）H3 假设检验结果讨论

H3（治理压力正向影响治理行为）的 6 个子假设检验结果显示，规制压力与规范压力对核心企业的参与供应链中小制造供应商安全生产治理行为的影响作用不显著（H31a/H31b/H32a/H32b），认知压力能够正向促进核心企业的安全协作行为（H32c），但是对安全评价行为的促进作用不明显（H31c）。

首先，规制压力不能显著促进治理行为的原因可能是，核心企业感知到来自法律法规和行业规范的治理压力较小（选项得分均值为 3.787），或者压力的施加根据对象的不同而程度有所不同。根据前文的深度访谈可知，相比其他行业，制药企业受到的法规和行业规范更严格，所以药企的做法更为积极。

其次，规范压力不能显著促进治理行为的原因可能是，目前尚未形成普遍的社会共识，或者一般核心企业感知到的规范压力较小。由于少数名牌企业易受到大众关注并面临更高的社会责任要求，所以目前的规范压力水平对促进一般核心企业产生实际的治理行为的驱动作用较不明显。

最后，认知压力能够正向促进安全协作行为，说明同行业企业积极参与供应链中小制造商安全生产治理的优秀实践有助于形成示范效应，激励核心企业模仿典范企业，实施具体的治理行为。由于安全评价行为主要是在核心企业内部进行监督程序设计和奖励机制设计，较难被外界关注到，而安全协作行为是对中小制造供应商提供现场指导和帮助，有利于被外界观察和学习，所以认知压力能够显著促进安全协作行为。

H3 的假设检验结果表明了治理压力对核心企业参与供应链中小制造供应商安全生产治理行为的直接作用较弱，因此，需重视治理动力和治理能力在治理压力与治理行为间的中介作用。另外，为发挥治理压力对核心企业治理行为的促进作用，第一，应促进同行业企业间的互助及深入学习，不仅学习优秀治理实践企业与中小制造商或其他利益相关者之间的互动合作，还要深入学习典范企业内部关于参与供应链中小制造供应商安全生产治理的机制设计和资源安排。第二，由于强大的制度压力与积极的企业社会行为间的正相关关系，所以，建议面向所有行业不同规模的核心企业，施加更大更具针对性的治理压力，进而有效促进核心企业参与供应链中小制造供应商的安全生产治理。

（4）H4 假设检验结果讨论

H4（治理动力正向影响治理能力）的 6 个子假设检验结果中，仅 H42b（稳定供应动力正向影响安全协调能力）未通过检验，说明 H4 的假设检验结果比较理想。相比治理压力，激发治理动力对促进核心企业增强参与供应链中小制造供应商安全生产治理能力的影响作用更为有效。另外，稳定供应动力不能显著促进核心企业增强安全协调能力的原因可能在于：核心企业稳定供应的动力越强，则越担心中小制造供应商发生安全生产事故对其产品供应的不良影响。出于规避供应风险的强烈动力，核心企业将不会选择与安全生产水平不达标的中小制造供应商合作，进而不会增强相应的安全协调能力。

（5）H5假设检验结果讨论

H5（治理动力正向影响治理行为）的6个子假设检验结果表明：第一，树立形象动力能够有效激发治理行为（H51a/H52a）；第二，延伸责任动力仅能促进安全评价行为（H51c）；第三，稳定供应动力既不能促进安全评价行为（H51b），还对安全协作行为具有抑制作用（H52b）。保障供应稳定是企业供应链管理的基本目标。稳定供应动力过强，当感知到可能会受到中小制造供应商安全生产水平低及发生安全事故的不良影响，包括影响核心企业的产品供应、产品质量和产品品牌声誉时，核心企业并不会将其纳入备选供应商名单，而是选择其他安全生产风险不高的供应商，以最大程度减少风险。虽然这种行为比较功利，但这也是核心企业的普遍做法。

另外，延伸责任动力能够正向影响安全评价行为，但不能正向影响安全协作行为（H52c）。这说明对于核心企业来说为了延伸企业责任，需要对中小制造供应商的安全生产进行评价，但是并不会对其进行帮扶。可能的原因在于核心企业的延伸责任动力并没有强烈到能够刺激核心企业加强与外部的合作，以及对供应商提供帮扶措施。此外，树立形象动力能够促进核心企业的安全协作行为，原因在于树立形象动力能够为核心企业带来实在的利益，所以其对治理行为的促进作用更为显著。因此，引导核心企业感知到参与供应链中小制造供应商的安全生产治理能够为核心企业自身带来直接或间接的经济收益，就会促进核心企业的治理行为。

H5假设检验结果对实践的启示有：首先，激发核心企业的树立形象动力。一方面，使核心企业意识到参与供应链中小制造供应商安全生产治理能够获得政府和社会公众的赞誉和认可，继而有助于创造有利于核心企业的营商环境，助力核心企业可持续发展。另一方面，使核心企业知悉参与供应链中小制造供应商的安全生产治理能够扩大其在行业内的声誉和行业地位，以便获得更多的供应链话语权和市场份额。以上关于共同成长、扩展未来生存空间的利益宣导，能够极大加强核心企业的树立形象动力。其次，激发延伸责任动力。一是引起核心企业高层管理者对参与供应链中小制造供应商安全生产治理战略的关注和重视；二是强调核心企业对中小制造供应商具有很大的影响力，核心企业能够通过治理行为有效改善供应商的安全生产水平；三是激发核心企业的供应链可持续发展的意识，以及实施可持续发展管理措施的意愿，继而带动供应链安全发展。最后，并不强调中小制造供应商安全生产事故会对核心企业的稳定供应造成不良影响，而是强调中小制造供应商安全生产水平高对核心企业的正面意义，并在此基础上，引导核心企业采取更具发展性、创新性的战略对策进行供应商安全风险管理。不是一票否决，而是关注中小制造商安全生产状况和协助供应商安全成长。

（6）H6 假设检验结果讨论

H6（治理能力正向影响治理行为）的 4 个子假设检验结果显示：第一，安全管理实力能够正向促进安全评价行为（H61a）；第二，安全协调能力积极影响安全协作行为（H62b）；第三，安全协调能力对安全评价行为的影响不显著（H61b）；第四，安全管理实力负向影响安全协作行为（H62a）。从 H6 的假设验证结果可以看出，不同的治理行为需要特定的治理能力。当核心企业具备充足的安全管理知识，理解安全法规并善于向供应商表达安全要求和传达安全规范时，能更好地对中小制造供应商采取安全评价行为；当核心企业擅长协调上下游合作冲突，具备与供应链企业分担安全风险和分享安全收益的能力时，其实施供应链安全协作行为将更为积极。

（7）H7 假设检验结果讨论

H7（安全管理实力正向影响安全协调能力）的假设检验结果显示安全管理实力能够显著促进安全协调能力，说明安全管理实力是安全协调能力的基础。核心企业夯实自身的安全管理实力，有利于增强安全协调能力。例如，安全管理实力中“掌握参与安全生产治理的知识量”和“表达安全生产要求的能力”能够正向促进安全协调能力中“制定中小制造供应商安全生产行为准则的能力”；安全管理实力中“供应链流程安全管理能力”能够正向影响安全协调能力中“与中小制造供应商进行安全生产信息交换的能力”和“与中小制造供应商分享供应链安全收益的能力”；安全管理实力中“挑选参与安全生产治理合作伙伴的能力”与“与合作伙伴建立良好关系的能力"有助于促进安全协调能力中"与合作伙伴共同解决安全生产治理问题的能力"。

结合 H6 和 H7 的假设检验结果，由于安全管理实力的增长不利于激发核心企业的安全协作行为，以及安全协调能力对安全协作行为的显著作用，因此，安全管理实力可以通过促进安全协调能力，间接促进安全协作行为的产生。鉴于安全管理实力重要的前置作用，在实践中首先要注意加强核心企业参与供应链中小制造供应商安全生产治理的安全管理实力。

（8）H8 假设检验结果讨论

H8（安全评价行为正向影响安全协作行为）假设得到验证，表明核心企业关注中小制造供应商的安全生产水平并对此进行监督评估的治理行为，能够促进核心企业针对中小制造供应商安全生产的不足之处开启帮扶行为。从 H8 的假设验证结果可知，为引导核心企业积极参与供应链中小制造供应商的安全生产治理，可以从促进核心企业的安全评价行为入手，即激励核心企业关注中小制造供应商的安全生产状况，制定监督程序以确保其安全生产，评估其安全生产绩效，并对安全生产绩效好的中小制造供应商增加采购份额以示奖励。当核心企业发现中小制造供应商的安全生产存在不足之处，可以引导核心企业对其进行技术或管理指导，进一步协助供应商获得相关安全生产认证和获得安全生产所需资金，以此逐步深入参与供应链中小制造供应商的安全生产治理。

（9）H9 假设检验结果讨论

H9（治理压力依次通过治理动力和治理能力间接影响治理行为）下属的 6 个假设均通过了实证检验，说明治理动力和治理能力在治理压力与治理行为之间起到显著的中介作用。结合 H3 假设检验结果，治理压力对治理行为的直接影响并不完全显著，仅一个子假设通过了检验，说明若要发挥治理压力的作用，需要经过"治理动力—治理能力"这一中间作用过程。H9 的链式中介验证结果突出显示了治理压力到核心企业治理行为间的关键路径，表明了激发治理动力和提升治理能力的重要性和必要性。

9.3.5 核心企业参与中小制造供应商安全生产治理行为驱动路径模型

根据 H1～H9 假设检验结果，可在初始概念模型的基础上形成最终的核心企业参与中小制造供应商安全生产治理行为的驱动路径模型，如图 9-1 所示。

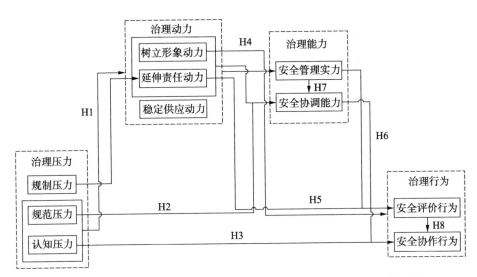

图 9-1 核心企业参与中小制造供应商安全生产治理行为的驱动路径模型

本章基于核心企业与供应链中小制造供应商之间的关系特征，通过实证研究明晰了在目前的外部制度环境下，各前置因素（包括治理压力、治理动力和治理能力）对核心企业参与供应链中小制造供应商安全生产治理的行为的驱动效果和驱动路径，并且得到了几个关键结论：第一，目前的外部环境压力还未强烈到显著促进核心企业的治理能力和治理行为；第二，治理压力只有通过激发核心企业的治理动力和提升其治理能力，才能有效促进核心企业的治理行为；第三，安全管理实力是安全协调能力的基础，安全评价行为可以作为安全协作行为的先前行动。

第10章 核心企业参与中小制造供应商安全生产治理行为演化规律的仿真分析

前文研究了核心企业参与供应链中小制造供应商安全生产治理行为的三种类型及其特征，对核心企业治理行为的形成机理进行了理论构建，并且探究了治理压力、治理动力和治理能力对核心企业治理行为的驱动路径。然而，由于实证研究采用的是静态调查数据，对特定环境下核心企业参与中小制造供应商安全生产治理行为及驱动因素进行截面研究，无法基于多种复杂情境下探索核心企业治理行为选择的系统机制和演化机制，以及核心企业之间、核心企业与中小制造供应商之间、供应链内企业与供应链外部利益相关者之间交互作用的动态变化过程与核心企业治理行为的涌现特征。为了进一步驱动核心企业采取积极的治理行为，并有效提升中小制造供应商及整个供应链的安全与经济绩效，本章在前文实证研究的基础上，抽象提取各主体行为属性和发生机制，采用计算实验方法，于 Python 平台构建核心企业参与供应链中小制造供应商安全生产治理的虚拟环境，对在不同情境下治理行为的形成和演化规律进行仿真模拟。

10.1 计算实验建模思路

本章拟运用计算实验方法研究不同的内外情境因素对核心企业供应链安全生产治理行为演化的动态影响，具有较强的适用性。基于计算实验方法构建的仿真系统智能主体具有自治性、智能性和适应性，且在一定条件下形成多重相互关联的动态结构。与此对应，本书涉及的核心企业、中小制造供应商等主体均具有各自目标、有限的资源与能力，能够主动决策采取行动，并通过市场交易、合作网络等方式相互影响。从研究逻辑看，计算实验方法通过构建宏观组织管理、智能主体特征和智能主体心理三个层次相互嵌套的系统模型，模拟该系统三个层次中不同影响因素作用下单个主体行动、主体间相互作用及其作用结果涌现至宏观层面的过程。通过改变输入变量的取值，观察对比每一次系统演化过程及输出变量的动态变化，进而判断关键的输入变量。对应此研究逻辑，本章主要探究供应链内外驱动因素构建的不同情境中，主体的复杂非线性行动及交互下核心企业参与供应链中小制造供应商安全生产治理的行为涌现和行为演化。基于此，核心企业参与供应链中小制造商安全生产治理行为决策的计算实验思路如图10-1所示。

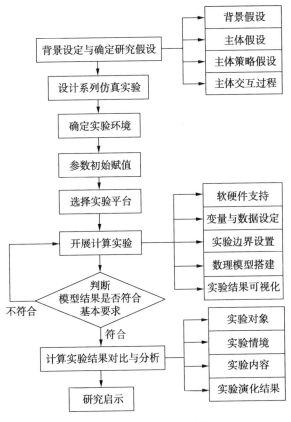

图 10-1　计算实验思路图

第一步：背景设定与确定研究假设。对现实问题进行抽象并进行合理的假设是运用多主体建模方法分析问题的关键，因此，首先根据研究对象，基于现实和理论对各主体所处的社会和市场环境进行背景限定；其次，确定模型中主要涉及的主体 Agent：核心企业 Cagent、中小制造供应商 Sagent、政府 Gagent 和媒体 Magent；然后分析和描述各 Agent 的特殊属性、行为规则及其在系统中的活动与作用，确定智能主体 Cagent 和 Sagent 的收益函数与经验学习算法；最后讨论系统演化的每个周期内四类 Agent 的行为交互过程，以及设计 Agent 活动及行为交互流程图，便于接下来编写程序将核心企业实际参与供应链中小制造供应商安全生产治理行为决策系统真实地体现在计算机仿真系统中。

第二步：设计系列仿真实验、确定实验环境和参数赋值。首先，根据仿真对象和实验目的，设计符合实际情况的情境实验方案；其次，明确实验环境和仿真系统的边界，包括主体 Agent 的内外部环境和环境变化因素。最后，根据模型假设和现实情况确定参数的初始赋值。

第三步：选择实验平台，开展计算实验。基于 Python 平台，通过 Python 语言编码构建实验系统，模拟在不同情境下，核心企业参与供应链中小制造供应商安全生产治理行为决策的特征涌现及变化趋势。构建计算实验模拟仿真系统时需要注意软硬件支持、实验变量与数据设定、实验边界设置、算法与数理模型的搭建，以及实验结果可视化等要素。

第四步：计算实验结果的分析和对比。分析对比不同情境下核心企业参与供应链中小制造供应商安全生产治理的行为涌现特征和行为演化规律，总结实验结果，即在不同情境因素及其强度变化影响下，核心企业治理行为的变化趋势和相应特征，继而得出相应的研究启示。

10.2　模型假设和主体构建

10.2.1　模型假设

假设 1：为突出核心企业对提高供应链安全生产水平的积极作用，假设与核心企业合作的供应商均符合国家安全生产法要求并具备安全生产资质证明，所以，本书中的中小制造供应商均达到国家安全生产标准，但不一定达到核心企业制定的供应商安全生产标准（高于法律标准）。

假设 2：系统中的中小制造供应商属劳动密集型企业，发生安全生产事故或职业伤害事件的风险程度较高。假设系统中中小制造供应商均进行相同的产品供应活动，除价格、安全生产水平不同外（其中供应商 1 为新引进的供应商，供应商 2 为长期供应商，供应商 1 的报价和安全生产水平均低于供应商 2），产品质量相同，且不存在供应能力不足的情况。因此，核心企业的订单配置决策可简化为仅考虑中小制造供应商的当期价格因素及上一期安全生产水平因素。

假设 3：将中小制造供应商 Sagent 的个数设置为 2，将核心企业 Cagent 的个数设置为 1，将政府 Gagent 的个数设置为 1，将媒体 Magent 的个数设置为 1。其中，将中小制造供应商次序用 i 表示，演化周期的次序用 t 表示。

假设 4：每一个周期内，核心企业可供选择的策略集为 M，$M = \{m_1, m_2, m_3\}$ 且必须在该策略集中选择其一，m_1 为核心企业既不选择进行供应商安全评价也不进行供应商安全协作；m_2 为选择进行供应商安全评价但不进行供应商安全协作；m_3 为既选择进行供应商安全评价也进行供应商安全协作。每一期开始时，若核心企业选择 m_2 策略或选择 m_3 策略，其将根据中小制造供应商安全生产水平进行安全评价并根据评价结果进行订单分配。

10.2.2 核心企业 Cagent

核心企业是供应链内各项活动的主导者和控制者，能够对中小制造供应商的安全生产行为产生重要影响，但由于核心企业受到的压力作用、治理动力强度和治理能力高低的不同，可能采取不同的参与供应链中小制造供应商安全生产治理行为策略。因此，在不同的行为策略选择下，核心企业的相关行为和期望收益会产生波动，并再次影响其下一期的行为策略选择。为开展情境实验探讨核心企业治理行为策略选择的演化趋势，下面将详细阐释核心企业主体行为规则、期望收益和策略调整机制。

（1）合作前订单分配决策

假设核心企业在 t 期某一零部件的需求量为 $Q_0(t)$，选择 m_2 和 m_3 策略的核心企业按照中小制造供应商提供的零部件的价格、上一期的安全生产水平 $\tau s_{i,t-1}$（由核心企业安全评价获知，将在中小制造供应商安全生产活动中详细描述）来分配订单量。对于价格属性，用供应商 i 单位价格 $p_{i,t}$ 与价格上限 p_0 的差值 $p'_{i,t}$ 表示，即 $p'_{i,t} = p_0 - p_{i,t}$。参考于晓慧和杜建国

（2018）中的供应商订单分配规则，综合供应商 i 第 t 期零部件的价格属性 $p'_{i,t}$ 和安全属性 $\tau s_{i,t-1}$，核心企业分配给该供应商的订单量权重 $w_{i,t}$ 为：

$$\begin{cases} w_{i,t}=a\,\dfrac{p'_{i,t}}{\sum_{i=1}^{N}p'_{i,t}}+b\,\dfrac{\tau s_{i,t-1}}{\sum_{i=1}^{N}\tau s_{i,t-1}} \\ a+b=1 \end{cases} \qquad (10\text{-}1)$$

然而，选择 m_1 策略的核心企业给供应商的订单量权重 $w_{i,t}$ 为：

$$w_{i,t}=\frac{p'_{i,t}}{\sum_{i=1}^{N}p'_{i,t}} \qquad (10\text{-}2)$$

其中，a，$b\in(0,1)$，a 为价格因素权重，b 为安全因素权重，分别代表核心企业在分配订单时对价格和安全因素的重视程度。τ 为安全评价能力系数，代表核心企业的安全评价能力，能力越强越能获悉中小制造供应商的安全生产水平，则 $\tau\rightarrow1$。通过订单量分配规则可以看出，中小制造供应商零部件的价格越低、安全度越高，核心企业分配给该供应商的订单量权重也越大。因此，核心企业在第 t 期对供应商 i 的采购量 $q_{i,t}$ 为：

$$q_{i,t}=Q_0(t)w_{i,t}=\begin{cases} Q_0(t)\left(\dfrac{p'_{i,t}}{\sum_{i=1}^{N}p'_{i,t}}\right),\ M=(m_1) \\[2mm] Q_0(t)\left(a\,\dfrac{p'_{i,t}}{\sum_{i=1}^{N}p'_{i,t}}+b\,\dfrac{\tau s_{i,t-1}}{\sum_{i=1}^{N}\tau s_{i,t-1}}\right),\ M=(m_2,m_3) \end{cases}$$

$$(10\text{-}3)$$

（2）合作中安全协作投入量决策

当核心企业选择进行安全协作时，首先制定监督程序并设定供应商安全生产标准，当在安全评价中发现中小制造供应商当前安全生产水平 $s'_{i,t}$ 不满足核心企业的安全标准 s_0，将确定安全协作投入量 $M_i(t)$，并保证中小制造供应商追加安全投入量后的安全生产水平 $\tau s_{i,t}$（将在中小制造供应商安全生产活动中详细描述）大于等于 s_0，即 $\tau s_{i,t}\geqslant s_0$。当核心企业选择 m_3 策略时，至多安排两次安全评价（每次安全评价的成本设为 C_1），分别安排在安全评价时和安全协作投入前，具体情况如下：第一次安全评价是在选择安全评价策略时，为确定订单分配额，需要获悉中小制造供应商的安全生产水平；第二次安全评价是在安全协作投入前判断该中小制造供应商是否需要进行安全协作。综上所述，核心企业的安全评价成本 C 可表示为：

$$C = C_1 I[M = (m_2)] + (2C_1) I[M = (m_3)] \qquad (10\text{-}4)$$

安全协作投入前核心企业评估判定的中小制造供应商安全生产水平 $s'_{i,t}$ 可表示为：

$$s'_{i,t} = \tau \frac{\alpha \cdot SafetyCog_i + \beta \cdot I_{i,t}}{1 + \alpha \cdot SafetyCog_i + \beta \cdot I_{i,t}} \qquad (10\text{-}5)$$

其中，α 为控制参数，β 为中小制造供应商安全生产投入的输出效率，$I_{i,t}$ 为中小制造供应商的安全投入成本。

（3）核心企业期望收益

为简化模型设置并突出研究重点，本模型中核心企业的期望收益包含产品销售收入、采购成本、安全评价成本及可能的安全协作支出。由于核心企业的单位市场价格为 P，则核心企业的期望收益 $U(t)$ 可以表示为：

$$U(t) = PQ_1(t) - \sum_{i=1}^{N} p_{i,t} q_{i,t} - C - M(t) \cdot I[(M = m_3) \& (s'_{i,t} < s_0)] \qquad (10\text{-}6)$$

（4）核心企业治理的行为策略调整机制

在构建核心企业供应商安全生产评价、安全协作策略选择模型时，考虑到核心企业是具有学习能力的智能主体，能够根据自身经验、往期收益和未来预期，动态调整当前对中小制造供应商的安全生产治理策略。因此本书采用经验加权吸引算法（Experience-weighted Attraction Learning，EWA）来模拟核心企业的智能性和学习性，从而刻画出不同情境下核心企业在不断学习中，治理行为选择的动态演化过程（Camerer，1999；张菁菁等，2018；Yu 等，2019；Sun 和 Qian，2016；Camerer，2004）。

在 EWA 学习算法中，假设每个策略在当期都有一个数值化的吸引力指数，并可以通过一定的规则确定下一期选择每个策略的概率。核心企业治理策略的选择具有一定程度的随机性，三种策略选择均有一个"魅力值"，魅力值的大小与该策略在下一期被采纳的概率有关，某策略的魅力值越大，则核心企业下一期选择该策略的可能性越高。第 t 期核心企业某策略 m 的魅力值 $A_m(t)$ 可以表述为：

$$\begin{cases} A_m(t) = \dfrac{\varphi N(t-1)A_m(t-1) + \{\pi + (1-\pi)I[s_m(t), s(t)]\}U_m(t)}{N(t)} \\ N(t) = \rho N(t-1) + 1 \end{cases}$$

(10-7)

其中，$A_m(t)$ 表示第 t 期选择策略 m 的魅力值，每期均要计算三个策略的魅力值，即 $A_{m1}(t)$，$A_{m2}(t)$，$A_{m3}(t)$。$N(t)$ 表示过去经验的权重，此处假设 $N(0) = 1$；ρ 是过去经验的折现因子，表示核心企业对过去博弈经验的学习速度，反映了主体的学习能力；$\varphi[\varphi \in (0,1)]$ 表示历史魅力值的折现因子；$\pi[\pi \in (0,1)]$ 为策略 m 的机会成本的折现因子，π 越大表示核心企业对该策略的预期越高或越重视该策略；$s_m(t)$ 表示核心企业在 t 时刻选择了策略 m；$I[s_m(t), s(t)]$ 为示性函数，若当期策略为 m 时，即 $s_m(t) = s(t)$，则 $I[s_m(t), s(t)] = 1$；若当期策略未选 m 时，即 $s_m(t) \neq s(t)$，则 $I[s_m(t), s(t)] = 0$；$U_m(t)$ 表示当期采取策略 m 的效用，本书用核心企业当期采取 m 策略的收益与上一次采取策略 m 的收益之差来衡量效用。

在 EWA 算法中，每个策略的魅力值 $A_m(t)$ 决定了该策略被选择的概率，鉴于指数函数模型易于比较，通过 Logit 反应函数将核心企业三种策略的魅力值转换为核心企业下期采用某策略的概率。

$$p_m(t+1) = \frac{\exp[\lambda A_m(t)]}{\sum_{m=1}^{3} \exp[\lambda A_m(t)]} \tag{10-8}$$

其中，λ 表示核心企业对策略魅力值的反应敏感度，该值越大表示核心企业越会敏锐地锁定某策略。

10.2.3　中小制造供应商 Sagent

将中小制造供应商由于其订单依赖性、可替代性强等特性，与供应链中核心企业相比，话语权和议价能力低。并且由于核心企业将一些生产职能外包给中小制造供应商后，后者也承担了核心企业转移而来的安全生产风险，与核心企业呈现权责不对称的状态，再加上中小制造供应商利润空间有限，安全意识淡薄、专业人才缺乏和安全技术落后等特点，其安全生产水平普遍不高。为开展情境实验探索中小制造供应商在核心企业的安全生产治理下的安全生产水平提升情况，接下来将阐述中小制造供应商的主体的生产活动、安全生产投入与调整策略、事故发生情况、期望收益和退出与引入机制。

（1）中小制造供应商生产经营活动描述

将中小制造供应商生产经营取得的利润设置为 $E_{i,t}$，参考梅强和刘素霞（2021）的做法将中小制造供应商的单位生产成本设为 $C_{i,t}$（其中包括单位安全生产投入成本 $I_{i,t}$），$I_{i,t}$ 为中小制造供应商 i 在第 t 期的单位安全生产投入成本（将在中小制造供应商安全生产活动中阐述）。

假设中小制造供应商均采用成本加成定价法制定零部件销售价格，即以单位生产成本作为定价基础，中小制造供应商 i 的利润率为 b_i，定价上限为 p_0，则中小制造供应商的报价 $p_{i,t}$ 可表示为：

$$p_{i,t} = \begin{cases} (1+b_i)C_{i,t}, & (1+b_i)C_{i,t} \leqslant p_0 \\ p_0, & (1+b_i)C_{i,t} > p_0 \end{cases} \tag{10-9}$$

$q_{i,t}$ 为中小制造供应商 i 在第 t 期被核心企业分配的订单量（在核心企业行为规制中已详细叙述），则供应商 i 在第 t 期的利润可表示为：

$$E_{i,t} = q_{i,t}(p_{i,t} - C_{i,t}) \tag{10-10}$$

（2）中小制造供应商安全生产活动描述

中小制造供应商开展生产活动的同时需要进行安全生产活动，为提升企业安全生产水平，中小制造供应商需要进行一定的安全生产投入，用以进行安全基础设施购买维护支出、安全专职人员工资福利支出、安全培训教育支出、安全防护设备支出等。借鉴梅强等（2015）的研究，中小制造供应商的初始单位安全生产投入量 $I_{i,1}$ 与安全生产态度 $SafetyCog_i$ 的关系可表示为 $I_{i,1} = A_0 \cdot SafetyCog_i$，而中小制造供应商的安全生产水平 $s_{i,t}$ 既与其自身安全态度 $SafetyCog_i$，以及第 t 期的单位安全生产投入量 $I_{i,t}$ 有关，也与核心企业的治理策略有关。当核心企业采取治理策略 m_3 时，首先对中小制造供应商进行安全生产评价，一旦发现其安全生产水平不满足核心企业的安全生产标准 s_0，核心企业将对供应商进行安全协作，并进行一定程度上的安全协作投入 $M_i(t)$，用以提升该中小制造供应商的安全生产水平最终达到核心企业的安全标准，则中小制造供应商的安全生产水平 $s_{i,t}$ 具体可以表示为：

$$s_{i,t} = \frac{\alpha \cdot SafetyCog_i + \beta \cdot I_{i,t} + \eta \cdot M_i(t) \cdot I[(M=m_3)\&(s'_{i,t}<s_0)]}{1+\alpha \cdot SafetyCog_i + \beta \cdot I_{i,t} + \eta \cdot M_i(t) \cdot I[(M=m_3)\&(s'_{i,t}<s_0)]} =$$

$$1 - \frac{1}{1+\alpha \cdot SafetyCog_i + \beta \cdot I_{i,t} + \eta \cdot M_i(t) \cdot I[(M=m_3)\&(s'_{i,t}<s_0)]}$$

$$(10\text{-}11)$$

其中，α 为控制参数，β 为中小制造供应商安全生产投入的输出效率，η 为核心企业安全协作投入的输出效率，$I[(M=m_3)\&(s'_{i,t}<s_0)]$ 表示一个指示性函数，即当核心企业选择 m_3 策略且发现中小制造供应商安全生产水平小于核心企业制定的供应商安全标准时，$I[(M=m_3)\&(s'_{i,t}<s_0)]=1$，否则，$I[(M=m_3)\&(s'_{i,t}<s_0)]=0$。

（3）中小制造供应商生产安全事故的发生

中小制造供应商的安全管理水平和技术水平普遍低于供应链中的核心企业，因此，发生安全事故和职业伤害事件的可能性较大，事故原因主要包括人的不安全行为、物的不安全状态、不良环境、管理缺陷和其他偶然因素等。但从整体而言，中小制造供应商越重视安全生产，安全投入越充足，其安全程度 $s_{i,t}$ 越高，企业发生生产安全事故的概率就会越低。因此，本书采用蒙特卡罗法模拟事故的发生（刘素霞等，2020），既能体现企业安全生产水平与事故发生概率之间的负相关关系，又能体现事故发生的偶然性和负外部性。具体规则的实现步骤如下：

步骤 1　遍历当前周期中小制造供应商的安全度 $s_{i,t}$ 值确定其安全状态表，如表 10-1 所示；

表 10-1　中小制造供应商的安全状态表

状态	安全	不安全
概率	$s_{i,t}$	$1-s_{i,t}$
累计概率	$s_{i,t}$	1

步骤 2　生成随机数 $r=\text{random}(0,1)$；

步骤 3　将 r 与 $s_{i,t}$ 进行比较，当 $r \leqslant s_{i,t}$ 时，则不发生事故；当 $r > s_{i,t}$ 时，则事故发生。

中小制造供应商一旦发生安全生产事故，将受到直接经济损失和政府罚款（将在政府安全生产监管活动中详细阐述），其直接经济损失设定为 $L(s_{i,t})$，借鉴罗云《安全经济学》（2013）中的损失函数，$L(s_{i,t})$ 可表示为：

$$L(s_{i,t}) = L\exp\left(\frac{I}{s_{i,t}}\right) + L_0 \tag{10-12}$$

其中，L，I，L_0 为控制参数。

中小制造供应商发生安全生产事故有可能造成其不能按时交货，由于中小制造供应商 i 发生安全生产事故后延期交货的概率为 $\theta_{i,t}$，当中小制造供应商交货延迟时，核心企业将收取违约金，用来弥补自身由于供应商延迟交货所受到的损失，假设违约金收取系数设为 χ，表示违约金额占核心企业采购额的比例，则中小制造供应商的违约金额为 $\theta_{i,t}\chi p_{i,t}q_{i,t}$。

（4）中小制造供应商期望收益

中小制造供应商的主要活动是进行生产投入（包括安全生产投入）继而从核心企业处获得订单销售利润，另外在生产过程中发生安全事故时将主要受到三方面损失：自身的直接经济损失、政府的事故罚金及可能由于交货延迟而违反合约向核心企业支付的违约金。中小制造供应商的期望收益 $U_{i,t}$ 可表示为：

$$U_{i,t} = E_{i,t} - [L(s_{i,t}) + \theta\chi p_{i,t}q_{i,t} + \omega L(s_{i,t})] \cdot I(\text{accident}=1) \tag{10-13}$$

（5）中小制造供应商安全生产投入调整策略

在核心企业认为中小制造供应商安全生产水平未达到其制定的供应商安全生产标准 s_0 时，供应商需要追加安全生产投入。安全生产投入追加策略如下：首先判断中小制造供应商自身的累计收益，若累计收益大于 0、当期未发生事故且核心企业选择策略 m_2 或 m_3，则追加安全生产投入 ΔI_1（若供应商真实的安全生产水平达到 s_0 标准时，则不追加安全投入），追加的安全投入为抽取一定比例的 t 期内平均收益，则 ΔI_1 可表示为：

$$I_1 = l_1\frac{\sum_1^t U_{i,t}}{t} \tag{10-14}$$

若累计收益大于 0 且当期发生事故，中小制造供应商被政府安监部门勒令整改，则需要追加更多的安全生产投入 ΔI_2，ΔI_2 可表示为：

$$\Delta I_2 = l_2 \frac{\sum_1^t U_{i,t}}{t} \tag{10-15}$$

其中，l_1，l_2 为安全投入比例，$l_1 < l_2$。

（6）中小制造供应商的"清退"与"引入"

在现实情境中，核心企业与中小制造供应商终止合约存在各式各样的原因。但是，在本模型中需要对双方终止合约的原因进行一定程度上的概括以模拟事件的发生。因此，假设核心企业不能与中小制造供应商继续合作，被迫退出系统的条件如下：当 Sagent 连续 t（假设 $t=10$）周期实际收益小于 0 或安全生产水平小于 s_0 时，Sagent 退出供应商选择名单。一旦有 Sagent 退出供应商名单，将有新的 Sagent 进入系统寻求与核心企业的合作，进入系统的 Sagent 数量等于当期退出系统的 Sagent 数量。

10.2.4　政府 Gagent

政府 Gagent 主要作用是进行安全生产监管，政府安全生产管制主要是对企业不安全生产行为的约束，在实施具体管制措施时，常用方式之一为经济方式（梅强等，2015），具体包括要求企业计提预防性安全费用和对事故企业进行罚款等。经济方式属于安全生产监管的硬性约束方式，并直接影响企业利润，便于将事故造成的外部损失内部化，效果显著。事后，政府会向大众公布事故调查报告，具体内容包括：① 事故发生时间、企业名称、事故原因和经过、人员伤亡情况、直接经济损失；② 事故调查过程、涉及的责任企业、责任单位与责任人、事故性质、事故处理和整改措施。

在本模拟系统中，基于现实情境，政府安监部门对周期内发生事故（造成人员伤亡或经济损失）的中小制造供应商采取经济惩罚，根据最新的《中华人民共和国安全生产法》，处罚金额视事故严重程度而定，即依据死亡人数或重伤人数或事故直接经济损失制定罚款金额。由于中小制造供应商的事故直接经济损失为 $L(s_{i,t})$，假设政府处罚力度为 ω，则政府罚金为 $\omega L(s_{i,t})$。

10.2.5　媒体 Magent

随着社交网络的快速发展和自媒体（包括微博、微信、短视频、贴吧及论坛等）的广泛化普及，大众可以通过多种渠道发布、了解和交流中小制造供应商的安全生产事故或事件信息，以及关联的核心企业信息，取代以往关于中小企业安全生产消息的闭塞。舆论是指在特定时间及空间内形成的，于一定社会范围内减少至消除个人意见差异，进而反映社会知觉和集合认识的多数人的共同意见。舆论一方面可以监督企业行为，利用公众的影响规范企业行为；另一方面可能对企业的声誉起到负面作用，从而影响企业形象，进而迫使企业改变相关行为。

舆论作用在本书中体现在：① 由于媒体报道会影响利益相关者对企业的看法（Li 等，2017），当社会中的其他主体接收媒体传递的某供应链企业事故信息时，会对该供应链中核心企业、中小制造供应商、产品产生负面印象，这些负面印象将主要对供应链中核心企业的商誉造成直接影响（因为核心企业是供应链的方向标和领头羊，相比非核心企业，具有更高的社会关注度），最终迫使核心企业改变供应链安全生产治理策略、关注供应商安全生产状况。② 在全社会形成促进中小制造企业安全生产水平提升的社会氛围，让事故企业及非事故企业自发规范安全生产，以更好应对政府管制措施、社会规范压力和核心企业的安全需求。总之，借助社会舆论的安全生产监管方式的作用过程相对间接，但影响范围更广，最终导致供应链安全生产行为的涌现。

媒体 Magent 主要是获取政府 Gagent 披露的信息进行报道，媒体除了如实向大众转述事故详情，提供讨论的途径，使公众通过媒体对事件有所了解。有时为了吸引大众注意而挖掘事故背后故事，媒体会向大众表达出发生事故的中小制造供应商下游供应链中的核心企业，也就是与大众息息相关的名牌企业，这无疑会增加更多的"点击率"。如此一来，中小制造供应商发生生产安全事故的报道将影响核心企业的商誉，例如苏州联建科技有限公司在生产苹果品牌手机触摸屏时用有毒溶剂正己烷替代酒精，导致多名员工中毒，这一事件将苹果公司推到了风口浪尖，严重影响了苹果品牌在消费者心中的口碑。由于企业商誉损失大小与事故严重程度、事故发生频率、公众关注度有关，假设第 t 期核心企业的商誉损失系数为 $k(t)$，则：

$$k(t) = \sum_{i=1}^{N} \frac{1}{1 + D_1 s_{i,t}} \cdot H \cdot C \cdot d^{t-t_s} \tag{10-16}$$

其中，$\sum_{i=1}^{N} \frac{1}{1 + D_1 s_{i,t}}$ 表示中小制造供应商发生事故的严重程度，中小

制造供应商的安全生产水平越高，发生事故的严重程度越低，D_1 为控制参数；H 为中小制造供应商事故发生频率，通过事故发生次数除以总周期数算出；C 为核心企业受公众关注程度系数；d^{t-t_s} 表示衰减系数，代表事故对商誉损失的影响程度随时间递减；t_s 为中小制造供应商发生事故的时刻。核心企业商誉损失会影响核心企业当期的销量 $Q_1(t)=[1-k(t)]Q_0(t)$，进而影响核心企业下一期的零部件需求量 $Q_0(t+1)$，$Q_0(t+1)=[1-k(t)]Q_0(t)$。

10.2.6　主体交互关系

本研究中，系统参与主体主要包括核心企业、中小制造供应商、政府和媒体，主体间彼此独立但又在核心企业参与供应链中小制造供应商安全生产治理活动中相互作用。例如：核心企业进行供应链安全生产治理决策时，除了依据核心企业自身设置的供应商安全因素权重、交货期因素权重、安全协作投入力度、安全评价能力、安全评价成本、供应商超期供货的违约金，还需要依据中小制造供应商的安全态度、安全生产投入的输出效率、安全效益、安全生产水平、事故发生概率、事故损失；政府对中小制造供应商事故的处罚力度、信息披露规则；媒体的事故曝光对核心企业商誉的影响大小；等等。基于复杂自适应系统理论，构建系统内核心企业参与供应链中小制造供应商安全生产治理的行为选择模型，模型抽象出四类Agent，包括核心企业 Cagent、中小制造供应商 Sagent、政府 Gagent 和媒体 Magent，系统内主体均具有自适应性，会根据环境、自身特征、交互信息等进行决策。为了展示仿真程序背后的原理和模型中各类 Agent 的通信机制，下面将根据核心企业行为与活动进行阶段划分，对各类 Agent 的相互交往过程进行分阶段阐述。

（1）阶段一：合作前策略选择与订单分配

核心企业 Cagent 首先根据自己的需求（需要供应的材料或产品、产品价格、数量、工艺要求等）筛选合适的中小制造供应商，若根据策略学习机制核心企业选择对中小制造供应商进行安全生产评价，其会在分配订单之前对中小制造供应商进行安全评价，此时中小制造供应商根据学习机制确定了当期的安全投入量及当期的安全生产水平，核心企业通过安全评价获知的中小制造供应商上一期的安全生产水平与核心企业的安全评价能力有关，评价能力越强，获知的安全生产水平越真实。之后，核心企业根据评价结果中供应商上一期安全生产水平和当期价格要素对供应商进行订单分配；若核心企业选择不进行供应商安全评价，将直接根据当期价格因素确定供应商订单分配比例。

（2）阶段二：合作中动态评估与安全协作

在与中小制造供应商合作的过程中，核心企业根据策略学习机制决定是否与供应商进行安全协作，若选择与供应商进行安全协作，首先将进行安全评价确定协作前中小制造供应商安全生产水平是否达到核心企业的标准，若未达标将进行安全协作投入，并确保在安全协作投入后中小制造供应商的安全生产水平会达标。中小制造供应商在生产的过程中，收到核心企业追加的安全协作投入后安全生产水平得到提升，但是即便已进行充足的安全投入，但也有一定概率会发生事故（安全生产水平越高，发生事故概率越低）。

当事故发生后，中小制造供应商 Sagent 自身受到直接经济损失和可能由于发生事故引起交货延迟而被核心企业收取违约金。当其依法向政府报告事故详情时，政府 Gagent 一方面进行事故信息披露，一方面根据事故类型确定处罚力度，进而对事故企业进行罚款整顿。媒体 Magent 对政府披露的信息进行进一步的调查报道，报道内容包括该核心企业的供应商当期发生事故情况及往期发生事故的情况。关于中小制造供应商 Sagent 安全生产事故的报道会涉及其客户，即更受大众关注的核心企业 Cagent，所以会对核心企业的商誉造成不同程度的负面影响，进而影响其产品的需求量（Zhou 等，2020）。

（3）阶段三：合作中收益核算和策略调整

中小制造供应商完成生产向核心企业供货并获得收入，扣除各类事故损失后，可计算当期收益并根据学习机制确定下期安全生产投入量；核心企业收货之后进行销售可获得收入，扣除采购成本、评价成本、商誉损失后，同样可计算当期收益，并根据学习算法进行下一期治理策略的动态调整。

（4）阶段四：合作后清退机制

当中小制造供应商连续周期收益为负或连续周期安全生产水平未达到核心企业的安全标准时，核心企业与该中小制造供应商终止合作，该供应商退出系统，核心企业将另外寻找合适的中小制造供应商。模型中各类主体的具体交互过程如图 10-2 所示。

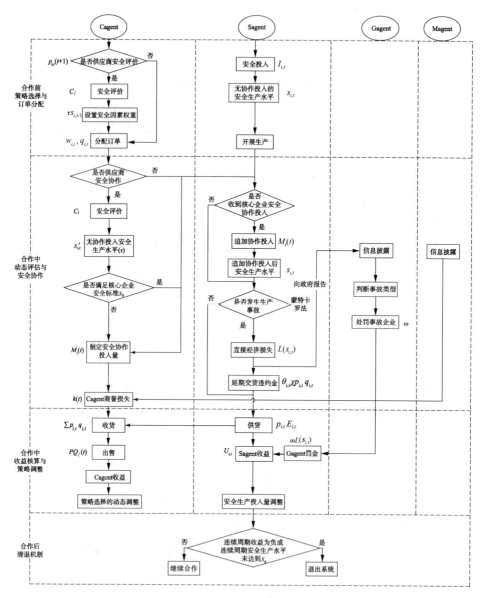

图 10-2 各类主体的具体交互过程

10.3　实验设计与仿真平台

依据现实对系统中的主体和主体间交互关系进行梳理、描述、建模之后，为引导核心企业参与供应链中小制造供应商安全生产治理以提升供应链内中小制造供应商的安全生产水平，需要设置一定的情境实验。接下来首先进行实验方案设计，包括实验情境的设计和主要参数的赋值等。然后，借助仿真软件和程序编码模拟现实环境条件并实现系统演化模型的运行，通过对核心企业与中小制造供应商合作过程中，影响核心企业治理决策与中小制造供应商安全生产水平的关键参数的调整，观察和分析不同情境条件设置下，核心企业与中小制造供应商的行为演化规律及期望收益的变化趋势，以期为后文找到最合适的驱动策略。这不仅能激励核心企业采取积极的供应链安全生产治理行为策略，促使中小制造供应商安全生产水平提升，而且有助于使供应链内核心企业和中小制造供应商的收益均得到增长。

10.3.1　情境实验设置

本研究实验目的旨在探究供应链下游核心企业与上游中小制造供应商合作过程中关键因素的变化，例如，核心企业订单分配时交货期因素权重及安全因素权重、核心企业采取供应链安全生产治理策略时安全评价成本和安全评价能力代表参数、核心企业安全协作投入的输出效率、核心企业因媒体报道供应商事故信息的商誉损失系数，对核心企业治理行为策略选择影响、中小制造供应商安全生产水平影响，以及对上述两类主体收益的动态演化效果。针对不同影响因素的变化，具有自适应性和学习性的核心企业在选择供应链安全生产治理行为策略方面会怎样变化？同样具有学习性的中小制造供应商又是如何调整安全生产投入？整个系统又会呈现何种"涌现"现象？另外，在注重系统中安全治理行为和安全生产投入演化的同时，不能忽略企业以盈利为目的的本质，因此，需要观察不同影响因素变动对供应链上下游企业收益有何影响。如何在使得核心企业治理效果达到最优的同时，对核心企业与中小制造供应商来说也最具有经济性？基于此，本书设计了以下情境实验。

（1）实验1：核心企业参与中小制造供应商安全生产治理确定策略下的

系统演化实验

一方面，之前的研究（大多数以环境为重点）表明，供应商评价和协作在供应商方面发挥着作用（Akamp 和 Müller，2013）；另一方面，大多数论文关注的是核心企业可以从实施供应链管理实践中获得好处（Seuring 等，2008；Gimenez 和 Sierra，2012）。因此，鲜有研究供应商评价和供应商协作实践对供应商的安全生产绩效是否具有积极影响（Hartmann 和 Moeller，2014）。而本书的逻辑前提是默认有效的核心企业参与供应链安全生产治理的行为对中小制造供应商安全生产具有积极影响，并主要研究如何驱动核心企业的治理行为，因此，拟设计实验 1（核心企业参与中小制造供应商安全生产治理确定策略下的系统演化实验）以验证核心企业治理策略是否对核心企业自身及其中小制造供应商均有效，即安全评价和安全协作策略对核心企业收益、商誉维护、中小制造供应商收益和供应商安全生产水平是否具有积极影响。只有当核心企业治理策略的有效性得到验证，具备此前提后才能去研究如何激发核心企业对供应链中小制造供应商安全生产的治理行为。

（2）实验 2：核心企业安全评价能力对其治理行为演化的影响实验

η 为核心企业安全协作投入的输出效率，安全协作投入的输出效率越高，则表示核心企业的安全协作越能有效提高中小制造供应商的安全生产水平。τ 为核心企业安全评价能力系数，τ 越接近 1，核心企业越能获悉中小制造供应商的安全生产水平；τ 小于 1，代表核心企业低估供应商的安全生产水平；τ 大于 1，代表核心企业高估中小制造供应商的安全生产水平，但是高估或低估中小制造供应商安全生产水平对系统演化的影响有何不同却不得而知。因此，设计实验 2，探究 τ 在不同区间对核心企业和中小制造供应商的收益增长和安全发展影响。

（3）实验 3：核心企业受公众关注程度对其治理行为演化的影响实验

本实验主要基于以下三方面的考虑：首先，树立形象动力、稳定供应动力和延伸责任动力三者中，树立形象动力对核心企业治理行为中的安全评价行为和安全协作行为均具有积极影响；其次，核心企业受公众关注对应核心企业受到来自公众媒体的规范压力，而规范压力对核心企业的树立形象动力、稳定供应动力和延伸责任动力均具有正向影响和作用；最后，规范压力对安全评价行为和安全协作行为的正向影响作用均不显著。因此，为了确定规范压力的具体作用，设计实验 3 来探索随着来自公众关注程度的增加，中小制造供应商收益与其安全生产水平的增长情况、核心企业销量受中小制造供应商事故的影响大小和其收益变化情况，以及核心企业治理策略选择的演化情况。

（4）实验 4：核心企业订单分配时安全因素权重对其治理行为演化的影响实验

本系统中，核心企业的安全协作投入时机和投入上限已明确，而安全评价行为中设置订单分配的安全因素权重大小未有定论，安全因素权重是否越高越好？安全因素权重是否需要所有周期的订单分配中均考虑？为解决以上问题，设计实验 4 来探索核心企业订单分配时安全因素权重对中小制造供应商收益与安全生产水平的影响，以及对核心企业自身收益与治理行为演化的影响。

10.3.2 参数设置

合理地对现实问题进行必要的抽象，这是运用计算实验方法研究问题解决方案的关键之一。因此，基于客观现实，本书充分考虑核心企业、中小制造供应商、政府、媒体的真实属性，并借鉴于晓慧和杜建国（2018）、张菁菁等（2018）、刘素霞等（2020）和罗云（2013），对相关变量和参数进行合理化的抽象，赋值，如表 10-2 所示。

表 10-2　主要参数及初始赋值规制

参数	含义	取值范围	赋值规则
a	核心企业订单配置中价格因素权重	$0\sim1$	常数，根据不同实验情景设定
b	核心企业订单配置中安全因素权重	$0\sim1$	常数，根据不同实验情景设定
τ	安全评价能力系数	$0\sim1$	常数，根据不同实验情景设定
P_0	采购价格上限	135	固定值，多次测试和训练设定
$Q_0(1)$	第一期零部件需求量（订单总量）	50000	固定值，多次测试和训练设定
s_0	核心企业制定的供应商安全生产标准（高于法律强制标准）	$0.3\sim0.8$	常数，根据不同实验情景设定

续表

参数	含义	取值范围	赋值规则
$M_i(t)$	核心企业安全协作投入量	与 s_0 相关	常数，根据不同实验情景设定
C_1	单次安全评价成本	$100 \sim 500$	常数，根据不同实验情景设定
α	安全态度与安全生产水平控制参数	0.5	常数，根据不同实验情景设定
β	中小制造供应商安全生产投入的输出效率	0.5	常数，根据不同实验情景设定
$c_{i,t}$	中小制造供应商 i 在第 t 期的单位生产成本	$59 \sim 64$	均匀随机分布
b_i	中小制造供应商 i 的利润率	$0.3 \sim 0.5$	均匀随机分布
$SafetyCog_i$	中小制造供应商 i 的安全生产态度	$0 \sim 0.5$	均匀随机分布
I	事故直接经济损失控制参数	10	固定值，多次测试和训练设定
L	经济损失统计常数	3000	固定值，多次测试和训练设定
L_0	安全措施实施前事故损失的统计量	300	固定值，多次测试和训练设定
ω	政府处罚力度	$2\% \sim 5\%$	常数，根据不同实验情景设定
$\theta_{i,t}$	中小制造供应商 i 发生安全生产事故后延期交货的概率	0.1	固定值，多次测试和训练设定
χ	违约金收取系数	0.5	固定值，多次测试和训练设定
D_1	中小制造供应商安全生产水平对事故严重程度影响的控制参数	0.5	固定值，多次测试和训练设定
C	核心企业受大众的关注度系数	0.8	固定值，多次测试和训练设定
d	商誉损失衰减系数	0.8	固定值，多次测试和训练设定
P	核心企业的单位市场价格	200	固定值，多次测试和训练设定
l_1	未发生事故时追加的安全投入比例	0.002	固定值，多次测试和训练设定
l_2	发生事故时追加的安全投入比例	0.005	固定值，多次测试和训练设定
δ	概率的变化量	0.1	固定值，多次测试和训练设定
λ	核心企业对策略魅力值的反应敏感度	0.01	固定值，多次测试和训练设定

续表

参数	含义	取值范围	赋值规则
π	策略的机会成本的折现因子	0.5	固定值，多次测试和训练设定
ρ	魅力值增长控制系数	0.05	固定值，多次测试和训练设定
φ	策略魅力值衰退系数	0.1	固定值，多次测试和训练设定
t	中小制造供应商退出系统的判断周期	3	固定值，多次测试和训练设定

10.3.3 实验平台和仿真界面

目前已有多种软件平台可用于计算实验情境模拟，比如 StartLogo、NetLogo、Swarm、Repast、Matlab 和 Python 等。本研究模拟实验主要基于主体规则的运算，平台的差异并不显著影响研究结论，考虑了易用性和适用性，选择 Python 作为本书计算实验情境模拟的实现软件平台，并参照主体特征和行为活动、学习机制和交互规则编写系统构建代码，继而进行情境实验。在 Python 平台进行计算实验的优势有程序较为轻巧简洁、灵活多用、可编译性强、可扩展、跨平台、易学易读和解释性强等。

本研究构建的不同情境下核心企业参与中小制造供应商安全生产治理行为演化仿真界面如图 10-3 所示。系统构建代码主要包括构建行为演化模型（包括主体量化、主体行为策略量化、主体交互行为量化、主体经验学习量化和系统环境量化）、参数赋值与调整（改变系统参数对不同情境进行仿真，即开展不同的情境实验）、设置系统演化周期及演化结果输出的可视化方式（为观察者提供直观的不同参数影响下的系统运行结果）。本研究建立的 Python 仿真模型包括核心企业治理行为策略选择子系统和各主体行为策略子系统，通过将各子系统融合在一个模型中，掌握核心企业参与供应链中小制造供应商安全生产治理的行为选择策略和其他主体行为策略在参数影响下的动态演化。Python 系统仿真步骤有以下三个阶段：第一为初始化阶段，通过编写代码对各行为主体特征及行为参数设置初始值和初始策略；第二为各主体行为策略训练测试阶段，通过多次多周期的演化训练，确定研究前提和智能主体的经验学习策略的合理性；第三为实验模拟阶段，根据设定的参数范围对各主体的行为策略进行仿真模拟，观察不同控制参数下各主体收益及行为策略等演化情况。

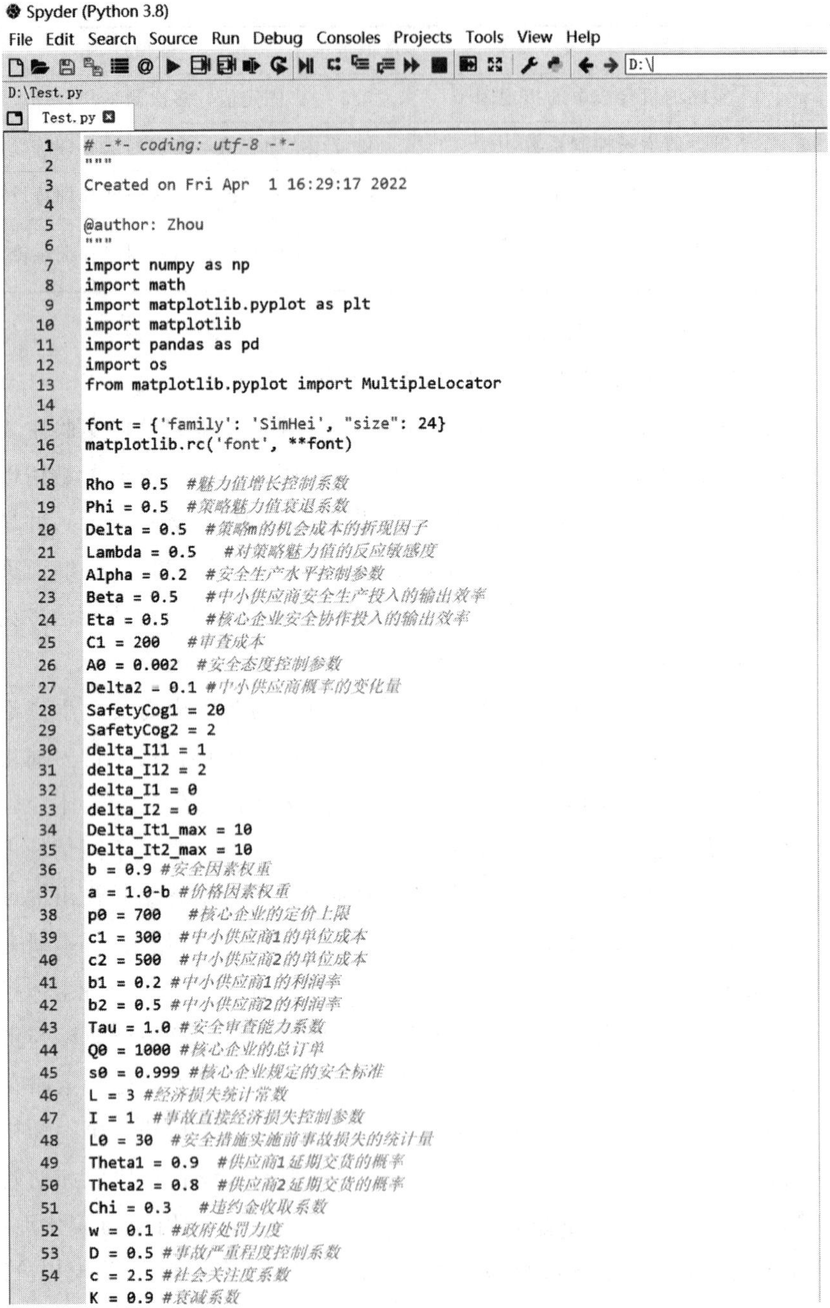

Spyder (Python 3.8)

File　Edit　Search　Source　Run　Debug　Consoles　Projects　Tools　View　Help

D:\Test.py

Test.py

```python
1   # -*- coding: utf-8 -*-
2   """
3   Created on Fri Apr  1 16:29:17 2022
4
5   @author: Zhou
6   """
7   import numpy as np
8   import math
9   import matplotlib.pyplot as plt
10  import matplotlib
11  import pandas as pd
12  import os
13  from matplotlib.pyplot import MultipleLocator
14
15  font = {'family': 'SimHei', "size": 24}
16  matplotlib.rc('font', **font)
17
18  Rho = 0.5    #魅力值增长控制系数
19  Phi = 0.5    #策略魅力值衰退系数
20  Delta = 0.5    #策略m的机会成本的折现因子
21  Lambda = 0.5    #对策略魅力值的反应敏感度
22  Alpha = 0.2    #安全生产水平控制参数
23  Beta = 0.5    #中小供应商安全生产投入的输出效率
24  Eta = 0.5    #核心企业安全协作投入的输出效率
25  C1 = 200    #审查成本
26  A0 = 0.002    #安全态度控制参数
27  Delta2 = 0.1    #中小供应商概率的变化量
28  SafetyCog1 = 20
29  SafetyCog2 = 2
30  delta_I11 = 1
31  delta_I12 = 2
32  delta_I1 = 0
33  delta_I2 = 0
34  Delta_It1_max = 10
35  Delta_It2_max = 10
36  b = 0.9    #安全因素权重
37  a = 1.0-b    #价格因素权重
38  p0 = 700    #核心企业的定价上限
39  c1 = 300    #中小供应商1的单位成本
40  c2 = 500    #中小供应商2的单位成本
41  b1 = 0.2    #中小供应商1的利润率
42  b2 = 0.5    #中小供应商2的利润率
43  Tau = 1.0    #安全审查能力系数
44  Q0 = 1000    #核心企业的总订单
45  s0 = 0.999    #核心企业规定的安全标准
46  L = 3    #经济损失统计常数
47  I = 1    #事故直接经济损失控制参数
48  L0 = 30    #安全措施实施前事故损失的统计量
49  Theta1 = 0.9    #供应商1延期交货的概率
50  Theta2 = 0.8    #供应商2延期交货的概率
51  Chi = 0.3    #违约金收取系数
52  w = 0.1    #政府处罚力度
53  D = 0.5    #事故严重程度控制系数
54  c = 2.5    #社会关注度系数
    K = 0.9    #衰减系数
```

图 10-3　计算实验演化仿真界面

10.4 情境实验

10.4.1 实验1：核心企业参与中小制造供应商安全生产治理确定策略下的系统演化实验

本实验目的是验证核心企业参与供应链中小制造供应商安全生产治理的行为策略是否有效，即安全评价和安全协作策略对核心企业收益、商誉维护、中小制造供应商收益和中小制造供应商安全生产水平是否具有积极影响。设定 $t＝0\sim50$，核心企业采取 m_1 策略（既不安全评价也不安全协作）；$t＝50\sim100$，核心企业采取 m_2 策略（安全评价但不安全协作）；$t＝100\sim400$，核心企业采取 m_3 策略（既安全评价又安全协作）；$t＝400\sim450$，核心企业采取 m_2 策略（安全评价但不安全协作）；$t＝450\sim500$，核心企业采取 m_1 策略（既不安全评价也不安全协作）。实验1的系统演化情况如图 10-4 所示。

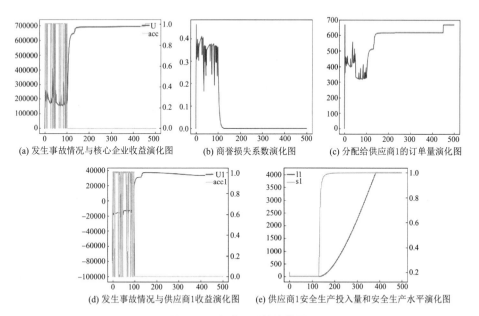

(a) 发生事故情况与核心企业收益演化图　　(b) 商誉损失系数演化图　　(c) 分配给供应商1的订单量演化图

(d) 发生事故情况与供应商1收益演化图　　(e) 供应商1安全生产投入量和安全生产水平演化图

图 10-4　实验 1 系统演化图

当 $t=0\sim50$，设定核心企业采取 m_1 策略，此时由于中小制造供应商 1 的初始安全生产较低，供应商 1 发生事故次数较多，核心企业商誉损失系数较大（可达 0.4），严重影响了核心企业的销量，导致核心企业收益较低（在 200000 左右）。由于核心企业销量减少，零部件需求量随之降低，供应商 1 能够分配到的订单量不多（在 450 左右），直接导致供应商 1 的收益甚微而没有能力追加安全投入，安全生产水平较低（小于 0.2）。因此，为改变现状，下一阶段核心企业需要调整供应商安全管理策略。

当 $t=50\sim100$，设定核心企业采取 m_2 策略，开始对供应商进行安全评价，即将供应商安全生产水平纳入订单分配的考虑因素当中，由于供应商 1 安全生产水平较低，其订单量明显下降（330 左右），并且供应商 1 发生安全事故的次数依旧较多，核心企业的商誉损失系数依旧较大；且由于向价格更低的供应商 1 的采购量减少，相比 $0\sim50$ 周期，核心企业需要花费更多成本向报价更高的供应商 2 进行采购，所以核心企业收益进一步降低（在 180000 左右）。此时，供应商 1 虽然订单量减少，订单收入下降，但由于安全事故需要支出的费用总量也相应减少（事故支出与订单收入正相关），最终导致供应商 1 的收益有小幅提升，依旧没有余力追加安全投入，其安全生产水平仍然较低（小于 0.2）。因此，为改变现状，下一阶段核心企业需要继续调整供应商安全治理行为策略。

当 $t=100\sim400$，设定核心企业采取 m_3 策略，对供应商 1 进行安全协作，提升其安全生产水平至 s_0，当核心企业设定的安全生产标准 s_0 非常高，供应商 1 可以做到不发生安全生产事故，此时核心企业的商誉损失直线下降，核心企业收益飞速上升并稳定在 680000 水平上。在核心企业的安全协作投入下，供应商的安全生产水平飞快达到最高水平，因此，核心企业分配给供应商 1 的订单量显著增加，供应商 1 的收益大幅提升，有能力开始自行追加安全投入；至第 400 期，由于供应商 1 的安全生产水平达到核心企业设定的安全生产标准，不再追加安全投入。由于安全投入的增加，供应商 1 的收益略微下降。当供应商 1 安全生产水平稳定至 s_0，说明核心企业不再需要进行安全协作投入，因此，下一阶段核心企业需要再次调整治理行为策略。

当 $t=400\sim450$，核心企业采取 m_2 策略，只对供应商进行安全评价但不进行安全协作投入。由于此时供应商 1 的安全生产水平已达到核心企业制定的安全生产标准，能依旧维持在零事故水平。核心企业没有商誉损失，收益水平没有下降趋势。供应商 1 由于不再追加安全投入，所获订单量也依旧维持在 600 水平，其收益趋于稳定。可见这一时期 m_2 策略下系统演化情况基本与上一阶段一致，供应商 1 的安全水平已达标，所以考虑下一阶段核心企业选择不进行供应商安全评价，观察系统演化是否有变化。

当 $t = 450 \sim 500$，核心企业采取 m_1 策略，既不进行安全生产评价也不进行安全协作，观察图 10-4(c)，可以发现分配给供应商 1 的订单量跃升至 650 水平，这是因为供应商 1 相比供应商 2 具有价格优势，由于获得了更多的订单，供应商 1 的收益得到小幅提升。同时，核心企业增加了对供应商 1 的采购量，总的采购成本下降，因此核心企业收益也有所上升。由于核心企业实行供应商安全生产评价策略的目的是监控供应商安全生产实践、评估其安全生产水平，进而避免供应商的机会主义行为，降低交易风险。当核心企业进行安全协作投入，中小制造供应商连续周期安全生产水平达到核心企业的安全生产标准，核心企业则不再进行安全评价和协作决策，代表核心企业经过长期合作后已信任此供应商，此供应商良好的业内口碑使得核心企业在无需花费治理成本的情况下获得较高的供应链安全生产绩效和更好的经济收益。上述治理策略调整过程正如李维安（2016）所说，在供应链生命周期的某一阶段，一般会存在某种主流的治理形式并扮演着主导角色，治理机制的不同选择会引起治理因素的动态性变化，比如成员之间的交易频率增加、关系增强，核心企业对交易的组织能力增强，这种变化又会进一步对供应链的资源配置方式产生结构性的影响，引发治理机制的改变。

经过一轮安全治理策略的调整，新引入的供应商 1 收益显著提升，安全生产投入快速增加，安全生产水平大幅提高，核心企业的收益也获得跃升。由此证明核心企业对新引入供应商实行安全生产治理策略的有效性。核心企业需要关注新引入供应商的安全生产情况，必须适时地进行安全协作投入（因为供应商 1 只有引入核心企业的安全协作投入，安全生产水平和收益才得到显著提升），以此避免新引入供应商发生安全生产事故引起商誉损失，与新引入供应商共同获得安全和经济效益双赢。

10.4.2 实验2：核心企业安全评价能力对其治理行为演化的影响实验

实验2的设计目的是观察在不同的核心企业评价能力系数下的系统演化情况，分别设置 τ 在1.05，0.95和1水平，当 $\tau=1.05$ 时，核心企业会高估中小制造供应商的安全生产水平；当 $\tau=0.95$ 时，核心企业会低估中小制造供应商的安全生产水平；而 $\tau=1$ 时，表明核心企业的安全评价能力很强，能够精准获悉供应商真实的安全生产状况。图10-5至10-7展示了不同安全评价能力下各参数的演化图，接下来将作详细解释。

如图10-5（a）所示，当 $\tau=1.05$ 时，表示若供应商安全生产水平较低，而核心企业认为供应商已达到了较高的安全生产标准，不需要进行安全协作投入，供应商1因此也不追加安全投入，安全投入量较少，最高才达40多。这种情况下，供应商1的安全生产水平不高导致发生安全生产事故的概率增加，一旦供应商1发生安全生产事故，其被分配到的订单额显著下降，继而影响当期收益。观察图10-5（b），当 $\tau=0.95$ 时，即使供应商安全生产水平足够高，核心企业依然认为供应商的安全生产水平未达到其标准，依旧需要不断地进行安全协作投入，核心企业虽额外增加了安全协作投入，但对供应商1安全生产水平的增长没有显著影响。观察图10-5（c），当 $\tau=1$ 时，核心企业能够通过安全评价获悉供应商1真实的安全生产水平，因此，当供应商1达到核心企业的安全生产标准 s_0 时，核心企业不再需要进行额外的安全协作投入。

如图10-6所示，当 $\tau=1.05$ 时，供应商1安全事故频发导致核心企业受到商誉损失，因此核心企业销量及下一期的订单需求量会随事故发生而下降，此时，核心企业的收益也有明显下降。当 $\tau=0.95$ 时，虽然核心企业因为低估供应商1的安全生产水平导致持续额外地进行安全协作投入，但对比图10-6（c） $\tau=1$ 的情形，并没有影响其最终收益。因此，对于核心企业而言，宁可谨慎对待供应商的安全生产状况，不可过于乐观而高估供应商的安全生产水平，造成收益损失。

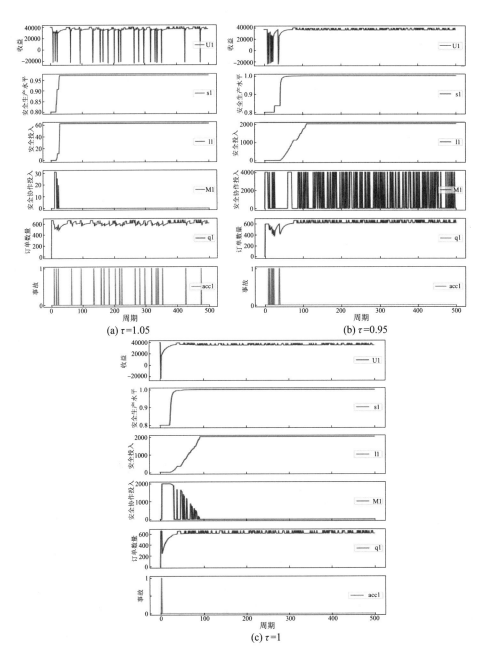

(a) $\tau=1.05$ (b) $\tau=0.95$

(c) $\tau=1$

图 10-5　不同评价能力系数下，供应商 1 相关参数的演化图

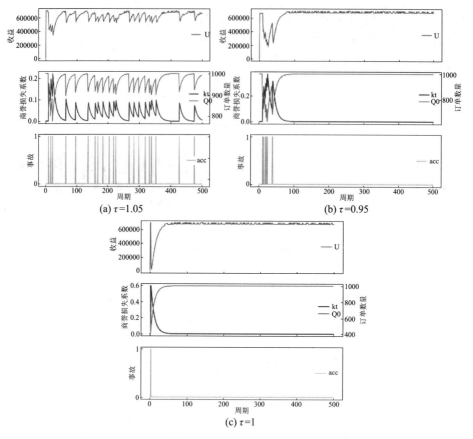

图 10-6　不同评价能力系数下，核心企业相关参数的演化图

　　如图 10-7(a) 所示，供应商 1 真实的安全水平较低导致发生事故频繁，核心企业收益因此受到影响，所以核心企业选择某一策略的收益一直有所波动，核心企业不同治理策略的魅力值随之发生变化，其策略选择概率也出现了频繁波动。而如图 10-7(b) 和图 10-7(c) 所示，随着供应商 1 的安全生产水平不断提高，核心企业收益不再受到供应商的安全事故影响而趋于稳定，其特定治理策略的魅力值相等，此时核心企业任一治理策略选择概率相等。

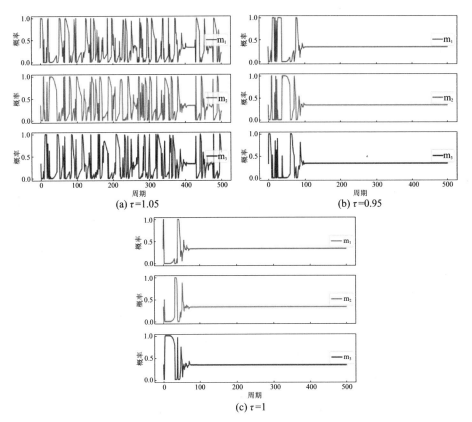

(a) $\tau=1.05$　　　　　　　　　　(b) $\tau=0.95$

(c) $\tau=1$

图 10-7　不同评价能力系数下，核心企业策略选择概率的演化图

10.4.3　实验3：核心企业受公众关注度对其治理行为演化的影响实验

实验3分别设置 C 在 0.25，2.5 和 8 水平，观察在核心企业受不同的关注程度下的系统演化情况，图 10-8 至 10-10 展示了随着核心企业受公众关注程度的增加，各参数的演化图，接下来将作详细解释。

观察图 10-8，在 0～100 期，随着核心企业受关注程度的升高，一旦供应商 1 发生安全生产事故，核心企业销量将大受影响，进而下一期分配给供应商 1 的订单量显著下降至 200 以下，如图 10-8(c) 所示，由于核心企业受关注程度越高，其供应商发生事故后被大众遗忘的速度越慢，所以，事故后核心企业采购量缓慢增加，供应商 1 的收益继而缓慢上升，如图 10-8(c) 所示。

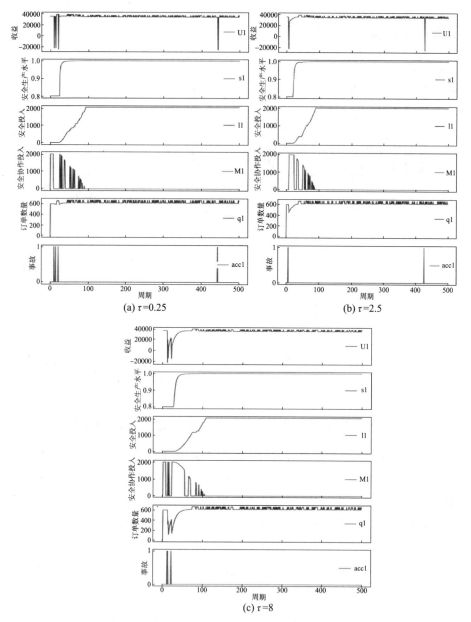

图 10-8　不同受关注程度下，供应商 1 相关参数的演化图

观察图 10-9，在第 0～50 期，由于供应商 1 的安全生产水平不高，在此时期内发生事故较为频繁，当供应商 1 发生事故时且核心企业受关注程度不

高，则核心企业销量下滑不多，为20多，对比图10-9(b) 和图10-9(c)，核心企业受关注程度越高，其销量受供应商事故影响越大，企业销量分别下滑200多和750多。

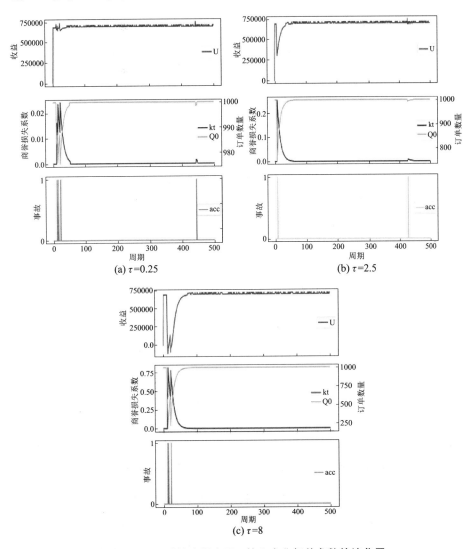

(a) τ=0.25 　　　　(b) τ=2.5

(c) τ=8

图 10-9　不同受关注程度下，核心企业相关参数的演化图

第400～450期，一旦供应商1发生事故，m_2 策略的概率显著上升，继而对比图10-10(a) 和图10-10(b)，核心企业受关注程度越高，当供应商1

发生安全生产事故后，核心企业选择 m_3 策略（既进行安全评价又进行安全协作）的概率显著升高。从图 10-10 可知，核心企业受关注程度越高，其治理策略越积极，从而有利于系统趋于稳定。

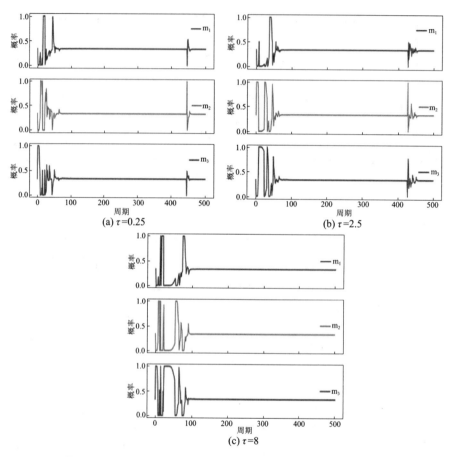

(a) $\tau=0.25$ (b) $\tau=2.5$

(c) $\tau=8$

图 10-10   不同受关注程度下，核心企业策略选择概率的演化图

10.4.4   实验 4：核心企业订单分配时安全因素权重对其治理行为演化的影响实验

实验 4 分别设置 b 在 0.1，0.5 和 0.9 水平，观察在不同的安全因素权重下的系统演化情况，图 10-11 至 10-13 展示了随着核心企业设置的订单分配中安全因素权重的增加，各参数的演化图，接下来将作详细解释。

如图 10-11 所示，在第 100 期后，供应商 1 的安全生产水平稳定至较高

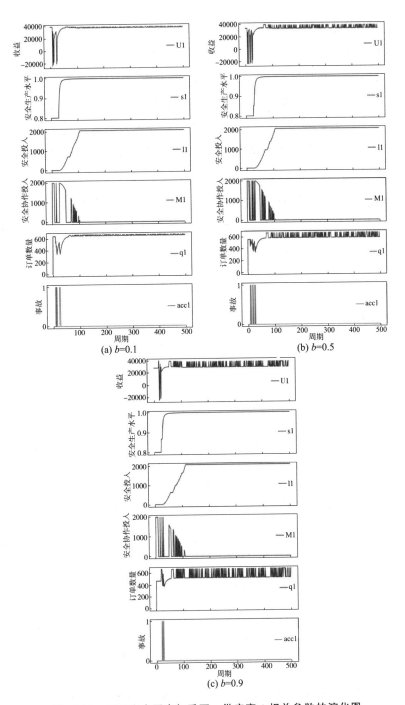

(a) $b=0.1$　　　　　(b) $b=0.5$

(c) $b=0.9$

图 10-11　不同安全因素权重下，供应商 1 相关参数的演化图

水平，此时核心企业在分配订单时将安全因素权重制定的越高，相应的价格因素权重则越低，供应商 1 失去了价格优势，所以，当核心企业选择 m_2 或 m_3 策略时，供应商 1 分配到的订单额会比在 m_1 策略时更低，且安全因素权重越高，订单额下降更多。因此，一旦供应商 1 在核心企业的安全协作下将安全生产水平提高至较高水平，核心企业就不会有商誉损失风险，在进行订单分配时只需关注价格因素，此时其与供应商 1 在安全和经济维度均能获得共赢。

如图 10-12(a) 所示，在 0～100 期，由于订单分配时安全因素权重低，因此价格因素权重高，所以供应商 1 由于价格优势而获得了更多的订单额，由于其发生安全生产事故的概率高，核心企业受其事故影响的概率随之升

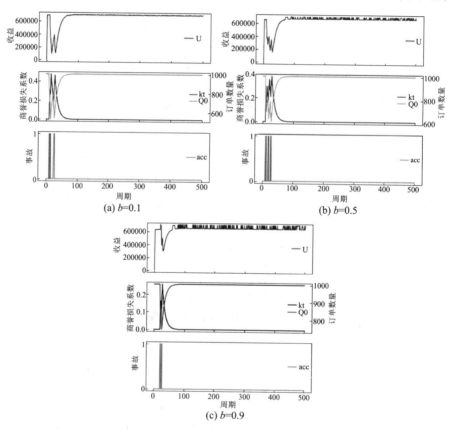

图 10-12　不同安全因素权重下，核心企业相关参数的演化图

高，因此，核心企业的商誉损失系数越大且对订单总额的需求影响也越大。同理，随着安全因素权重的升高，核心企业受供应商 1 事故的影响越来越小。观察图 10-12(c)，由于安全因素权重越高，意味着价格因素权重越低，当核心企业的治理策略为 m_2 或 m_3 时，核心企业分配给价格更低的供应商 1 的订单量相应减少，其总采购成本上涨，核心企业收益较之前下降较多，收益的波动幅度增加。

如图 10-13 所示，可以看出安全因素权重的升高对核心企业策略选择概率演化的影响不大。

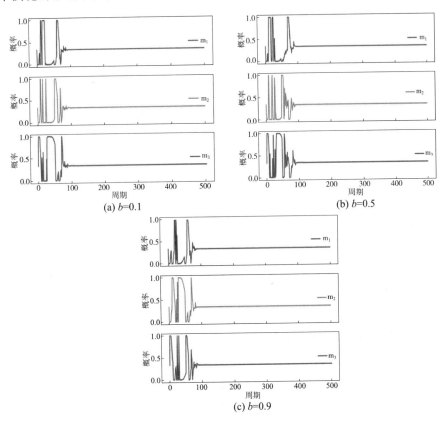

图 10-13　不同安全因素权重下，核心企业策略选择概率的演化图

10.5　实验结果分析

根据计算实验仿真模拟结果显示，供应链上下游企业的利益是捆绑在一起的，一荣共荣一损俱损，提升中小制造供应商的安全生产水平，促进核心企业与中小制造供应商双赢的关键在于：核心企业注重对新引入的中小制造供应商进行安全协作，提升核心企业自身的治理能力，提升公众关注度，分情况采取对应的治理策略及加强政府引导。

首先，实验1的结果表明安全协作投入必不可少，先引导核心企业关注新引入供应商的安全生产状况，再引导核心企业参与供应商安全生产协作。因为中小制造供应商往往在财务、技术和无形资产等方面受到资源约束，所以资源受限的中小制造供应商需要在协作和长期关系的基础上构建起供应链活动（Adams 等，2013），以长期关系为导向可以增加供应链合作伙伴之间的合作沟通，这对于传播和共享安全生产信息和知识以实现互利是必要的。

其次，计算实验2的结果突出了核心企业安全评价能力的重要性，避免核心企业对供应商真实安全生产水平产生认知偏差（特别是高估中小制造供应商真实的安全生产水平）导致中小制造供应商安全生产事故风险增加。同时，为了使核心企业的安全协作投入能够发挥最大价值以最大程度提升中小制造供应商的安全生产水平，需要提升核心企业参与供应链中小制造供应商安全生产治理的各方面能力。

再其次，实验3的结果表明公众关注程度对核心企业参与供应链中小制造供应商安全生产治理策略选择有影响。核心企业受公众关注程度越高，其销量受中小制造供应商事故影响越大。所以，随着核心企业受公众关注程度的提高，为规避因其中小制造供应商发生安全生产事故而遭受损失，当供应商1发生安全生产事故后，核心企业选择 m_3 策略的概率增加。而最好的做法是，在中小制造供应商发生安全生产事故前就以提高供应商的安全生产水平为目标，最大限度地规避供应商安全风险和自身商誉损失。所以，加强媒体对核心企业参与中小制造供应商安全生产治理的监督与报道，能够提升公众对核心企业治理实践与其中小制造供应商安全生产状况的关注度，进而有效激励核心企业主动参与供应链中小制造供应商的安全生产治理。

由此，计算实验 4 的演化结果表明在核心企业与中小制造供应商多周期的合作中，并不需要在每个周期进行订单分配时均考虑安全因素权重。因为，当核心企业通过安全协作投入将新引入供应商的安全生产水平提高至较高水平时，企业在管理供应商关系（Wynarczyk 和 Watson，2005）时可依赖于关系方法（Adams 等，2013）和信任（Squire 等，2009）。核心企业在对中小制造供应商制定安全生产治理策略时，可以按供应商的安全风险程度对供应商进行分类，当然，对供应商的分类是动态的，要根据供应商在不同时期的表现调整等次。对于高风险供应商，核心企业应采取强有力的措施，直接与这些供应商对话，密切进行安全评价和安全协作。对于中风险供应商，也需要积极地关注其安全生产状况，要求其经常报告安全生产台账等相关文件并进行审核。而对于低风险供应商，由于其安全生产水平已经达到核心企业制定的最高要求，为维护自身稳定高效发展，核心企业可与该中小制造供应商签订战略合作协议，只需在年度审核中评估供应商的安全生产水平。

最后，核心企业感受到的治理压力是核心企业提升治理能力和增强治理动力的重要前提，其重要性体现在计算实验的前提假设中，例如政府和媒体的主体假设。因此，增强治理压力也是后文驱动策略设计的重要关注点之一。

第11章 核心企业参与中小制造供应商安全生产治理行为驱动策略

前文研究内容的最终服务目标是驱动核心企业参与中小制造供应商安全生产治理，即驱动核心企业向战略型合作行为跃迁，以及采取积极有效的治理行为。回顾第6章到第10章，明晰本研究的具体内容和关键收获：第一，探明了目前核心企业参与中小制造供应商安全生产治理行为的现状，即主要存在三种治理行为的核心企业：逃避型逐利行为、被动型关注行为和战略型合作行为，其中战略型合作行为的积极程度最高，治理效果最好；第二，发现了性质、强弱和影响力程度不同的治理压力、治理动力和治理能力能依次刺激核心企业形成不同的"认知—动机—策略"行为组构，继而形成对应积极程度的治理行为；第三，检验了目前核心企业感知的治理压力、治理动力和治理能力对治理行为（安全评价行为和安全协作行为）的驱动效果与驱动路径，指出目前治理压力的强度不足直接促进核心企业的治理行为，需要相继通过激发治理动力和治理能力来间接促进治理行为；第四，设计并模拟了不同情境下，核心企业治理行为演化及治理系统演化情况，表明强大的治理压力与治理能力对行为驱动的重要性，安全协作行为对中小制造供应商安全生产水平的根本性提升作用，以及行为策略的动态调整对系统经济性和安全性双赢的作用。

综上，本章针对前文研究的关键收获中的加强治理压力、提升治理能力和刺激治理动力，采取以安全评价行为作为基础，以引导安全协作行为作为目标，从外驱（政府和媒体层面）和内驱（核心企业层面）角度提出驱动核心企业参与中小制造供应商安全生产治理行为的对策建议，并确保对策建议的提出有助于驱动核心企业治理行为的积极跃迁，以及治理行为实施的积极有效。

11.1　政府层面

政府作为核心企业参与中小制造供应商安全生产治理压力的重要来源，其重要性在第8章、第10章与第11章均被特别提出，但根据第10章实证检验结果可知，目前来自政府的治理压力不足以促进核心企业增强治理能力及刺激核心企业对中小制造供应商积极采取有效的安全生产治理行为。因此，本节针对政府层面提出核心企业参与中小制造供应商安全生产治理的行为驱动策略，主要包括以下三点：

（1）政府职能由安全生产治理主体向引导社会共治转变

为创新更为完备的安全生产社会治理模式，努力调动核心企业参与供应链中小制造供应商安全生产治理的积极性，政府安监部门需将自身职能由"主体"向"服务"转变，重视核心企业供应链的安全生产状况，在引导核心企业关注自身安全生产之外，还要关注供应链安全高质量发展，并且将供应链安全生产治理意识内化于心、外化于行，督促其履行供应链安全生产治理责任。作为多元主体治理的领导者和指导性力量，政府还需通过建设社会参与平台、提供完善的参与机制和出台促进核心企业治理行为的"软"（提高认识、能力建设）、"硬"（奖励计划、项目资助、立法）政策，积极实现与核心企业和社会的互动，不断提升核心企业的治理动力和治理能力，助推核心企业治理行为的实现。

（2）营造提升核心企业治理动力的制度环境

政府应面向所有行业不同规模的核心企业大力宣传教育，强化核心企业参与供应链中小制造供应商安全生产治理的理念和责任，旨在将核心企业积极治理变为普遍共识，最终形成核心企业积极治理的制度环境，以激发核心企业的治理动力。具体而言，在激发核心企业延伸责任动力方面，一是引起核心企业高层管理者对参与供应链中小制造供应商安全生产治理战略的关注和重视；二是强调核心企业对中小制造供应商具有很大的影响力，核心企业能够通过实施治理行为有效提升中小制造供应商的安全生产水平；三是激发核心企业的供应链可持续发展意识，以及实施可持续发展管理措施的意愿，继而带动供应链安全发展。因此，政府应倡导供应链安全生产的民间监督，进一步加强媒体、社会公众等利益相关者对核心企业参与供应链中小制造供应商安全生产治理行为的监督作用，通过引导社会媒体和公众关注核心企业中小制造供应商的安全生产情况，使核心企业对其供应商安全生产状况负有不可推卸的社会责任成为共识。

为激发核心企业参与中小制造供应商安全生产治理的动力，需要让核心企业意识到积极有效参与供应链中小制造供应商安全生产治理能够获得政府和社会公众的赞誉和认可，树立良好的社会形象，并有助于形成利于其生存发展的营商环境。

另外，使核心企业知悉参与供应链中小制造供应商的安全生产治理能够提升自身的行业声誉和行业地位，从而获得更多的供应链话语权和市场份额。基于以上关于共同成长、扩展未来生存空间的利益宣导、提高核心企业对参与供应链中小制造供应商安全生产治理益处的感知，体现出有效参与供应链中小制造供应商安全生产治理已成为企业软实力与隐形竞争优势，极大加强核心企业的治理动力。

最后，在稳定供应动力方面，政府并不需要过多强调中小制造供应商安全生产事故会对核心企业的稳定供应造成不良影响，而是强调中小制造供应商安全生产水平高对核心企业的正面意义，并在此基础上，引导核心企业采取更具发展性、创新性的战略对策进行供应商安全风险管理，不是一票否决，而是关注中小制造商安全生产状况和协助供应商安全成长。一些核心企业只把参与供应链安全生产治理视为一项额外的成本支出，思维固定，没有主动探索新的管理创新模式，并寻求供应链安全生产治理的经济价值。因此，政府应倡导核心企业以负责任、可持续的方式运营，为供应链安全健康发展做出积极贡献的同时，为企业自身带来更多创新机会、更强伙伴关系和更可持续增长。

（3）混合多种手段培育和增强核心企业的治理能力

目前，核心企业感受到的来自政府的治理压力，只能刺激其产生思想态度上的转变，并不能带动实际的能力提升行动。因此，政府除了加大压力施加的强度和范围，还应注意压力施加的效果，除了加强对企业责任和供应链管理责任的宣导工作，还应为提升核心企业的治理能力提供具体的扶持政策和帮扶措施。鉴于安全管理实力是安全协调能力的重要基础，在实践中首先要注意加强核心企业参与供应链中小制造供应商安全生产治理的安全管理实力，在帮助核心企业具备充足的治理知识、供应链流程安全管理能力、向供应商表达安全要求的能力、挑选协同治理伙伴并建立良好合作关系的能力后，进一步提升其制定行为准则、进行信息交换与分享安全收益，以及与合作伙伴共同治理的能力。

在实践中，政府可混合使用多种手段提升核心企业参与中小制造供应商安全生产治理的安全管理实力和安全协调能力。第一，鼓励行业内企业之间的互动学习。鼓励行业协会举办供应链安全生产主题的交流会、供应链安全生产治理实践典范企业评选活动和供应链安全生产治理政策、治理标准的宣介会，鼓励企业交流经验、相互借鉴优秀管理做法，包括关于供应商选择、供应商培养、供应商安全绩效评估和供应商安全问题解决方法等先进经验。提倡互动学习，不仅学习优秀治理实践企业与中小制造供应商或其他利益相关者之间的互动合作形式，还要深入学习典范企业内部关于参与供应链中小制造供应商安全生产治理的机制设计和资源安排。第二，鼓励行业内企业共同制定供应商安全生产管理标准、行业准则等，例如制定本行业的供应商安全生产行为准则。以上两点能够促进行业内供应链成员之间的对话和信息共享，确保行业内供应链成员统一认识和集体行动，有利于形成共识和协同效应，最大限度地发挥供应链企业的优势，共同打造安全健康的供应链。第三，政府各级部门设置核心企业参与供应链中小制造供应商安全生产治理的专项补贴或供应链安全生产治理示范企业申报，例如工信部鼓励符合绿色供应链示范企业条件并在行业内有较大影响力的核心企业积极申报，并对申报成功的企业给予荣誉和资金奖励。第四，政府通过提供更多资源，招募更多相关方，如第三方安全生产服务机构、学校与科研院所和金融服务机构，为核心企业提供参与供应链中小制造供应商安全生产治理的技术、管理和金融服务。以上两点从供应链外部为核心企业赋能和增益，以期培育和扶持核心企业更积极有效地参与供应链中小制造供应商的安全生产治理。

11.2 媒体层面

本书在第 10 章与第 11 章研究结果中重点指出了媒体对核心企业参与中小制造供应商安全生产治理的作用。第 10 章证实来自社会的治理压力能够有效激发核心企业树立形象动力，进而显著促进核心企业治理行为；第 7 章表明核心企业受公众关注越高，其受中小制造供应商事故影响的商誉损失越大，进而能够激发核心企业为维护企业形象而采取积极有效的治理行为。因此，应加强媒体对核心企业参与中小制造供应商安全生产治理的监督与报道，营造社会氛围，增强公众对核心企业参与中小制造供应商安全生产治理实践与效果的关注度。基于此，本节针对媒体层面提出驱动核心企业参与中小制造供应商安全生产治理的对策建议，主要包括以下三点：

（1）重视媒体对核心企业治理行为的社会监督作用

随着新媒体的快速发展，舆论和媒体成为社会监督的重要力量，积极影响着社会职业健康安全氛围的营造（Awwad 等，2016），这有助于提高企业职业健康安全绩效（Lu 等，2016）。媒体作为一个公共监督机构，在监督核心企业的供应链安全生产治理举措、调查和报道中小制造供应商安全事故中发挥着不可替代的作用。Zhang（2010）强调，严重的职业健康安全状况不仅可归因于企业不遵守政府法规，还可归因于无效的社会环境。加强媒体的约束和监督，形成社会公众监督体系，有利于督促核心企业关注供应链中小制造供应商的安全生产状况，承担起参与供应商安全生产治理的责任。另外，媒体可以作为引导力量，通过舆论促进社会形成职业健康安全共识，引导公众关注中小制造供应商的安全生产和核心企业的供应链安全生产治理。总之，媒体的社会监督对供应链安全生产的作用过程间接但影响范围更广，最终导致供应链安全生产行为的涌现。

（2）加强媒体关注核心企业治理状况的积极性

媒体监督具有覆盖面广、影响大的特点，能够对中小制造供应商安全生产状况、核心企业安全生产治理状况进行全方位、多层次、宽领域的监督。因此，为提高媒体关注核心企业治理状况的积极性，发挥各类媒体的优势积极宣传推广参与供应链中小制造供应商安全生产治理的典范企业，或及时曝光中小制造供应商的安全生产违规行为，需要提高媒体报道的准确性，降低媒体报道的成本及提高媒体报道的预期效益。例如，呼吁核心企业发布供应商名单和可持续发展报告来提高企业安全生产治理的透明度，相关报告中可披露高、中风险供应商审核率及低风险供应商占比数据和采购比例等信息，可以提升媒体报道的准确率及降低媒体的调查成本。此外，随着公众安全生产意识的提高，员工求职或银行评估贷款时也会关注企业的安全生产表现或治理表现。

（3）提高对中小制造供应商安全生产和核心企业参与治理的关注度

媒体需一方面通过社会压力的手段促使中小制造供应商投资职业健康安全，另一方面激励核心企业更加关注中小制造供应商的职业健康安全状况，并探索参与供应链安全生产治理的有效途径。例如，关注企业的安全生产状况，特别是安全生产基础薄弱、安全生产事故频发的中小制造供应商，加大对中小制造供应商安全生产违规行为的曝光力度，让事故企业及非事故企业自发规范安全生产，以更好应对政府管制措施、社会规范压力和核心企业的安全需求。媒体还可以及时报道国家有关职业健康安全的法律法规和产业结构调整的方针政策，引导中小制造供应商提高安全生产管理水平。另外，通过媒体客观公正地报道中小制造供应商的安全生产事故或职业伤害事件信息及关联的核心企业信息，能够最终引导核心企业增强供应链安全生产治理意识、关注并提升供应商的安全生产状况。

11.3 核心企业层面

根据第7章、第9章与第10章的研究，核心企业参与中小制造供应商安全生产治理的内驱力主要来自治理动力和治理能力。为了达成有效参与中小制造供应商安全生产治理，显著提升中小制造供应商安全生产水平，促进供应链核心企业自身与其中小制造供应商经济效益与安全效益双赢的目标，需要从核心企业层面提出相应的对策建议。

（1）制定参与中小制造供应商安全生产治理的主动战略和动态机制

核心企业可以通过参与供应链中小制造供应商的安全生产治理创造新的商业机会，增加利润和获得先发优势，而不只是使用应对外界政府监管、行业标准或社会关注的被动战略。同时，在前瞻、主动的供应链安全生产治理战略定位下，对不同风险程度的中小制造供应商，动态选择合适的供应链安全生产治理机制，以协调目标冲突，维护合作关系，规避安全生产败德行为。首先，引入、创造和维护更高比例的低风险供应商，针对低风险的中小制造供应商，核心企业可以通过信任、关系和互惠机制，与其开展战略合作关系，设定供应商年度安全考核任务，互惠互利，共同发展。其次，积极关注中风险供应商的安全生产状况，开展定期审核和供应商安全生产绩效评价，针对其安全生产存在的欠缺之处予以支持。最后，与高风险供应商密切沟通和合作创新，对其加强安全评价和安全协作，切实提升高风险供应商的安全生产稳定性。

（2）重视治理行为的引入与实施方式

核心企业应从夯实安全评价行为入手，即关注中小制造供应商的安全生产状况，制定监督程序以确保其安全生产，评估其安全生产绩效，并对安全生产绩效好的中小制造供应商增加采购份额以示奖励。完善中小制造供应商的安全生产评价标准和进行安全生产评价对中小制造供应商有一定的监督作用，但不能提升中小制造供应商的安全生产管理能力并从根本上改善其安全生产状况。因此，需要着重注意在实施安全评价行为的基础上及时采取安全协作行为。针对中小制造供应商安全生产不足之处，对供应商进行技术或管理指导，协助供应商获得相关安全生产认证和获得安全生产所需资金，将供应链安全生产理念传播到中小制造供应商并帮助中小制造供应商的安全生产工作科学化、体系化和标准化，以此逐步深入参与供应链中小制造供应商的安全生产治理并取得良好的治理效果。

主要从新引入的中小制造供应商开始，通过安全协作投入，传授其安全生产理念、技术和管理经验，与其共同解决生产与发展过程中遇到的职业健康与安全生产问题。对核心企业来说，直接对中小制造供应商提供安全生产资金支持存在困难，但是核心企业可以利用供应链金融、信托机构等方式在帮助中小制造供应商获得资金支持的同时，也增强自身的风险管控能力和提升效益。核心企业还可以采取多种安全协作投入方式提升中小制造供应商的安全生产水平：① 运用适宜的培训方式，对中小制造供应商进行安全生产培训，强化供应商的安全生产意识，传递安全管理经验，以及提高供应商对安全生产法律法规的理解能力和运用能力；② 为中小制造供应商提供学习交流平台，举办线上或线下安全生产管理专题研讨会，邀请中小制造供应商分享优秀的安全生产实践，交流经验和商业案例，探讨供应链安全发展新模式；③ 与中小制造供应商密切沟通，参与其产品制造方式的设计过程或提供技术升级方案，帮助中小制造供应商以更经济、可持续的方式达到安全生产标准；④ 搭建供应链安全生产信息平台，通过与社会第三方服务机构、研究机构、行业组织等利益相关者通力协作，建立一套多元开放、多层次、相互衔接的纵向供应链安全生产治理的评价与协作体系，共同推动中小制造供应商安全生产。

（3）增强治理能力：自建或外包

核心企业参与供应链中小制造供应商的安全生产治理除了应当制定积极合理的安全生产治理战略决策、有效实施安全评价行为，以及适时采取安全协作行为，还应培养和提升完备的治理能力。有效参与供应链中小制造供应商安全生产治理，需要核心企业具备安全管理实力和良好的安全绩效，才能将安全理念和管理方法传播到供应链上下游。提升核心企业的治理能力，一方面有利于更精准地帮扶中小制造供应商提升安全生产水平，另一方面可以防止核心企业资源浪费，最大限度利用资源取得最好的安全效益。核心企业提升自身治理能力的措施包括：第一，核心企业从企业内部出发进行资源重构，通过部门调整、设置专门机构和专业人才招聘提升实力；第二，核心企业与中小制造供应商、第三方服务机构和行业协会等组织进行交互学习来获得治理经验，增强治理能力；第三，核心企业与第三方技术、资金、服务提供商进行战略合作，借助第三方机构的帮助，将一部分安全评价或安全协作事务交由专业机构完成，在这些机构的协助下更好地参与供应链中小制造供应商的安全生产治理。

第12章 研究结论与展望

12.1 研究结论

12.1.1 政府与市场协同视角下的中小企业安全生产治理

本书上卷基于行动者网络理论，系统性认识了引入安全服务的中小企业安全生产治理模式的构建与运行过程，抽象出政府安监部门、安全服务机构、中小企业三个重要主体，厘清三者之间的交互关系：政府安监部门协同安全服务机构共同监管中小企业安全生产；安全服务机构一方面协助政府安监部门提高监管能力和监管效率，另一方面辅助提高中小企业安全生产能力；中小企业在感受到监管压力并获得高质量安全能力后，会将压力转化为动力，提高自身的安全生产水平。通过剖析目前各地较常见的现有表现形式，发现现行模式的差异性主要表现在监管合作方式和安全服务购买的政府干预上。本研究为了探寻更好地引入安全服务的中小企业安全治理模式，进一步运用计算实验方法，基于 NetLogo 软件进行仿真实验，探究了差异性监管合作方式和安全服务购买的差异性政府干预下，中小企业安全治理的效果和演化规律。主要研究结论如下：

（1）在中小企业安全治理中引入安全服务，是治理模式革新的一项重要举措。安全服务不仅能帮助补充地方安监力量不足，提高中小企业安全监管效率，且能通过市场运行方式高质量高效率地补充中小企业安全生产能力，是中小企业获取安全生产能力的重要渠道。由此，引入安全服务的中小企业安全治理模式的有效运转将大幅提升中小企业安全生产的治理效率，促进中小企业安全水平的提高。

（2）目前，虽然各地都陆续引入了安全服务参与中小企业的安全治理，但在实践中存在各类差异性举措。剖析后发现，现有模式的差异性主要表现在差异性的监管合作方式和安全服务购买的政府干预上。其中监管合作是指通过安全服务的参与，帮助检查中小企业的安全状态，以分担政府安监部门的部分监管职能。目前监管合作方式主要为：① 安监部门单独出资委托，即借助安全服务机构的专业知识和工具，共同开展对中小企业安全生产状况的检查；② 安监部门引导企业自行购买由安全服务机构出具的安全生产状态报告，安监部门依据报告掌握中小企业安全状态。当中小企业通过购买安全服务以提升自身的安全能力，政府对于中小企业购买安全服务的行为分为两种情况：① 政府未有干预，中小企业自发自由购买安全服务；② 政府对企业购买安全服务有所干预。

（3）基于行动者网络理论分析发现，构建引入安全服务的中小企业安全治理系统的关键在于由核心行动者政府安监明确核心问题并赋予安全服务机构、中小企业等行动者以利益，通过设立一系列的策略调动其行动积极性，共同解决网络中的关键问题。核心行动者政府安监部门的动员策略，主要包括中小企业安全治理政策（监管政策、激励政策）、安全服务发展的鼓励政策、促使安全服务参与治理的扶持政策等。如国家应急管理局通过对地方安监部门的安全治理成效的考核，调动地方安监部门认真落实政策要求；通过对地方安监治理效率提升要求和完善相应的配套机制，提升地方安监引入安全服务参与中小企业安全治理的积极性。地方安监部门通过设置辖区内中小企业安全生产治理的具体模式和落地配套措施，一方面引入安全服务机构，充分发挥其技术支持作用和治理协同作用，提高中小企业安全生产的治理效率；另一方面督促中小企业落实安全生产主体责任，解决其能力不足的困境，激发安全生产积极性。

（4）差异性的监管合作方式实验结果发现，政府安监部门单独出资委托安全服务机构共同开展对中小企业安全生产状况检查的合作方式，虽然在前期需付出较高的搜寻安全服务机构和购买安全服务的成本，但后期监管成本相对较低，较易获得真实的中小企业安全状态的评估报告。而在政府安监部门引导企业自行购买由安全服务机构出具的安全生产状态报告，依据报告掌握中小企业安全状态的合作方式中，政府虽无需花费购买服务的成本，但需重视对安全报告真实性的把控和监管。由此，选择何种合作方式，需要安监部门因地制宜。对于目前安全服务发展并不完善的现状而言，采取第一种方式较为稳妥。而随着安全服务的不断发展，安监部门应逐步建立一套成熟的市场监督机制，从而保障采取第二种合作方式能获取真实有效的中小企业安全状态。

（5）安全服务购买的差异性政府干预实验结果发现，在中小企业购买安全服务提高安全能力的过程中，相比于政府不干预，采取干预措施能明显提高安全服务质量，且良好的安全服务质量能够刺激更多的中小企业选择购买安全服务，并由此促使购买安全服务成为中小企业提升自身安全能力的重要渠道。尤其在目前中小企业安全生产能力较差的情境下，政府对安全生产服务质量进行干预不仅符合中国国情和企业发展需求，也符合在市场失灵情况下政府的职能定位。然而政府干预需讲究策略和技巧，演化实验结果表明，实施惩罚策略需设置适当的惩罚质量标准和惩罚力度。其中惩罚质量标准过高和过低，都难以达到刺激服务机构提高服务质量的目的。同样惩罚力度过低或过高，也会导致政府惩罚无法起到积极作用，不利于安全服务质量的提高。可见，只有制定的惩罚质量标准和惩罚力度符合多数服务机构的专业能力和实力现状，才能真正高效激励服务机构提高安全服务质量。

12.1.2 政府与供应链协同视角下的中小企业安全生产治理

作为政府安全生产监管的有益补充，近年来，引导核心企业参与供应链中小制造供应商的安全生产治理正逐步引起政府和社会各界的关注与重视，但是实践中普遍存在核心企业治理动力不足的难题，相关研究也较为分散，缺乏针对性与系统性。因此，亟待开展驱动核心企业参与中小制造供应商安全生产治理，激发核心企业治理动机的研究课题。本书下卷以核心议题为指引，基于治理概念、企业环境相关理论、企业能力相关理论及复杂适应系统理论，综合运用文献调研、文本分析、扎根理论、结构方程模型及计算实验的方法，沿着"治理行为特征—治理行为形成机理—治理行为驱动路径—治理行为演化规律—治理行为驱动策略"的研究思路，对核心企业参与中小制造供应商安全生产治理行为的驱动机理及演化规律进行系统化的深入探讨，现将研究结论总结如下：

（1）核心企业参与中小制造供应商安全生产治理行为包括：逃避型逐利行为、被动型关注行为、战略型合作行为，每一类行为具有鲜明的特征。为探明现状和引出研究方向，第 6 章使用数据挖掘和文本分析方法，从 100 个百度网页资料中，归纳提炼核心企业参与中小制造供应商安全生产治理行为的特征属性和类型划分。首先，运用 Python 编程爬取百度网页相关资料，之后基于"认知—动机—策略—结果"的分析模型对文本资料进行分析，明晰了核心企业参与中小制造供应商安全生产治理行为的实践现状。研究发现目前核心企业的治理行为分为逃避型逐利行为、被动型关注行为和战略型合作行为三种，其中战略型合作行为的积极程度最高，安全生产治理结果最优，在积极有效的管理策略组合下，核心企业带领供应链走向安全可持续的道路。

（2）治理压力、治理动力、治理能力依次作用于核心企业参与中小制造供应商安全生产治理行为形成的认知分析、动机分析和策略分析过程；治理压力对治理行为形成具有直接驱动作用，以及经由治理动力或治理能力的间接驱动作用；治理动力对治理能力具有正向驱动作用。

为厘清核心企业参与中小制造供应商安全生产治理行为形成的驱动因素和驱动作用，第 7 章基于探索性的扎根理论质性研究方法，对 12 家代表性核心企业的中高层管理者的深度访谈资料进行编码分析，逐步提取分析核心企业治理行为形成的驱动因素，构建核心企业参与中小制造供应商安全生产治理行为的驱动因素体系框架模型，以及驱动因素对治理行为的作用机理模型。研究表明，核心企业参与中小制造供应商安全生产治理行为的驱动因素主要划分为三个维度：治理压力、治理动力和治理能力。理由如下：治理压力作用于核心企业治理行为形成的认知分析过程并形成对应积极程度的认知特征，治理动力作用于动机分析过程并促进对应积极程度的动机特征的形成，治理能力作用于策略分析过程并促进对应积极程度的策略动机的形成，而结合第 6 章，不同积极程度的行为特征构成了对应积极程度的治理行为。将识别出的驱动因素分为内部动因与外部动因，内部动因包括治理动力和治理能力，外部动因为治理压力，内外驱动因素紧密相连、环环相扣共同作用于核心企业治理行为的形成过程，包括外部动因对治理行为的直接作用、内部动因在治理压力与治理行为间的中介作用，以及内部动因间治理动力对治理能力的促进作用。

（3）目前治理压力强度不足以显著促进核心企业的治理行为，治理压力通过治理动力和治理能力的链式中介间接促进核心企业治理行为，安全管理实力是安全协调能力的基础，安全评价行为有效提升安全协作行为。

驱动核心企业向战略型合作行为跃迁的外在表征在于促使核心企业采取积极的治理措施。为探究目前核心企业感知的治理压力、治理动力和治理能力对其采取积极治理行为的驱动效果和驱动路径，第 8 章和第 9 章运用结构方程模型方法，验证了内外驱动因素对核心企业治理行为的影响作用，即对治理压力、治理动力、治理能力与治理行为之间的关系进行了实证研究。通过对 299 份以供应链核心企业为调研对象的有效样本进行实证分析，得出以下结论：治理压力对治理动力的正向影响效果较为显著；治理压力对治理能力与治理行为的正向影响作用较不显著；治理动力能够较为积极地促进治理能力的提升；治理动力和治理能力对治理行为有一定的驱动作用；治理动力和治理能力在治理压力与治理行为之间起到显著的中介作用；安全管理实力是安全协调能力的重要基础；安全评价行为积极促进安全协作行为。

（4）提升核心企业治理行为的有效性，实现核心企业与其中小制造供应商安全与经济双赢的关键在于：核心企业对新引入的中小制造供应商采取安全协作行为，并提升自身的治理能力，以及分情况采取对应的治理策略。

对静态调查数据的实证研究强调了在驱动核心企业采取积极参与中小制造供应商安全生产治理的行为方面，核心企业感知的治理压力不足，以及提升核心企业治理动力与治理能力的重要性。为驱动核心企业采取积极且有效的治理行为，需明确各情境因素如何随时间变化动态影响核心企业参与中小制造供应商安全生产治理系统的演化趋势和运行绩效。因此，第 10 章运用计算实验仿真研究，探索了在政府、媒体、核心企业与中小制造供应商多主体参与下，不同情境参数影响下核心企业治理行为选择、行为演化趋势和系统运行绩效。实验结果表明，核心企业的安全协作行为对于提升新引入的中小制造供应商安全生产水平具有必要性和重要性；提升核心企业的治理能力，对于提升核心企业自身利益和中小制造供应商的安全和经济效益均有重要意义；加强媒体公众对核心企业参与供应链中小制造供应商安全生产治理的关注度，能够有效激励核心企业主动参与中小制造供应商的安全生产治理；核心企业对中小制造供应商制定的安全生产治理策略，需根据供应商的安全风险程度和合作阶段进行调整。

（5）从三个层面提炼驱动核心企业积极有效参与中小制造供应商安全生产治理的对策：政府的政策引导、媒体的舆论监督，以及核心企业的战略实践。为达成最终研究目标，第 11 章在总结提炼前文关键研究收获的基础上，提出驱动核心企业积极有效参与中小制造供应商安全生产治理的对策，以激励核心企业治理行为积极跃迁和提升其治理行为实施的有效性。首先，在政府层面，作为中小制造供应商安全生产多元治理的领导者和指导性力量，政府需要建设社会参与平台，提供完善的参与机制和出台促进核心企业治理行为的"软""硬"政策，不断提升核心企业的治理动力和治理能力；其次，在媒体层面，加强媒体的约束与监督，督促核心企业关注供应链中小制造供应商的安全生产状况，通过舆论促进社会公众关注核心企业的供应链安全生产治理实践和效果；最后，在核心企业层面，需针对不同风险程度的中小制造供应商主动制定安全生产治理战略，并且在完善中小制造供应商安全生产认证标准和进行安全生产评价的同时，实施有效的安全协作行为，在实施治理措施的过程中，也需注重自身治理能力的培养与提升。

12.2 研究不足与展望

本书上卷基于复杂系统理论、演化经济学理论、资源依赖理论，采用计算实验方法系统性认识了引入安全服务的中小企业安全生产治理模式的构建与运行过程，探究了在差异性监管合作方式和安全服务购买的差异性政府干预下，中小企业安全治理的效果和演化规律。下卷基于探索性的扎根理论质性研究方法，通过搜集大样本数据对结构方程初始模型进行实证检验，并结合计算实验方法，对核心企业参与中小制造供应商安全生产治理行为驱动机理和演化规律进行了较为系统的分析，虽然总结了一些研究结论，但受限于理论知识与实践条件，研究还存在一些局限和不足：

（1）引入安全服务的中小企业安全治理模式的设置，最主要的差异体现在监管合作方式和安全服务购买的政府干预上，本书上卷对此做了一些模拟研究。但除了上述的两个重要差异，诸如政府对中小企业购买服务意识的引导等差异还未纳入考虑。且在某些地区，政府和安全服务机构的监管合作，与企业通过服务购买提升安全能力，这两样事情常合二为一，这就导致了模拟情境可能会出现变化，在以后的研究中，对此类情境会进一步考虑。此外，除模拟研究外，在今后的研究中，还会进一步深入进行相关的实证研究，通过实证统计分析以更好地论证研究结论。

（2）在行业内有较大影响力的核心企业参与供应链内中小制造供应商的安全生产治理研究，并未涉及中小制造供应商对其上下游企业的安全约束传导。供应链是一个联系上下游的紧密纽带，它提供了一个传播的通道，供应链安全生产治理理念可以先从其中某一个企业开始，顺着供应链散播出去，形成一个生态圈，进而惠及更多的企业。为了形成以点带面的价值传播局面，不仅需要研究核心企业对其上游中小制造企业的传导，还需研究中小制造企业对其上游企业的传导。由于中小制造企业通常是大型企业的供应商，越来越多的中小制造供应商被鼓励采取安全环保等可持续措施，并将这些需求传递给自己的供应商。未来的研究方向可以探索中小制造企业在传播供应链安全生产治理理念、提升供应链安全生产水平中所起的作用。比如，中小制造企业更倾向于传达标准还是实施控制机制，中小制造企业实施供应链安全生产治理具有的优越性及局限性有哪些。

（3）本书下卷的研究参考了许多供应链社会责任方面的文献，虽然安全生产属于社会责任范畴，但是安全生产不仅具有社会属性还兼具经济属性，并且安全生产与环境保护、低碳生产等环保属性息息相关，因此，也常被纳入供应链可持续发展战略的范畴。未来的研究方向可以更侧重于供应链安全生产战略管理模式，针对不同的供应商探索良好的供应链安全生产管理模式或者针对不同的核心企业设计供应链安全生产管理模式。因为越来越多的企业不再是单一主营业务，而是跨行业开展业务，然而不同行业的安全生产标准是不同的，每个企业根据业务所属行业的不同，具有独特的安全生产标准，通过设计针对性的供应链安全生产管理模式，使安全可持续发展理念沿着供应链进行更为广泛的传递，最大限度地降低安全风险并对制造商、供应商、采购商、品牌商等参与者产生深远的影响。

　　本书下卷通过计算实验已验证核心企业的供应链安全生产治理实践对中小制造供应商的安全生产水平具有积极影响。但是如何最大化供应链安全生产治理效果？治理效果受哪些因素影响？核心企业的供应链安全生产治理行为与中小制造供应商的安全生产行为提升之间具有哪些中介变量或调节变量？这一系列课题均可作为进一步研究的方向。在核心企业供应链安全生产治理措施实施过程中，由于实施主体和对象不同，规制效果可能存在差异，可能的影响因素有供应商地位和规模，核心企业的规模和努力程度、采购比例、地理距离、文化差异及买卖双方关系和依赖度等。例如，如果核心企业高度依赖中小制造供应商，那么核心企业发出的信号不太可能改变中小制造供应商的优先事项和行动，然而，高度依赖客户的公司可能被社会第三方服务机构、下游客户和公众视为一个容易的目标，促使他们改善供应商的劳动力条件，从而成为竞争对手的榜样。

参考文献

［1］曹正汉. 无形的观念如何塑造有形的组织对组织社会学新制度学派的一个回顾［J］. 社会，2005（3）：207－216.

［2］曹兴，张伟，李笑冬，等. 尽责管理下跨国供应链企业社会责任对财务绩效影响的实证研究［J］. 系统工程，2016，34（10）：68－75.

［3］陈远高. 供应链社会责任的概念内涵与动力机制［J］. 技术经济与管理研究，2015（1）：75－78.

［4］冯军政，魏江. 国外动态能力维度划分及测量研究综述与展望［J］. 外国经济与管理，2011，33（7）：26－33.

［5］华连连，张诗苑，王建国，等. 供应链治理：理论基础、研究综述及展望［J］. 供应链管理，2021，2（8）：5－19.

［6］黄仕伎. 企业的环境管理能力与企业绩效关系的理论与实证研究［D］. 武汉：武汉大学，2013.

［7］李海燕，方长春，代应. 面向供应链的社会责任协同治理研究［J］. 重庆理工大学学报（自然科学），2017，31（9）：39－44.

［8］李金华，黄光于. 供应链社会责任治理机制、企业社会责任与合作伙伴关系［J］. 管理评论，2019，31（10）：242－254.

［9］李婧婧，李勇建，宋华，等. 资源和能力视角下可持续供应链治理路径研究：基于联想全球供应链的案例研究［J］. 管理评论，2021，33（9）：326－339.

［10］李维安，李勇建，石丹. 供应链治理理论研究：概念、内涵与规范性分析框架［J］. 南开管理评论，2016，19（1）：4－15.

［11］李燕萍，陈武，陈建安. 创客导向型平台组织的生态网络要素及能力

生成研究［J］. 经济管理，2017，39（6）：101－115.

[12] 刘素霞，梅强，陈雨峰，等. 安全生产市场化服务供求演化路径［J］.
系统工程，2016，34（4）：41－49.

[13] 刘素霞，朱雨晴，梅强. 损失认知、安全态度与企业安全生产行为关
系研究［J］. 中国安全科学学报，2017，27（10）：123－129.

[14] 刘素霞，程瑶，梅强，等. 工业园区企业安全生产达标策略选择演化
研究：基于溢出效应视角［J］. 系统工程理论与实践，2020，40
（12）：3284－3297.

[15] 林海芬，苏敬勤. 管理创新效力机制研究：基于动态能力观视角的研
究框架［J］. 管理评论，2012，24（3）：49－57.

[16] 罗云. 安全经济学［M］. 北京：中国质检出版社，2013：304.

[17] 马士华，林勇. 供应链管理［M］. 3 版. 北京：机械工业出版社，
2010：376.

[18] 梅强，陈好，刘素霞. 中小企业安全投入行为决策研究［J］. 中国安
全科学学报，2013，23（8）：150－156.

[19] 梅强，刘素霞. 小微企业安全生产市场化服务研究［M］. 北京：科学
出版社，2021：96.

[20] 梅强，李钏，刘素霞，等. 基于 Multi-Agent 的中小煤矿安全生产管
制效果研究［J］. 工业工程与管理，2015，20（4）：142－151.

[21] 康伟，杜蕾，曹太鑫. 组织关系视角下的城市公共安全应急协同治理
网络：基于"8·12 天津港事件"的全网数据分析［J］. 公共管理学
报，2018，15（2）：141－152.

[22] 沈奇泰松，葛笑春，宋程成. 合法性视角下制度压力对 CSR 的影响机
制研究［J］. 科研管理，2014，35（1）：123－130.

[23] 谭英俊. 走向合作型政府：21 世纪政府治理的新趋势［J］. 中共天津
市委党校学报，2015，17（3）：66－71.

[24] 王力，候家丹. 中小型高危企业安全生产托管效果评估模型［J］. 工

业安全与环保，2017，43（8）：50−52.

[25] 王朋举. 基于社会公众参与的中小企业安全生产寻租行为监督博弈研究［J］. 安全与环境学报，2018，18（4）：1391−1395.

[26] 吴建祖，毕玉胜. 高管团队注意力配置与企业国际化战略选择：华为公司案例研究［J］. 管理学报，2013，10（9）：1268−1274.

[27] 吴瑶，肖静华，谢康，等. 从价值提供到价值共创的营销转型：企业与消费者协同演化视角的双案例研究［J］. 管理世界，2017（4）：138−157.

[28] 吴武生，徐三元，陈国华. 协同理论视角下安全监管机制研究［J］. 中国安全生产科学技术，2013，9（4）：150−155.

[29] 肖红军，张哲. 企业社会责任悲观论的反思［J］. 管理学报，2017，14（5）：720−729.

[30] 肖红军，李平. 平台型企业社会责任的生态化治理［J］. 管理世界，2019，35（4）：120−144.

[31] 肖红军. 共享价值式企业社会责任范式的反思与超越［J］. 管理世界，2020，36（5）：87−115.

[32] 肖红军，阳镇，姜倍宁. 企业社会责任治理的政府注意力演化：基于1978—2019中央政府工作报告的文本分析［J］. 当代经济科学，2021，43（2）：58−73.［万方］

[33] 谢清伦，胡翔，李燕萍. 盛隆"群体老板制"管理模式及要素构成：基于扎根理论的分析［J］. 科技进步与对策，2019，36（11）：100−108.

[34] 徐建. 中小企业引入安全生产托管服务的思考［J］. 经济视角，2012，（4）：49−50.

[35] 杨东宁，周长辉. 企业环境绩效与经济绩效的动态关系模型［J］. 中国工业经济，2004（4）：43−50.

[36] 于飞，胡查平，刘明霞. 网络密度、高管注意力配置与企业绿色创新：

制度压力的调节作用［J］.管理工程学报，2021，35（2）：55－66.

［37］于晓慧，杜建国.名牌产品企业环境管理下的供应商减排行为演化研究［J］.科技管理研究，2018，38（24）：223－229.

［38］俞可平.治理和善治：一种新的政治分析框架［J］.新华文摘，2001（12）.

［39］赵一归，冯宇峰.安全生产治理现代化的内涵、特征及实现路径研究［J］.安全，2022，43（6）：69－74.

［40］张菁菁，梅强，刘素霞，等.安全生产评价服务市场违规防治演化研究［J］.系统工程，2018，36（7）：123－133.

［41］张毓龙.我国职业安全健康合作治理体系研究［D］.徐州：中国矿业大学，2021.

［42］郑洋.工业园区及中小企业安全生产托管模式研究［J］.中小企业管理与科技，2016（8）：21.

［43］周巧梅，梅强，刘素霞.供应链环境中中小企业安全生产的激励契约［J］.中国安全科学学报，2017，27（7）：145－150.

［44］周青，吴童祯，杨伟，等.面向"一带一路"企业技术标准联盟的驱动因素与作用机制研究：基于文本挖掘和程序化扎根理论融合方法［J］.南开管理评论，2021，24（3）：150－159.

［45］周雪光，艾云.多重逻辑下的制度变迁：一个分析框架［J］.中国社会科学，2010（4）：132－150.

［46］郑家昊.合作治理视域下的政府转型与职能实现［J］.哈尔滨市委党校学报，2014（6）：60－66.

［47］朱柯冰，曾珍香.供应链社会责任研究综述［J］.技术经济与管理研究，2018（7）：63－67.

［48］Acs Z J，Audretsch D B，Feldman M P. R & D spillovers and recipient firm size［J］. The Review of Economics and Statistics，1994，76（2）：336.

[49] Adams J H, Khoja F M, Kauffman R. An empirical study of buyer-supplier relationships within small business organizations[J]. Journal of Small Business Management, 2012, 50(1): 20—40.

[50] Ahinful G S, Tauringana V, Essuman D, et al. Stakeholders pressure, SMEs characteristics and environmental management in Ghana[J]. Journal of Small Business & Entrepreneurship, 2022, 34(3): 241—268.

[51] Ağan Y, Kuzey C, Acar M F, et al. The relationships between corporate social responsibility, environmental supplier development, and firm performance[J]. Journal of Cleaner Production, 2016, 112: 1872—1881.

[52] Akamp M, Müller M. Supplier management in developing countries [J]. Journal of Cleaner Production, 2013, 56: 54—62.

[53] Al Zaabi S, Al Dhaheri N, Diabat A. Analysis of interaction between the barriers for the implementation of sustainable supply chain management[J]. The International Journal of Advanced Manufacturing Technology, 2013, 68(1): 895—905.

[54] Asamoah D, Agyei-Owusu B, Andoh-Baidoo F K, et al. Inter-organizational systems use and supply chain performance: Mediating role of supply chain management capabilities[J]. International Journal of Information Management, 2021, 58: 102195.

[55] Awaysheh A, Klassen R D. The impact of supply chain structure on the use of supplier socially responsible practices [J]. International Journal of Operations & Production Management, 2010, 30(12): 1246—1268.

[56] Awwad R, Shdid C A, Tayeh R. Agent-based model for simulating construction safety climate in a market environment[J]. Journal of

Computing in Civil Engineering，2017，31(1)：05016003.

[57] Ayuso S，Ángel Rodríguez M，García-Castro R，et al. Does stakeholder engagement promote sustainable innovation orientation? [J]. Industrial Management & Data Systems，2011，111(9)：1399—1417.

[58] Ayuso S，Roca M，Colomé R. SMEs as "transmitters" of CSR requirements in the supply chain[J]. Supply Chain Management，2013，18(5)：497—508.

[59] Bahn S，Rainnie A. Supply chains and responsibility for OHS management in the Western Australian resources sector[J]. Employee Relations，2013，35(6)：564—575.

[60] Baldock R，James P，Smallbone D，et al. Influences on small-firm compliance-related behaviour：The case of workplace health and safety [J]. Environment and Planning C：Government and Policy，2006，24(6)：827—846.

[61] Barney J. Firm resources and sustained competitive advantage[J]. Journal of Management，1991，17(1)：99—120.

[62] Barney J B. Strategic factor markets：Expectations，luck，and business strategy[J]. Management Science，1986，32(10)：1231—1241.

[63] Barney J，Wright M，Ketchen D J Jr. The resource-based view of the firm：Ten years after 1991[J]. Journal of Management，2001，27(6)：625—641.

[64] Barreto I. Dynamic capabilities：A review of past research and an agenda for the future[J]. Journal of Management，2010，36(1)：256—280.

[65] Bendixen M，Abratt R. Corporate identity，ethics and reputation in supplier-buyer relationships[J]. Journal of Business Ethics，2007，76

(1)：69－82.

[66] Bharati P，Zhang C，Chaudhury A. Social media assimilation in firms：Investigating the roles of absorptive capacity and institutional pressures [J]. Information Systems Frontiers，2014，16(2)：257－272.

[67] Betts T K，Wiengarten F，Tadisina S K. Exploring the impact of stakeholder pressure on environmental management strategies at the plant level：What does industry have todo with it? [J]. Journal of Cleaner Production，2015，92：282－294.

[68] Hosseinnia B，Khakzad N，Reniers G. Multi-plant emergency response for tackling major accidents in chemical industrial areas[J]. Safety Science，2018，102：275－289.

[69] Benitez J，Ruiz L，Castillo A，et al. How corporate social responsibility activities influence employer reputation：The role of social media capability[J]. Decision Support Systems，2020，129：113223.

[70] Bhattacharya S，Tang L J. Fatigued for safety? Supply chain occupational health and safety initiatives in shipping[J]. Economic and Industrial Democracy，2013，34(3)：383－399.

[71] Bhakoo V，Choi T. The iron cage exposed：Institutional pressures and heterogeneity across the healthcare supply chain [J]. Journal of Operations Management，2013，31(6)：432－449.

[72] Brix J. Ambidexterity and organizational learning：Revisiting and reconnecting the literatures[J]. The Learning Organization，2019，26(4)：337－351.

[73] Boiral O，Ebrahimi M，Kuyken K，et al. Greening remote SMEs：The case of small regional airports[J]. Journal of Business Ethics，2019，154(3)：813－827.

[74] Boström M, Micheletti M. Introducing the sustainability challenge of textiles and clothing[J]. Journal of Consumer Policy, 2016, 39(4): 367－375.

[75] Busse C, Kach A P, Bode C. Sustainability and the false sense of legitimacy: How institutional distance augments risk in global supply chains[J]. Journal of Business Logistics, 2016, 37(4): 312－328.

[76] Busse C. Doing well by doing good? The self-interest of buying firms and sustainable supply chain management[J]. Journal of Supply Chain Management, 2016, 52(2): 28－47.

[77] Cagno E, Micheli G J L, Jacinto C, et al. An interpretive model of occupational safety performance for small- and medium-sized enterprises[J]. International Journal of Industrial Ergonomics, 2014, 44(1): 60－74.

[78] Cagno E, Micheli G J L, Masi D, et al. Economic evaluation of OSH and its way to SMEs: A constructive review[J]. Safety Science, 2013, 53: 134－152.

[79] Garcia-Perez-de-Lema D, Madrid-Guijarro A, Martin D P. Influence of university-firm governance on SMEs innovation and performance levels [J]. Technological Forecasting and Social Change, 2017, 123: 250－261.

[80] Camerer C F, Ho T H, Chong J K. Behavioural game theory: Thinking, learning and teaching[M] // Huck S, ed. Advances in Understanding Strategic Behaviour. London: Palgrave Macmillan UK, 2004: 120－180.

[81] Camerer C, Hua Ho T. Experience-weighted attraction learning in normal form games[J]. Econometrica, 1999, 67(4): 827－874.

[82] Carroll A B, Shabana K M. The business case for corporate social

responsibility: A review of concepts, research and practice [J]. International Journal of Management Reviews, 2010, 12(1): 85—105.

[83] Carter C R, Hatton M R, Wu C, et al. Sustainable supply chain management: Continuing evolution and future directions [J]. International Journal of Physical Distribution & Logistics Management, 2019, 50(1): 122—146.

[84] Cantele S, Zardini A. What drives small and medium enterprises towards sustainability? Role of interactions between pressures, barriers, and benefits [J]. Corporate Social Responsibility and Environmental Management, 2020, 27(1): 126—136.

[85] Chen J K C, Zorigt D. Managing occupational health and safety in the mining industry [J]. Journal of Business Research, 2013, 66(11): 2321—2331.

[86] Child J, Marinova S. The role of contextual combinations in the globalization of Chinese firms [J]. Management and Organization Review, 2014, 10(3): 347—371.

[87] Chun R. Corporate reputation: Meaning and measurement [J]. International Journal of Management Reviews, 2005, 7(2): 91—109.

[88] Hossan Chowdhury M M, Quaddus M A. Supply chain sustainability practices and governance for mitigating sustainability risk and improving market performance: A dynamic capability perspective [J]. Journal of Cleaner Production, 2021, 278: 123521.

[89] Cepeda G, Vera D. Dynamic capabilities and operational capabilities: A knowledge management perspective [J]. Journal of Business Research, 2007, 60(5): 426—437.

[90] Cilliers P, Biggs H C, Blignaut S, et al. Complexity, modeling, and natural resource management [J]. Ecology and Society, 2013, 18

(3)：art1.

[91] Crespin-Mazet F，Dontenwill E. Sustainable procurement：Building legitimacy in the supply network[J]. Journal of Purchasing and Supply Management，2012，18(4)：207−217.

[92] Clarkson M E. A stakeholder framework for analyzing and evaluating corporate social performance[J]. Academy of Management Review，1995，20(1)：92−117.

[93] Cunningham T R，Sinclair R. Application of a model for delivering occupational safety and health to smaller businesses：Case studies from the US[J]. Safety Science，2015，71(100)：213−225.

[94] Dai J，Xie L，Chu Z F. Developing sustainable supply chain management：The interplay of institutional pressures and sustainability capabilities[J]. Sustainable Production and Consumption，2021，28：254−268.

[95] Danneels E. Organizational antecedents of second-order competences [J]. Strategic Management Journal，2008，29(5)：519−543.

[96] Davis G F，Cobb J A. Resource dependence theory：Past and future[J]. Stanford's Organization Theory Renaissance，1970−2000，2010，28：21−42.

[97] Darnall N，Henriques I，Sadorsky P. Adopting proactive environmental strategy：The influence of stakeholders and firm size[J]. Journal of Management Studies，2010，47(6)：1072−1094.

[98] Dementyeva M ，Koster P R ，Verhoef E T. Regulation of road accident externalities when insurance companies have market power[J]. Journal of Urban Economics，2015，86：1−8.

[99] Delmas M A，Toffel M W.Organizational responses to environmental demands：Opening the black box[J]. Strategic Management Journal，

2008，29(10)：1027—1055.

[100] Delmas M A，Montes-Sancho M J. US state policies for renewable energy: Context and effectiveness[J]. Energy Policy, 2011, 39(5): 2273—2288.

[101] Delmas M, Hoffmann V H, Kuss M. Under the tip of the iceberg: Absorptive capacity, environmental strategy, and competitive advantage[J]. Business & Society, 2011, 50(1): 116—154.

[102] DiMaggio P J, Powell W W. The iron cage revisited: Institutional isomorphism and collective rationality in organizational fields[J]. American Sociological Review, 1983, 48(2): 147—160.

[103] Drees J M, Heugens P P. Synthesizing and extending resource dependence theory: A meta-analysis[J]. Journal of Management, 2013, 39(6): 1666—1698.

[104] Doh J P, Howton S D, Howton S W, et al. Does the market respond to an endorsement of social responsibility? The role of institutions, information, and legitimacy[J]. Journal of Management, 2010, 36 (6): 1461—1485.

[105] Dowling J, Pfeffer J. Organizational legitimacy: Social values and organizational behavior[J]. Pacific Sociological Review, 1975, 18(1): 122—136.

[106] Dubey R, Gunasekaran A, Samar Ali S. Exploring the relationship between leadership, operational practices, institutional pressures and environmental performance: A framework for green supply chain[J]. International Journal of Production Economics, 2015, 160: 120—132.

[107] DuHadway S, Carnovale S, Hazen B. Understanding risk management for intentional supply chain disruptions: Risk detection, risk mitigation, and risk recovery [J]. Annals of Operations

Research，2019，283(1)：179—198.

[108] Eakin J M，Champoux D，Maceachen E. Health and safety in small workplaces：refocusing upstream [J]. Canadian Journal of Public Health=Revue Canadienne De Sante Publique,2010, 101(Suppl 1)： S29—S33.

[109] Eslambolchi S S, Grayson R L, Gernand J M. Policy changes in safety enforcement for underground coal mines show mine-size-dependent effects[J]. Safety Science，2019，112：223—231.

[110] El Baz J，Laguir I，Marais M，et al. Influence of national institutions on the corporate social responsibility practices of small-and medium-sized enterprises in the food-processing industry：Differences between France and Morocco[J]. Journal of Business Ethics，2016，134(1)： 117—133.

[111] El Baz J，Ruel S. Can supply chain risk management practices mitigate the disruption impacts on supply chains' resilience and robustness? Evidence from an empirical survey in a COVID-19 outbreak era [J]. International Journal of Production Economics， 2021，233：107972.

[112] Eisenhardt K M，Martin J A. Dynamic capabilities：What are they? [J]. Strategic Management Journal，2000，21(10—11)：1105—1121.

[113] Egels-Zandén N，Lindholm H. Do codes of conduct improve worker rights in supply chains? A study of Fair Wear Foundation[J]. Journal of cleaner production，2015，107：31—40.

[114] Fan D，Zhu C J，Timming A R，et al. Using the past to map out the future of occupational health and safety research：where do we go from here? [J]. The International Journal of Human Resource Management，2020，31(1)：90—127.

[115] Feng Y T, Zhu Q H, Lai K H. Corporate social responsibility for supply chain management: A literature review and bibliometric analysis[J]. Journal of Cleaner Production, 2017, 158: 296—307.

[116] Fernando S, Lawrence S. A theoretical framework for CSR practices: Integrating legitimacy theory, stakeholder theory and institutional theory[J]. Journal of Theoretical Accounting Research, 2014, 10 (1): 149—178.

[117] Filatotchev I, Nakajima C. Corporate governance, responsible managerial behavior, and corporate social responsibility: Organizational efficiency versus organizational legitimacy? [J]. Academy of Management Perspectives, 2014, 28(3): 289—306.

[118] Freeman R E, Dmytriyev S. Corporate social responsibility and stakeholder theory: Learning from each other [J]. Symphonya Emerging Issues in Management, 2017 (1): 7—15.

[119] Fischer J, Gardner T A, Bennett E M, et al. 2015. Advancing sustainability through mainstreaming a social-ecological systems perspective[J]. Current Opinion in Environmental Sustainability, 14: 144—149.

[120] Freeman R E. Strategic management: A stakeholder approach[M]. Cambridge: Cambridge university press, 2010.

[121] Foerstl K, Reuter C, Hartmann E, et al. Managing supplier sustainability risks in a dynamically changing environment-Sustainable supplier management in the chemical industry[J]. Journal of Purchasing and Supply Management, 2010, 16(2): 118—130.

[122] Frynas J G, Yamahaki C. Corporate social responsibility: Review and roadmap of theoretical perspectives[J]. Business Ethics: A European Review, 2016, 25(3): 258—285.

[123] Garcés-Ayerbe C, Rivera-Torres P, Murillo-Luna J L. Stakeholder pressure and environmental proactivity: Moderating effect of competitive advantage expectations[J]. Management Decision, 2012, 50(2): 189—206.

[124] Garriga E, Melé D. Corporate social responsibility theories: Mapping the territory[J]. Journal of Business Ethics, 2004, 53(1): 51—71.

[125] Gavronski I, Klassen R D, Vachon S, et al. A resource-based view of green supply management [J]. Transportation Research Part E: Logistics and Transportation Review, 2011, 47(6): 872—885.

[126] Gualandris J, Kalchschmidt M. Customer pressure and innovativeness: Their role in sustainable supply chain management [J]. Journal of Purchasing and Supply Management, 2014, 20 (2): 92—103.

[127] Gunarathne N, Lee K H. Institutional pressures and corporate environmental management maturity [J]. Management of Environmental Quality, 2019, 30(1): 157—175.

[128] Gong M F, Gao Y, Koh L, et al. The role of customer awareness in promoting firm sustainability and sustainable supply chain management [J]. International Journal of Production Economics, 2019, 217: 88—96.

[129] Grimm J H, Hofstetter J S, Sarkis J. Critical factors for sub-supplier management: A sustainable food supply chains perspective [J]. International Journal of Production Economics, 2014, 152: 159—173.

[130] Gimenez C, Sierra V, Rodon J. Sustainable operations: Their impact on the triple bottom line [J]. International Journal of Production Economics, 2012, 140(1): 149—159.

[131] Gimenez C, Sierra V. Sustainable supply chains: Governance

mechanisms to greening suppliers[J]. Journal of Business Ethics, 2013, 116(1): 189—203.

[132] Gimenez C, Tachizawa E M. Extending sustainability to suppliers: A systematic literature review [J]. Supply Chain Management: An International Journal, 2012, 17(5): 531—543.

[133] Ghahramani A. Factors that influence the maintenance and improvement of OHSAS 18001 in adopting companies: A qualitative study[J]. Journal of Cleaner Production, 2016, 137: 283—290.

[134] Grant R M. The resource-based theory of competitive advantage: Implications for strategy formulation [J]. California Management Review, 1991, 33(3): 114—135.

[135] Gray E R, Balmer J M T. Managing corporate image and corporate reputation[J]. Long Range Planning, 1998, 31(5): 695—702.

[136] Gualandris J, Kalchschmidt M. Customer pressure and innovativeness: Their role in sustainable supply chain management [J]. Journal of Purchasing and Supply Management, 2014, 20(2): 92—103.

[137] Guo B H W, Yiu T W, González V A. Does company size matter? Validation of an integrative model of safety behavior across small and large construction companies[J]. Journal of Safety Research, 2018, 64: 73—81.

[138] Harpur P. Clothing manufacturing supply chains, contractual layers and hold harmless clauses: How OHS duties can be imposed over retailers[J]. Australian Journal of Labour Law, 2008, 21(3): 316—339.

[139] Hartmann J, Moeller S. Chain liability in multitier supply chains? Responsibility attributions for unsustainable supplier behavior [J]. Journal of Operations Management, 2014, 32(5): 281—294.

[140] Hasle P, Bager B, Granerud L. Small enterprises—Accountants as

occupational health and safety intermediaries[J]. Safety Science, 2010, 48(3): 404—409.

[141] Hasle P, Jensen P L. Changing the internal health and safety organization through organizational learning and change management: Research Articles[J]. Human Factors and Ergonomics in Manufacturing & Service Industries, 2006, 16(3): 269—284.

[142] Haviland A, Burns R, Gray W, et al. What kinds of injuries do OSHA inspections prevent? [J]. Journal of Safety Research, 2010, 41(4): 339—345.

[143] Haghnevis M, Askin R G. A modeling framework for engineered complex adaptive systems[J]. IEEE Systems Journal, 2012, 6(3): 520—530.

[144] Hall J, Matos S, Gold S, et al. The paradox of sustainable innovation: The "Eroom" effect (Moore's law backwards)[J]. Journal of Cleaner Production, 2018, 172: 3487—3497.

[145] Holzer B. Turning stakeseekers into stakeholders: A political coalition perspective on the politics of stakeholder influence[J]. Business & Society, 2008, 47(1): 50—67.

[146] Hyatt D G, Berente N. Substantive or symbolic environmental strategies? Effects of external and internal normative stakeholder pressures[J]. Business Strategy and the Environment, 2017, 26(8): 1212—1234.

[147] Helmig B, Spraul K, Ingenhoff D. Under positive pressure: How stakeholder pressure affects corporate social responsibility implementation[J]. Business & Society, 2016, 55(2): 151—187.

[148] Helfat C E. Know-how and asset complementarity and dynamic capability accumulation: The case of R&D[J]. Strategic Management

Journal, 1997, 18(5): 339—360.

[149] Helfat C E, Winter S G. Untangling dynamic and operational capabilities: Strategy for the (N)ever-changing world[J]. Strategic Management Journal, 2011, 32(11): 1243—1250.

[150] Hohenstein N O, Feisel E, Hartmann E, et al. Research on the phenomenon of supply chain resilience: A systematic review and paths for further investigation[J]. International Journal of Physical Distribution & Logistics Management, 2015, 45(1/2): 90—117.

[151] Holland J H. Hidden order: How adaptation builds complexity[M]. Reading,MA: Addison Wesley Longman Publishing Co., Inc., 1996.

[152] Holland J H. Studying complex adaptive systems[J]. Journal of Systems Science and Complexity, 2006, 19(1): 1—8.

[153] Hong J T, Zhang Y B, Ding M Q. Sustainable supply chain management practices, supply chain dynamic capabilities, and enterprise performance[J]. Journal of Cleaner Production, 2018, 172: 3508—3519.

[154] Hoogendoorn B, Guerra D, Van Der Zwan P. What drives environmental practices of SMEs? [J]. Small Business Economics, 2015, 44(4): 759—781.

[155] Holizki T, McDonald R, Gagnon F. Patterns of underlying causes of work-related traumatic fatalities-Comparison between small and larger companies in British Columbia[J]. Safety Science, 2015, 71: 197—204.

[156] Huang L J, Liang D. Development of safety regulation and management system in energy industry of China: Comparative and case study perspectives[J]. Procedia Engineering, 2013, 52: 165—170.

[157] Hyatt D G，Berente N. Substantive or symbolic environmental strategies? Effects of external and internal normative stakeholder pressures[J]. Business Strategy and the Environment，2017，26(8)：1212—1234.

[158] Jazairy A，Von Haartman R. Analysing the institutional pressures on shippers and logistics service providers to implement green supply chain management practices[J]. International Journal of Logistics Research and Applications，2020，23(1)：44—84.

[159] Jones T M，Harrison J S，Felps W. How applying instrumental stakeholder theory can provide sustainable competitive advantage[J]. Academy of Management Review，2018，43(3)：371—391.

[160] Kauppila O P. Alliance management capability and firm performance：Using resource-based theory to look inside the process black box[J]. Long Range Planning，2015，48(3)：151—167.

[161] Katkalo V S，Pitelis C N，Teece D J. Introduction：On the nature and scope of dynamic capabilities[J]. Industrial and Corporate Change，2010，19(4)：1175—1186.

[162] Kumar G，Subramanian N，Maria Arputham R. Missing link between sustainability collaborative strategy and supply chain performance：Role of dynamic capability[J]. International Journal of Production Economics，2018，203：96—109.

[163] Kolk A，Van Tulder R. International business，corporate social responsibility and sustainable development[J]. International Business Review，2010，19(2)：119—125.

[164] Kot S. Sustainable supply chain management in small and medium enterprises[J]. Sustainability，2018，10(4)：1143.

[165] Krekel C，Zerrahn A. Does the presence of wind turbines have

negative externalities for people in their surroundings? Evidence from well-being data［J］. Journal of Environmental Economics and Management，2017，82：221－238.

［166］Kvorning L V，Hasle P，Christensen U. Motivational factors influencing small construction and auto repair enterprises to participate in occupational health and safety programs［J］. Safety Science，2015，71：253－263.

［167］Lansing J S. Complex adaptive systems［J］. Annual Review of Anthropology，2003，32(1)：183－204.

［168］Lashitew A A，Werker E. Do natural resources help or hinder development? Resource abundance，dependence，and the role of institutions［J］. Resource and Energy Economics，2020，61：101183.

［169］Large R O，Gimenez Thomsen C. Drivers of green supply management performance：Evidence from Germany［J］. Journal of Purchasing and Supply Management，2011，17(3)：176－184.

［170］Landrum N E. Stages of corporate sustainability：Integrating the strong sustainability worldview［J］. Organization & Environment，2018，31(4)：287－313.

［171］Leiter A M，Parolini A，Winner H. Environmental regulation and investment：Evidence from European industry data［J］. Ecological Economics，2011，70(4)：759－770.

［172］Lee E M，Lee H J，Pae J H，et al. The important role of corporate social responsibility capabilities in improving sustainable competitive advantage［J］. Social Responsibility Journal，2016，12(4)：642－653.

［173］Legg S J，Olsen K B，Laird I S，et al. Managing safety in small and medium enterprises［J］. Safety Science，2015，71：189－196.

［174］Lee M D P. Configuration of external influences：The combined effects of institutions and stakeholders on corporate social responsibility strategies[J]. Journal of Business Ethics, 2011, 102 (2): 281—298.

[175] Levin S. Complex adaptive systems: Exploring the known, the unknown and the unknowable [J]. Bulletin of the American Mathematical Society, 2003, 40(1): 3—19.

[176] Levin S, Xepapadeas T, Crépin A S, et al. Social-ecological systems as complex adaptive systems: Modeling and policy implications[J]. Environment and Development Economics, 2013, 18(2): 111—132.

[177] Li D Y, Xin L N, Chen X H, et al. Corporate social responsibility, media attention and firm value: Empirical research on Chinese manufacturing firms[J]. Quality & Quantity, 2017, 51(4): 1563—1577.

[178] Lin C Y, Ho Y H. Determinants of green practice adoption for logistics companies in China[J]. Journal of Business Ethics, 2011, 98 (1): 67—83.

[179] Liu H F, Ke W L, Wei K K, et al. The role of institutional pressures and organizational culture in the firm's intention to adopt internetenabled supply chain management systems [J]. Journal of Operations Management, 2010, 28(5): 372—384.

[180] Li Y. Research on supply chain CSR management based on differential game[J]. Journal of Cleaner Production, 2020, 268: 122171.

[181] Lin H F, Su J Q, Higgins A. How dynamic capabilities affect adoption of management innovations [J]. Journal of Business Research, 2016, 69(2): 862—876.

[182] Liu L X, Zhang M, Hendry L C, et al. Supplier development practices for sustainability: a multi-stakeholder perspective [J]. Business

Strategy and the Environment，2018，27(1)：100—116.

[183] Locke R M. The promise and limits of private power：Promoting labor standards in a global economy [M]. Cambridge：Cambridge University Press，2013.

[184] Low W S，Cheng S M. A comparison study of manufacturing industry in Taiwan and China：Manager's perceptions of environment，capability，strategy and performance [J]. Asia Pacific Business Review，2006，12(1)：19—38.

[185] Lu M J，Cheung C M，Li H，et al. Understanding the relationship between safety investment and safety performance of construction projects through agent-based modeling [J]. Accident Analysis & Prevention，2016，94：8—17.

[186] Lund-Thomsen P，Coe N M. Corporate social responsibility and labour agency：The case of Nike in Pakistan[J]. Journal of Economic Geography，2015，15(2)：275—296.

[187] Lu X Q，Zhao G H. Game analysis between governments and enterprises in coalmine safety production [J]. Energy Technology Manage，2009(5)：113—115.

[188] Lu R W，Wang X H，Yu H，et al. Multiparty evolutionary game model in coal mine safety management and its application [J]. Complexity，2018(3)：1—10.

[189] Mahmoudi S，Ghasemi F，Mohammadfam I，et al. Framework for continuous assessment and improvement of occupational health and safety issues in construction companies[J]. Safety and Health at Work，2014，5(3)：125—130.

[190] Mahmood A，Naveed R T，Ahmad N，et al. Unleashing the barriers to CSR implementation in the sme sector of a developing economy：A

thematic analysis approach[J]. Sustainability, 2021, 13(22): 12710.

[191] Mani V, Jabbour C J C, Mani K T N. Supply chain social sustainability in small and medium manufacturing enterprises and firms' performance: Empirical evidence from an emerging Asian economy[J]. International Journal of Production Economics, 2020, 227: 107656.

[192] Martela M. The significance of culture in promotion of corporate responsibility in the supply chain: A case study of India[D]. Helsinki University of Technology, 2005. Masi D, Cagno E. Barriers to OHS interventions in Small and Medium-sized Enterprises [J]. Safety Science, 2015, 71: 226-241.

[193] Matos S, Silvestre B S. Managing stakeholder relations when developing sustainable business models: the case of the Brazilian energy sector[J]. Journal of Cleaner Production, 2013, 45: 61-73.

[194] Meyer J W, Rowan B. Institutionalized organizations: Formal structure as myth and ceremony[J]. American Journal of Sociology, 1977, 83(2): 340-363.

[195] Meershoek A, Horstman K. Creating a market in workplace health promotion: the performative role of public health sciences and technologies[J]. Critical Public Health, 2016, 26(3): 269-280.

[196] Mejías A M, Paz E, Pardo J E. Efficiency and sustainability through the best practices in the logistics social responsibility framework[J]. International Journal of Operations & Production Management, 2016, 36(2): 164-199.

[197] Micheli G J L, Cagno E. Dealing with SMEs as a whole in OHS issues: Warnings from empirical evidence[J]. Safety Science, 2010, 48(6): 729-733.

[198] Min S, Zacharia Z G, Smith C D. Defining supply chain management: In the past, present, and future[J]. Journal of Business Logistics, 2019, 40(1): 44—55.

[199] Muller A, Kolk A. Extrinsic and intrinsic drivers of corporate social performance: Evidence from foreign and domestic firms in Mexico [J]. Journal of Management Studies, 2010, 47(1): 1—26.

[200] Mullen J, Kelloway E K, Teed M. Employer safety obligations, transformational leadership and their interactive effects on employee safety performance[J]. Safety Science, 2017, 91: 405—412.

[201] Mohamed R, Vom Hofe R, Mazumder S. Jurisdictional spillover effects of sprawl on injuries and fatalities[J]. Accident Analysis & Prevention, 2014, 72: 9—16.

[202] Nadvi K, Raj-Reichert G. Governing health and safety at lower tiers of the computer industry global value chain [J]. Regulation & Governance, 2015, 9(3): 243—258.

[203] Nenonen S, Vasara J. Safety management in multiemployer worksites in the manufacturing industry: Opinions on co-operation and problems encountered [J]. International Journal of Occupational Safety and Ergonomics, 2013, 19(2): 167—83.

[204] Niskanen T, Naumanen P, Hirvonen M L. An evaluation of EU legislation concerning risk assessment and preventive measures in occupational safety and health[J]. Applied Ergonomics, 2012, 43 (5): 829—842.

[205] Nuñez I. Outsourcing occupational safety and health: An analysis of the make or buy decision[J]. Human Resource Management, 2009, 48(6): 941—958.

[206] Olsen K, Legg S, Hasle P. How to use programme theory to evaluate

the effectiveness of schemes designed to improve the work environment in small businesses[J]. Work, 2012, 41(6): 5999 — 6006.

[207] Olsen K B, Hasle P. The role of intermediaries in delivering an occupational health and safety programme designed for small businesses—A case study of an insurance incentive programme in the agriculture sector[J]. Safety Science, 2015, 71: 242—252.

[208] Page K R. Blood on the coal: The effect of organizational size and differentiation on coal mine accidents[J]. Journal of Safety Research, 2009, 40(2): 85—95.

[209] Rajeev A, Pati R K, Padhi S S, et al. Evolution of sustainability in supply chain management: A literature review[J]. Journal of Cleaner Production, 2017, 162: 299—314.

[210] Parmigiani A, Klassen R D, Russo M V. Efficiency meets accountability: Performance implications of supply chain configuration, control, and capabilities[J]. Journal of Operations Management, 2011, 29(3): 212—223.

[211] Partanen J, Kohtamäki M, Patel P C, et al. Supply chain ambidexterity and manufacturing SME performance: The moderating roles of network capability and strategic information flow [J]. International Journal of Production Economics, 2020, 221: 107470.

[212] Pache A C, Santos F. When worlds collide: The internal dynamics of organizational responses to conflicting institutional demands [J]. Academy of Management Review, 2010, 35(3): 455—476.

[213] Paulraj A, Chen I J, Blome C. Motives and performance outcomes of sustainable supply chain management practices: A multi-theoretical perspective[J]. Journal of Business Ethics, 2017, 145(2): 239—258.

[214] Pedersen E R G, Gwozdz W. From resistance to opportunity-seeking: Strategic responses to institutional pressures for corporate social responsibility in the Nordic fashion industry[J]. Journal of Business Ethics, 2014, 119(2): 245—264.

[215] Pedersen E R G, Neergaard P, Pedersen J T, et al. Conformance and deviance: Company responses to institutional pressures for corporate social responsibility reporting [J]. Business Strategy and the Environment, 2013, 22(6): 357—373.

[216] Peng J P, Quan J, Zhang G Y, et al. Mediation effect of business process and supply chain management capabilities on the impact of IT on firm performance: Evidence from Chinese firms[J]. International Journal of Information Management, 2016, 36(1): 89—96.

[217] Peng M W. Towards an institution-based view of business strategy [J]. Asia Pacific Journal of Management, 2002, 19(2): 251—267.

[218] Peter C, Swilling M. Linking complexity and sustainability theories: Implications for modeling sustainability transitions [J]. Sustainability, 2014, 6(3): 1594—1622.

[219] Pettit T J, Croxton K L, Fiksel J. Ensuring supply chain resilience: Development and implementation of an assessment tool[J]. Journal of Business Logistics, 2013, 34(1): 46—76.

[220] Porter M E, Kramer M R. Strategy and society: The link between competitive advantage and corporate social responsibility[J]. Harvard business review, 2006, 84(12): 78—92.

[221] Nidumolu R, Prahalad C K, Rangaswami M R. Why sustainability is now the key driver of innovation [J]. Harvard Business Review, 2009, 87(9): 57—64.

[222] Phan T N, Baird K. The comprehensiveness of environmental

management systems: The influence of institutional pressures and the impact on environmental performance [J]. Journal of Environmental Management, 2015, 160: 45—56.

[223] Pilbeam C, Doherty N, Davidson R, et al. Safety leadership practices for organizational safety compliance: Developing a research agenda from a review of the literature[J]. Safety Science, 2016, 86: 110—121.

[224] Poist R F. Evolution of conceptual approaches to the design of logistics systems: A sequel[J]. Transportation Journal, 1989, 28 (3): 35—39.

[225] Penrose E T. The theory of the growth of the firm[M]. Oxford University Press, 2009.

[226] Pfeffer J, Salancik G R. The external control of organizations: A resource dependence perspective [M]. Stanford University Press, 2003.

[227] Pohlmann C R, Scavarda A J, Alves M B, et al. The role of the focal company in sustainable development goals: A Brazilian food poultry supply chain case study[J]. Journal of Cleaner Production, 2020, 245: 118798.

[228] Qi G, Jia Y, Zou H. Is institutional pressure the mother of green innovation? Examining the moderating effect of absorptive capacity [J]. Journal of Cleaner Production, 2021, 278:123957.

[229] Ramachandran V. Strategic corporate social responsibility: A "dynamic capabilities" perspective[J]. Corporate Social Responsibility and Environmental Management, 2011, 18(5): 285—293.

[230] Rao H. The social construction of reputation: Certification contests, legitimation, and the survival of organizations in the American

automobile industry：1895－1912[J]. Strategic Management Journal，1994，15(S1)：29－44.

[231] Reed M S，Graves A，Dandy N，et al. Who's in and why? A typology of stakeholder analysis methods for natural resource management[J]. Journal of Environmental Management，2009，90(5)：1933－1949.

[232] Reyers B，Folke C，Moore M L，et al. Social-ecological systems insights for navigating the dynamics of the Anthropocene[J]. Annual Review of Environment and Resources，2018，43：267－289.

[233] Riley J M，Klein R，Miller J，et al. How internal integration，information sharing，and training affect supply chain risk management capabilities ［ J ］. International Journal of Physical Distribution & Logistics Management，2016，46(10)：953－980.

[234] Rodrigues M A，Sá A，Masi D，et al. Occupational Health & Safety (OHS) management practices in micro-and small-sized enterprises：The case of the Portuguese waste management sector［J］. Safety Science，2020，129：104794.

[235] Roy V，Silvestre B S，Singh S. Reactive and proactive pathways to sustainable apparel supply chains：Manufacturer's perspective on stakeholder salience and organizational learning toward responsible management［J］. International Journal of Production Economics，2020，227：107672.

[236] Saeidi S P，Sofian S，Saeidi P，et al. How does corporate social responsibility contribute to firm financial performance? The mediating role of competitive advantage，reputation，and customer satisfaction[J]. Journal of Business Research，2015，68(2)：341－350.

[237] Sanfiel-Fumero M Á，Armas-Cruz Y，González-Morales O.

Sustainability of the tourist supply chain and governance in an insular biosphere reserve destination: The perspective of tourist accommodation[J]. European Planning Studies, 2017, 25(7): 1256—1274.

[238] Sancha C, Gimenez C, Sierra V. Achieving a socially responsible supply chain through assessment and collaboration[J]. Journal of Cleaner Production, 2016, 112: 1934—1947.

[239] Sarkis J, Gonzalez-Torre P, Adenso-Diaz B. Stakeholder pressure and the adoption of environmental practices: The mediating effect of training[J]. Journal of Operations Management, 2010, 28(2): 163—176.

[240] Schmidt L, Gunnarsson K, Dellve L, et al. Utilizing occupational health services in small-scale enterprises: A 10-year perspective[J]. Small Enterprise Research, 2016, 23(2): 101—115.

[241] Shao Y H, Xu S N. Research on simulation about a class of complex adaptive system [J]. Advanced Materials Research. Trans Tech Publications Ltd, 2011, 255: 2116—2120.

[242] Shibin K T, Gunasekaran A, Dubey R. Explaining sustainable supply chain performance using a total interpretive structural modeling approach[J]. Sustainable Production and Consumption, 2017, 12: 104—118.

[243] Seuring S, Müller M. From a literature review to a conceptual framework for sustainable supply chain management[J]. Journal of Cleaner Production, 2008, 16(15): 1699—1710.

[244] Seuring S, Sarkis J, Müller M, et al. Sustainability and supply chain management: An introduction to the special issue[J]. Journal of Cleaner Production, 2008, 16(15): 1545—1551.

［245］Surana A，Kumara S，Greaves M，et al. Supply-chain networks：A complex adaptive systems perspective［J］. International Journal of Production Research，2005，43(20)：4235－4265.

［246］Siems E，Land A，Seuring S. Dynamic capabilities in sustainable supply chain management：An inter-temporal comparison of the food and automotive industries［J］. International Journal of Production Economics，2021，236：108128.

［247］Squire B，Cousins P D，Brown S. Cooperation and knowledge transfer within buyer-supplier relationships：The moderating properties of trust，relationship duration and supplier performance：Knowledge transfer within buyer-supplier relationships［J］. British Journal of Management，2009，20(4)：461－477.

［248］Srivastava M，Narayanamurthy G，Moser R，et al. Supplier's response to institutional pressure in uncertain environment：Implications for cleaner production ［J］. Journal of Cleaner Production，2021，286：124954.

［249］Stekelorum R，Laguir I，Elbaz J. Cooperation with international NGOs and supplier assessment：Investigating the multiple mediating role of CSR activities in SMEs ［J］. Industrial Marketing Management，2020，84：50－62.

［250］Scherer A G，Palazzo G，Seidl D. Managing legitimacy in complex and heterogeneous environments：Sustainable development in a globalized world［J］. Journal of Management Studies，2013，50(2)：259－284.

［251］Schilke O，Hu S C，Helfat C E. Quo vadis，dynamic capabilities? A content-analytic review of the current state of knowledge and recommendations for future research［J］. Academy of Management Annals，2018，12(1)：390－439.

[252] Schwatka N V, Goldenhar L M, Johnson S K. Change in frontline supervisors' safety leadership practices after participating in a leadership training program: Does company size matter? [J]. Journal of Safety Research, 2020, 74: 199−205.

[253] Schwartz S H. Studying values: Personal adventure, future directions [J]. Journal of Cross Cultural Psychology, 2011, 42(2): 307−319.

[254] Scott W R. Institutions and organizations: Ideas, interests, and identities[M]. Sage publications, 2013.

[255] Scott T A, Thomas C W. Unpacking the collaborative toolbox: Why and when do public managers choose collaborative governance strategies? [J]. Policy Studies Journal, 2017, 45(1): 191−214.

[256] Scott W R. Institutions and organizations: Ideas and interests[M]. Los Angeles:Sage Publications, 2008.

[257] Shubham S, Charan P, Murty L S. Institutional pressure and the implementation of corporate environment practices: Examining the mediating role of absorptive capacity[J]. Journal of Knowledge Management, 2018, 22(7): 1591−1613.

[258] Shahzad M, Qu Y, Zafar A U, et al. Translating stakeholders' pressure into environmental practices—The mediating role of knowledge management[J]. Journal of Cleaner Production, 2020, 275: 124163.

[259] Selznick P. TVA and the grass roots: A study in the sociology of formal organization [M]. Berkeley: University of California Press, 1953.

[260] Srinivasan R, Lilien G L, Rangaswamy A. Technological opportunism and radical technology adoption: An application to E-business[J]. Journal of Marketing, 2002, 66(3): 47−60.

[261] Sun Y，Qian J S. EWA selection strategy with channel handoff scheme in cognitive radio[J]. Wireless Personal Communications，2016，87(1)：17—28.

[262] Teece D J. Dynamic capabilities as (workable) management systems theory[J]. Journal of Management & Organization，2018，24(3)：359—368.

[263] Teece D J，Pisano G，Shuen A. Dynamic capabilities and strategic management[J]. Strategic Management Journal，1997，18(7)：509—533.

[264] Teece D J. Explicating dynamic capabilities：The nature and microfoundations of (sustainable) enterprise performance [J]. Strategic Management Journal，2007，28(13)：1319—1350.

[265] Teece D J，Al-Aali A. Knowledge assets，capabilities，and the theory of the firm[J]. Handbook of Organizational Learning and Knowledge Management，2012：505—534.

[266] Tucker S，Turner N. Safety voice among young workers facing dangerous work：A policy-capturing approach[J]. Safety Science，2014，62：530—537.

[267] Touboulic A，Walker H. Theories in sustainable supply chain management：A structured literature review[J]. International Journal of Physical Distribution & Logistics Management，2015，45(1/2)：16—42.

[268] Tsuda M，Takaoka M. Novel evaluation method for social sustainability affected by using ICT Services[C]// International Life Cycle Assessment & Management Conference，Washington，DC，2006.

[269] Vahlne J E，Johanson J. The Uppsala model on evolution of the

multinational business enterprise-from internalization to coordination of networks[J]. International Marketing Review, 2013, 30(3): 189－210.

[270] Vachon S, Klassen R D. Environmental management and manufacturing performance: The role of collaboration in the supply chain[J]. International Journal of Production Economics, 2008, 111 (2): 299－315.

[271] Van Der Byl C A, Slawinski N. Embracing tensions in corporate sustainability: a review of research from win-wins and trade-offs to paradoxes and beyond[J]. Organization & Environment, 2015, 28 (1): 54－79.

[272] Van H B, Thiell M. Collaboration capacity for sustainable supply chain management: Small and medium-sized enterprises in Mexico [J]. Journal of Cleaner Production, 2014, 67: 239－248.

[273] Veronica S, Alexeis G P, Valentina C, et al. Do stakeholder capabilities promote sustainable business innovation in small and medium-sized enterprises? Evidence from Italy [J]. Journal of Business Research, 2020, 119: 131－141.

[274] Walker H, Jones N. Sustainable supply chain management across the UK private sector[J]. Supply Chain Management: An International Journal, 2012, 17(1): 15－28.

[275] Walters D, James P. Understanding the role of supply chains in influencing health and safety at work[R]. Institution of Occupational Safety and Health, (2009－09－01)[2022－10－19]. https://orca. cardiff.ac.uk/id/eprint/87478/1/Cardiff-Brookes_RR_Feb_10.pdf.

[276] Walter A, Auer M, Ritter T. The impact of network capabilities and entrepreneurial orientation on university spin-off performance [J].

Journal of Business Venturing，2006，21(4)：541—567.

[277] Walters D. The efficacy of strategies for chemical risk management in small enterprises in Europe：Evidence for success? [J]. Policy and Practice in Health and Safety，2006，4(1)：81—116.

[278] Walters D，James P，Sampson H，et al. Supply chain leverage and regulating health and safety management in shipping[J]. Relations Relations Industrielles，2016，71(1)：33—56.

[279] Wang Q，Wong T J，Xia L. State ownership，the institutional environment，and auditor choice：Evidence from China[J]. Journal of Accounting and Economics，2008，46(1)：112—134.

[280] Wang S Y，Wang H L，Wang J.Exploring the effects of institutional pressures on the implementation of environmental management accounting：Do top management support and perceived benefit work? [J]. Business Strategy and the Environment，2019，28(1)：233—243.

[281] Wernerfelt B. A resource-based view of the firm [J]. Strategic Management Journal，1984，5(2)：171—180.

[282] Wen Z L，Marsh H W，Hau K T. Structural equation models of latent interactions：An appropriate standardized solution and its scale-free properties [J]. Structural Equation Modeling：A Multidisciplinary Journal，2010，17(1)：1—22.

[283] Wynarczyk P，Watson R. Firm growth and supply chain partnerships：An empirical analysis of U. K. SME subcontractors [J]. Small Business Economics，2005，24(1)：39—51.

[284] Wilhelm M，Blome C，Wieck E，et al. Implementing sustainability in multi-tier supply chains：Strategies and contingencies in managing sub-suppliers[J]. International Journal of Production Economics，2016，182：196—212.

[285] Wilhelm M, Blome C, Wieck E, et al. Implementing sustainability in multi-tier supply chains: Strategies and contingencies in managing sub-suppliers[J]. International Journal of Production Economics, 2016, 182: 196-212.

[286] Wiley M G, Zald M N. The growth and transformation of educational accrediting agencies: An exploratory study in social control of institutions[J]. Sociology of Education, 1968, 41(1): 36-56.

[287] Williamson O E. The mechanisms of governance [M]. Oxford University Press, 1996.

[288] Wu Z, Choi T Y, Rungtusanatham M J. Supplier-supplier relationships in buyer-supplier-supplier triads: Implications for supplier performance[J]. Journal of Operations Management, 2010, 28(2): 115-123.

[289] Wu F, Mahajan V, Balasubramanian S. An analysis of E-business adoption and its impact on business performance[J]. Journal of the Academy of Marketing Science, 2003, 31(4): 425-447.

[290] Wu F, Yeniyurt S, Kim D, et al. The impact of information technology on supply chain capabilities and firm performance: A resource-based view[J]. Industrial Marketing Management, 2006, 35(4): 493-504.

[291] Wu J H, Zhang X F, Lu J J. Empirical research on influencing factors of sustainable supply chain management-evidence from Beijing, China [J]. Sustainability, 2018, 10(5): 1595.

[292] Wolf J. Sustainable supply chain management integration: A qualitative analysis of the German manufacturing industry[J]. Journal of Business Ethics, 2011, 102(2): 221-235.

[293] Yadlapalli A, Rahman S, Gunasekaran A. Socially responsible

governance mechanisms for manufacturing firms in apparel supply chains[J]. International Journal of Production Economics, 2018, 196: 135－149.

[294] Yawar S A, Seuring S. Management of social issues in supply chains: A literature review exploring social issues, actions and performance outcomes[J]. Journal of Business Ethics, 2017, 141(3): 621－643.

[295] Yang T C. Introduction to spatial econometrics [J]. Spatial Demography, 2013, 1(1): 143－145.

[296] Yu Q, Liu Y Q, Xia D, et al. The strategy evolution in double auction based on the

[297] Zhang J L, Chen J. Coordination of information sharing in a supply chain[J]. International Journal of Production Economics, 2013, 143(1): 178－187.

[298] Zhang T. Analysis on occupational-related safety fatal accident reports of China, 2001－2008[J]. Safety Science, 2010, 48(5): 640－642

[299] Zeng H X, Chen X H, Xiao X, et al. Institutional pressures, sustainable supply chain management, and circular economy capability: Empirical evidence from Chinese eco-industrial park firms [J]. Journal of Cleaner Production, 2017, 155: 54－65.

[300] Zhu Q H, Sarkis J, Lai K H. Green supply chain management: pressures, practices and performance within the Chinese automobile industry[J]. Journal of Cleaner Production, 2007, 15(11): 1041－1052.

[301] Zhu Q H, Geng Y, Sarkis J. Shifting Chinese organizational responses to evolving greening pressures[J]. Ecological Economics, 2016, 121: 65－74.

[302] Zhou Q M, Mei Q, Liu S X, et al. Dual-effects of core enterprise

management and media attention on occupational health and safety of small and medium suppliers in China[J]. Technology in Society, 2020, 63: 101419.

[303] Zimmerman B J. Becoming a self-regulated learner: An overview[J]. Theory Into Practice, 2002, 41(2): 64—70.

[304] Zwetsloot G I J M, Zwanikken S, Hale A. Policy expectations and the use of market mechanisms for regulatory OSH certification and testing regimes[J]. Safety Science, 2011, 49(7): 1007—1013.

[305] Zohar D, Huang Y H, Lee J, et al. Testing extrinsic and intrinsic motivation as explanatory variables for the safety climate-Safety performance relationship among long-haul truck drivers [J]. Transportation Research Part F: Traffic Psychology and Behaviour, 2015, 30: 84—96.

[306] Zollo M, Winter S G. Deliberate learning and the evolution of dynamic capabilities[J]. Organization Science, 2002, 13(3): 339—351.

[307] Zu X X, Kaynak H. An agency theory perspective on supply chain quality management [J]. International Journal of Operations & Production Management, 2012, 32(4): 423—446.

附录 A　访谈提纲

尊敬的女士/先生：

您好！

为进一步了解供应链企业安全生产管理现状，了解核心企业在供应链安全生产治理中的作用和安全决策情况，现开展核心企业参与供应链安全生产治理访谈调查，访谈由企业的中高层管理者或者安全管理专职人员参加完成。

此次调查基于国家自然科学基金课题研究需要，访谈活动是匿名的，不会公开您的个人资料，您提供的任何信息我们都将予以严格保密，不会对您个人和贵公司造成任何影响，请根据您所面临的实际情况回答。感谢您的支持！

江苏大学安全生产治理研究课题组

一、企业基本信息

企业名称：＿＿＿＿＿＿（成立＿＿年；员工数：＿＿人；资产规模：＿＿＿万元）

企业性质：□A 国有企业　□B 集体企业　□C 股份制企业　□D 私营企业

　　　　　□E 中外合资企业 □F 外商独资企业 □G 其他＿＿＿＿

所属行业：□A 农林牧渔　□B 采矿业　□C 制造业　□D 建筑业

　　　　　□E 批发和零售业　□F 交通运输、仓储和邮政业　□G 其他

年龄：＿＿＿＿＿＿

学历：□A 高中及以下　□B 专科　□C 本科　□D 硕士研究生　□E 博士研究生

工作性质：□A EHS 部门经理　□B 供应链管理部门经理

　　　　　□C 可持续管理部门经理　□D 其他＿＿＿＿＿＿

二、访谈问题

1. 贵企业如何了解和掌握供应商的安全生产状况？对供应商安全生产管理提出哪些具体要求及措施？

2. 贵企业采取哪些措施来提升供应链企业的安全生产管理水平？

3. 供应商对贵企业提出的安全生产要求的态度及执行情况如何？

4. 贵企业影响供应商安全生产管理决策的因素有哪些？供应商安全生产管理存在哪些困难？根源在哪里？

5. 我们想知道贵企业为什么要参与供应链安全生产治理？在做出供应链安全生产治理决策之前受到哪些压力？

6. 贵企业在参与供应链安全生产治理方面具备怎样的优势，决策（指作出供应链安全生产治理决策）之前是怎么整合各方资源实力并构建治理能力的，整合实力的过程是怎样的？

7. 贵企业如何选择供应商？具体考虑的因素主要有哪些？

8. 贵企业如何对供应商进行资格和职业健康安全审查？是否与政府或者中介机构合作？合作的内容有哪些？

9. 贵企业对供应商实施供应链安全生产约束，供应商的反映情况如何？

10. 如果供应商安全生产管理符合自身的要求，是否对供应商有相应激励？如果没有符合要求，是否对供应商有相应处罚？

11. 贵企业在参与供应链安全生产治理方面是否还存在一些困难？具体表现在哪些方面，这些困难的根源是什么？

12. 能否列举一个或多个曾经帮扶供应商做好安全生产管理的典型案例？

13. 就参与供应链安全生产治理，贵企业所在行业的核心企业是否已形成共识？为何能形成共识？又是如何达成共识的？该共识的形成对行业内企业（核心企业、供应商）的安全生产水平及应对态度有何影响？其影响程度又受什么因素影响？

14. 就参与供应链安全生产治理，贵企业所在行业内的企业之间有无相互影响的关系？该相互影响的关系是如何形成及发展的？

附录B 核心企业参与供应链中小制造供应商安全生产治理的调查问卷

尊敬的受访者：

您好！这是一份针对核心企业参与供应链中小制造供应商安全生产治理问题的匿名调查问卷，调查结果仅用于科学研究，不做其他用途，所有信息将受到严格保密。本次调查的目的是了解企业参与供应链中小制造供应商安全生产治理的内外部影响因素及所面临的困难、需求，从而帮助企业积极参与供应链安全生产治理，最终促进供应链的安全健康发展。本次调查问卷答案无对错之分，您的回答对于课题组研究具有重要的参考价值，我们期待您真实地表达自己的想法，衷心感谢您的支持和帮助！

江苏大学安全生产治理研究课题组

第一部分：被访者基本信息（请在以下适当选项上打"√"或在空格处填写内容）

性别	男□　女□
年龄	21～30 岁□　31～40 岁□　41～50 岁□　51～60 岁□
职位	EHS 部门经理□　供应链管理部门经理□　可持续管理部门经理□ 其他□（请注明：_____）
工作内容	安全生产□　消防□　职业健康安全□　环境□　其他□（请注明：_____）
最高学历	高中及以下（含中等专业学校、中等职业学校、技工学校）□ 专科（含高等专科学校、高等职业学校）□　本科□　硕士研究生□ 博士研究生□
所学专业	安全工程□　环境工程□　化学工程□ 其他□（请注明：_____）

第二部分：企业基本信息（请在以下适当选项上打"√"或在空格处填写具体内容）

所在区域	东部地区□　中部地区□　西部地区□　东北地区□
企业名称	
主营业务	
企业性质	国有企业□　集体企业□　股份制企业□　私营企业□ 中外合资企业□　外商独资企业□　其他□（请注明：＿＿＿＿＿＿）
企业员工数 （人）	20 人及以下□　21～300 人□　301～1000 人□　1001 人及以上□
企业资产规模	300 万元以下□　300 万～2000 万元□　2000 万～40000 万元□ 40000 万元以上□
中小制造供应商数量	共（　　）家中小制造供应商
专利数量	已授权发明专利（　　）项、已授权实用新型专利（　　）项

第三部分：治理行为（请根据自身的经历，判断下列表述与实际情况的符合程度并打"√"。1 表示"完全不符合"；2 表示"不太符合"；3 表示"不确定"；4 表示"比较符合"；5 表示"完全符合"）

请选择下列陈述符合实际情况的程度			完全不符合	不太符合	不确定	比较符合	完全符合
治理行为	安全评价行为	我们公司评估中小制造供应商的安全生产绩效	1	2	3	4	5
		我们公司制定监督程序以确保中小制造供应商进行安全生产	1	2	3	4	5
		同等条件下，我们公司对安全生产绩效好的中小制造供应商提高采购份额	1	2	3	4	5
	安全协作行为	我们公司协助中小制造供应商获得职业安全健康管理体系认证	1	2	3	4	5
		我们公司为中小制造供应商提供安全生产技术指导	1	2	3	4	5
		我们公司协助中小制造供应商获得安全生产所需资金	1	2	3	4	5
		我们公司为中小制造供应商提供安全生产管理指导	1	2	3	4	5

第四部分：核心企业参与供应链中小制造供应商安全生产治理行为的内外部影响因素（请根据自身的经历，判断下列表述的实际程度并打"√"。1表示"非常小"；2表示"小"；3表示"一般"；4表示"大"；5表示"非常大"）

请选择下列陈述的实际程度			非常小	小	一般	大	非常大
治理压力	规制压力	我们公司感知到来自法律法规的参与供应链安全生产治理的压力	1	2	3	4	5
		我们公司感知到来自政府安监部门的参与供应链安全生产治理的压力	1	2	3	4	5
		我们公司感知到来自行业规范（准则）的参与供应链安全生产治理的压力	1	2	3	4	5
	规范压力	我们公司感知到来自公众监督的参与供应链安全生产治理的压力	1	2	3	4	5
		我们公司感知到来自媒体监督的参与供应链安全生产治理的压力	1	2	3	4	5
		我们公司感知到来自社区监督的参与供应链安全生产治理的压力	1	2	3	4	5
	认知压力	合作伙伴对中小制造供应商采取了安全生产管理策略和举措，让我们公司倍感压力	1	2	3	4	5
		竞争对手积极参与供应链中小制造供应商安全生产治理，让我们公司倍感压力	1	2	3	4	5
		竞争对手参与供应链中小制造供应商安全生产治理提升了企业知名度，让我们公司倍感压力	1	2	3	4	5
治理动力	树立形象动力	我们公司参与供应链中小制造供应商安全生产治理带来的政府认可度	1	2	3	4	5
		我们公司参与供应链中小制造供应商安全生产治理带来的社会公众认可度	1	2	3	4	5
		我们公司参与供应链中小制造供应商安全生产治理得以扩大影响力的程度	1	2	3	4	5
		我们公司参与供应链中小制造供应商安全生产治理得以提升行业地位的程度	1	2	3	4	5
	稳定供应动力	中小制造供应商安全生产事故对我们公司产品交付的影响程度	1	2	3	4	5
		中小制造供应商安全生产事故对我们公司产品质量的影响程度	1	2	3	4	5
		中小制造供应商安全生产事故对我们公司产品品牌声誉的影响程度	1	2	3	4	5

续表

		请选择下列陈述的实际程度	非常小	小	一般	大	非常大
治理动力	延伸责任动力	我们公司高层对参与供应链中小制造供应商安全生产治理的关注程度	1	2	3	4	5
		我们公司参与供应链中小制造供应商安全生产治理的影响力	1	2	3	4	5
		我们公司具有的供应链可持续发展管理意识的强度	1	2	3	4	5
治理能力	安全管理实力	我们公司掌握的参与供应链中小制造供应商安全生产治理的知识量	1	2	3	4	5
		我们公司具备的供应链流程安全管理（如物流安全管理）能力	1	2	3	4	5
		我们公司向中小制造供应商表达安全生产要求的能力	1	2	3	4	5
		我们公司挑选合作伙伴达成供应链安全生产治理目标的能力	1	2	3	4	5
		我们公司与合作伙伴建立良好的供应链安全生产协同治理关系的能力	1	2	3	4	5
	安全协调能力	我们公司制定中小制造供应商安全生产行为准则的能力	1	2	3	4	5
		我们公司与中小制造供应商进行安全生产信息交换的能力	1	2	3	4	5
		我们公司与中小制造供应商分享供应链安全收益的能力	1	2	3	4	5
		我们公司与合作伙伴共同解决供应链中小制造供应商安全生产治理问题的能力	1	2	3	4	5

　　感谢您填完了全部问卷，谢谢您对本研究的支持，欢迎您的批评指正，衷心祝您工作顺利，万事如意！